E-Book inside.

Mit folgendem persönlichen Code erhalten Sie die E-Book-Ausgabe dieses Buches zum kostenlosen Download.

```
4kkw6-p56r0-
18800-bi2nn
```

Registrieren Sie sich unter
www.hanser-fachbuch.de/ebookinside
und nutzen Sie das E-Book
auf Ihrem Rechner*, Tablet-PC
und E-Book-Reader.

* Systemvoraussetzungen:
Internet-Verbindung und Adobe® Reader®

Bürkle, Karlinger, Wobbe
Reinraumtechnik in der Spritzgießverarbeitung

Die Internet-Plattform für Entscheider!

- **Exklusiv:** Das Online-Archiv der Zeitschrift Kunststoffe!
- **Richtungweisend:** Fach- und Brancheninformationen stets top-aktuell!
- **Informativ:** News, wichtige Termine, Bookshop, neue Produkte und der Stellenmarkt der Kunststoffindustrie

Immer einen Click voraus!

Erwin Bürkle
Peter Karlinger
Hans Wobbe

Reinraumtechnik in der Spritzgießverarbeitung

HANSER

Die Herausgeber:
Dr.-Ing. Erwin Bürkle
Wobbe – Bürkle – Partner, Sarensecker Weg 21, 29456 Hitzacker (Elbe)

Prof. Dipl. Ing. Peter Karlinger
Hochschule Rosenheim, Hochschulstraße 1, 83024 Rosenheim

Dr.-Ing. Hans Wobbe
Wobbe – Bürkle – Partner, Sarensecker Weg 21, 29456 Hitzacker (Elbe)

Bibliografische Information Der Deutschen Bibliothek:

Die Deutsche Bibliothek verzeichnet diese Publikation in der Deutschen Nationalbibliografie; detaillierte bibliografische Daten sind im Internet über <http://dnb.d-nb.de> abrufbar.

ISBN: 978-3-446-43428-8
E-Book-ISBN: 978-3-446-43540-7

Die Wiedergabe von Gebrauchsnamen, Handelsnamen, Warenbezeichnungen usw. in diesem Werk berechtigt auch ohne besondere Kennzeichnung nicht zu der Annahme, dass solche Namen im Sinne der Warenzeichen- und Markenschutzgesetzgebung als frei zu betrachten wären und daher von jedermann benutzt werden dürften.

Alle in diesem Buch enthaltenen Verfahren bzw. Daten wurden nach bestem Wissen erstellt und mit Sorgfalt getestet. Dennoch sind Fehler nicht ganz auszuschließen. Aus diesem Grund sind die in diesem Buch enthaltenen Verfahren und Daten mit keiner Verpflichtung oder Garantie irgendeiner Art verbunden. Autor und Verlag übernehmen infolgedessen keine Verantwortung und werden keine daraus folgende oder sonstige Haftung übernehmen, die auf irgendeine Art aus der Benutzung dieser Verfahren oder Daten oder Teilen davon entsteht.

Dieses Werk ist urheberrechtlich geschützt. Alle Rechte, auch die der Übersetzung, des Nachdruckes und der Vervielfältigung des Buches oder Teilen daraus, vorbehalten. Kein Teil des Werkes darf ohne schriftliche Einwilligung des Verlages in irgendeiner Form (Fotokopie, Mikrofilm oder einem anderen Verfahren), auch nicht für Zwecke der Unterrichtsgestaltung – mit Ausnahme der in den §§ 53, 54 URG genannten Sonderfälle – reproduziert oder unter Verwendung elektronischer Systeme verarbeitet, vervielfältigt oder verbreitet werden.

© Carl Hanser Verlag, München 2013
Herstellung: Steffen Jörg
Satz: Manuela Treindl, Fürth
Coverabbildung: Engel Austria GmbH
Coverconcept: Marc Müller-Bremer, www.rebranding.de, München
Coverrealisierung: Stephan Rönigk
Satz, Druck und Bindung: Kösel, Krugzell
Printed in Germany

Vorwort

Bei industriellen Prozessen besteht immer häufiger die Notwendigkeit, „unsichtbare" Mikroverunreinigungen vom Ort, an dem das Produkt entsteht, fernzuhalten. Nicht nur für pharmazeutische und medizintechnische Produkte – sozusagen die Königsdisziplin der Anwendungen – bestehen solche Forderungen, sondern mit zunehmender Ausprägung auch für technische Produkte, wie in der Automobilindustrie, in der Mikroelektronik, in der Optischen Industrie oder in der Kommunikationstechnik.

Die Reinraumtechnik ist überall dort anzutreffen, wo Produkte entstehen, deren Fertigung neuen gestiegenen Qualitätsanforderungen genügen muss. Allen diesen Produkten gemeinsam ist, dass bei ihrer Herstellung unterschiedlichste Einfluss- bzw. Störgrößen beherrscht werden müssen, um die vorgegebenen Eigenschaften gewährleisten zu können. Die Anforderungen sind produktspezifisch und müssen in Hinblick auf die reinraumtechnische Anlagengestaltung graduell angepasst werden.

Im Mittelpunkt unserer Betrachtungen steht die Werkstoffgruppe der Kunststoffe. Bis heute ist die Kombination aus Anwendungsvorteilen, verbesserter Funktionalität, der Großserienfähigkeit und den reduzierten Herstellkosten entscheidend für das weltweit überdurchschnittliche Wachstum der Anwendungen von Kunststoffen. Beispielsweise stellen sie mit einem Anteil von mehr als 50 % – mehr als in allen anderen Anwenderbranchen – in der Medizintechnik die größte Werkstoffgruppe dar.

Die Herstellung partikelarmer und zum Teil auch keimfreier Kunststoffprodukte konfrontiert ein Unternehmen mit einer Fülle neuer produktionsspezifischer Anforderungen sowie mit Vorschriften und Regularien.

Im Mittelpunkt des Interesses steht dabei die Reinraumtechnik mit den spezifischen Fragestellungen nach den optimalen Reinraum- und Anlagenkonzepten, aber auch der Umgang mit den Regelwerken (Vorschriften) und Qualitätssicherungsmaßnahmen.

Der Einstieg in dieses Geschäftsfeld bedarf allerdings konsequenter Vorbereitungen und weitreichender Entscheidungen. Verarbeiter, die konsequent und kompromisslos auf diese Hochtechnologie setzen und sich auch an den Regelwerken orientieren, werden durch die hohe Qualifikation stets im Vorteil gegenüber dem improvisierenden Wettbewerb sein.

Das vorliegende Buch mit seiner breiten Darstellung aller wichtigen Themenbereiche soll nicht nur dem Einsteiger ein wichtiger Ratgeber sein, sondern auch dem fortgeschrittenen Anwender der Reinraumtechnik in der Kunststoffverarbeitung (Spritzgießen) eine Hilfestellung bei aktuellen Fragestellungen geben.

Der umfangreiche Anhang (Kapitel 14 „Übersicht der wichtigsten Informationen") am Ende des Buches hilft dem Leser bei spezifischen Anliegen und Fragestellungen, schnell zu konkreten Antworten zu gelangen.

Die Herausgeber bedanken sich ganz besonders bei den Autoren der einzelnen Kapitel und Abschnitte für ihre Bereitschaft zur Mitarbeit und für ihre Ausdauer und Geduld während der langen Entstehungsphase dieses Buchprojektes. Weiterhin sind die Herausgeber den Mitarbeitern des Carl Hanser Verlages, insbesondere Frau Ulrike Wittmann, zu großem Dank verpflichtet, für die Hilfsbereitschaft und großzügige Unterstützung bei der Koordination der Arbeiten im Verlag. Ein ganz besonderer Dank gebührt Herrn Dr. Wolfgang Glenz, der dieses Projekt vor vielen Jahren initiiert hat. Ein weiterer großer Dank geht an Frau Angelika Wobbe, die nicht nur die Fäden zusammenhalten musste, sondern auch die sorgfältige Durchsicht und Korrektur der Buchkapitel übernommen hat.

Benediktbeuern,	*Erwin Bürkle*
Rosenheim,	*Peter Karlinger*
Geretsried	*Hans Wobbe*
im Mai 2013	

Inhalt

Vorwort... V

1 **Einführung**... 1
   Erwin Bürkle
   1.1 Marktentwicklung, Anwendungsbereiche und Anforderungen 1
   1.2 Die Tücken liegen im Detail.. 3
   1.3 Jede Reinraumproduktion ist anders................................. 4

2 **Grundlagen der Reinraumtechnik** 7
   Peter Karlinger
   2.1 Wichtige Begriffe 7
       2.1.1 Definition Reinraumtechnik 7
       2.1.2 Definition Verunreinigung.................................. 8
       2.1.3 Einteilung der Partikel in eine Größenordnung 9
       2.1.4 Reinheit von Medien 10
       2.1.5 Grenzwerte der Reinheit/Reinraumklassen................. 10
       2.1.6 Einteilung in bakterielle Klassen.......................... 12
   2.2 Aufbau reinraumtechnischer Anlagen 13
       2.2.1 Luftfeuchte und Temperatur 15
       2.2.2 Wirtschaftliche Gesichtspunkte........................... 16
   2.3 Qualifizierung und Validierungsmaßnahmen 16
   2.4 Reinraumkonzepte 17
       2.4.1 Konzept „Laminar-Flow-Box" (LF-Box) 17
       2.4.2 Konzept „unkontrollierter Reinraum" 17
       2.4.3 Konzept „horizontale, turbulenzarme Strömung"........... 18
       2.4.4 Konzept „vertikale Laminarströmung"..................... 19
       2.4.5 Konzept „zweiseitige Strömung" 19
       2.4.6 Konzept „Raum-in-Raum" 19

3 Stand der Normungstechnik in der Kunststoff-Reinraumtechnik 21
Horst Weißsieker
- 3.1 Reinraumtechnik – Richtlinien 23
- 3.2 Kunststofftechnik in der Pharmazie 27
  - 3.2.1 Primärverpackungen für Arzneimittel – Besondere Anforderungen für die Anwendung von ISO 9001:2000 entsprechend der Guten Herstellungspraxis (GMP) DIN EN ISO 15378:2007 28
- 3.3 Werkstoffe und Gegenstände in Kontakt mit Lebensmitteln/Kunststoffen 29
- 3.4 Medizintechnik 31
  - 3.4.1 Biologische Beurteilung von Medizinprodukten 33
- 3.5 Verwendung von Kunststoffen im Reinraum 43

4 Die Reinraumzelle 45
Martin Jungbluth, Max Petek
- 4.1 Planung einer Reinraumproduktion 45
  - 4.1.1 Festlegung der Reinraumklasse 45
  - 4.1.2 Raumbedarf 47
  - 4.1.3 Standortwahl – Allgemeine Gebäudeanforderungen 49
  - 4.1.4 Brandschutz 53
  - 4.1.5 Fluchtwege 54
- 4.2 Komponenten von Reinräumen 56
  - 4.2.1 Die Reinraumhülle 56
  - 4.2.1.1 Reinräume aus Maschinenbau-Systemprofilen 57
  - 4.2.1.2 Reinräume aus GMP-konformen glatten Wandsystemen 58
  - 4.2.1.3 Reinraumböden 66
  - 4.2.2 Klima- und Lüftungstechnik 67
  - 4.2.3 Schleusen 70
  - 4.2.3.1 Personalschleusen 71
  - 4.2.3.2 Materialschleusen 73
- 4.3 Energie- und Medienversorgung im Reinraum 76

5 Reinraumspezifische Modifikation von Kunststoffanlagen – Besonderheiten bei Kunststoffmaschinen 81
Hans Wobbe
- 5.1 Einführung 81
- 5.2 Reinheitsanforderungen 81
- 5.3 Dokumentationsanforderungen 82
- 5.4 Kontaminationsfaktoren 83
- 5.5 Ziele für den Maschinenkonstrukteur 84

	5.5.1	Reduzierte Partikelemission	84
	5.5.2	Lufttechnische Eignung	88
	5.5.3	Reinigungsfähigkeit	94
	5.5.4	Bedienungs- und Wartungsfähigkeit	96
5.6		Schlusswort zur elektrischen Maschine	98

6 Anlagentechnik: Förderung, Trocknung und Dosierung von Rohmaterial in Reinraumumgebung ... 99
Christoph Lhota

6.1	Einführung		99
6.2	Grundlagen		100
	6.2.1	Zielsetzungen	100
	6.2.2	Ausführungsgrundsätze	100
6.3	Materiallagerung		101
	6.3.1	Gebindearten	101
	6.3.2	Logistik	104
6.4	Anlagenkonzepte für Reinraumkonzept „Machine-Outside-Room"		106
6.5	Anlagenkonzepte für Reinraumkonzept „Machine-Inside-Room"		109
6.6	Statische Aufladung		113
6.7	Flüssigsilikonverarbeitung		114

7 Automatisierung im Reinraum ... 117
Christian Boos

7.1	Grundlagen für Automationslösungen im Reinraum		117
	7.1.1	Automatisieren ermöglicht wirtschaftliches Produzieren	117
	7.1.2	Automatisieren im Reinraum ermöglicht ein „sauberes" Produkt	118
	7.1.2.1	Partikel verhindern	119
	7.1.2.2	Partikel reduzieren	120
	7.1.2.3	Partikel aktiv entfernen	122
	7.1.2.4	Gute Reinigbarkeit	123
	7.1.2.5	Reduzierter Zutritt zum Reinraum	124
	7.1.3	Automatisierung im Reinraum verlangt die Beachtung regulativer Vorschriften	124
	7.1.4	Automatisieren im Reinraum wird erfolgreich durch die optimale Vorbereitung aller Anlagenteile für den Produktionslauf	125
	7.1.4.1	Debugging/Test	125
	7.1.4.2	Abnahmen	125
	7.1.4.3	Reinigung	125

		7.1.5	Automatisierung im Reinraum erfordert intensive Zusammenarbeit mit Projektpartnern	126

       7.1.6   Automatisierung im Reinraum gelingt mit qualifiziertem Personal... 126
  7.2   Handhabungsgeräte.. 127
       7.2.1   3-Achs-Standardgeräte 127
       7.2.2   Side-Entry-Entnahme 127
       7.2.3   6-Achs-Roboter.. 129
       7.2.4   Top-Entry mit Verfahr-Achse über der Spritzgießmaschine..................................... 130
  7.3   Technologien zur Weiterverarbeitung im Automatisierungsprozess 130
       7.3.1   Prüfen... 130
       7.3.2   Montieren 131
       7.3.3   Schweißen... 132
       7.3.4   Bedrucken/Kennzeichen 132
       7.3.5   Beschichten/Lackieren 134
       7.3.6   Verpacken/Konfektionieren 134

8 Sterilisation... 137
Michael Späth
  8.1   Einführung 137
  8.2   Grundlagen... 138
  8.3   Sterilisationsverfahren 139
       8.3.1   Dampfsterilisation bzw. Autoklavieren – Sterilisation mit feuchter Hitze 140
       8.3.2   Gassterilisation mit Ethylenoxid (EO-Verfahren) 142
       8.3.3   Gammastrahlensterilisation 143
  8.4   Einfluss der Sterilisation auf die Materialeigenschaften 144
  8.5   Zusammenfassung 147

9 Qualifizierung und Validierung 149
  9.1   Einführung 149
       Hans Wobbe
  9.2   Dokumentation und Qualitätssicherung im Reinraum 150
       Gertraud Rieger
       9.2.1   Einführung und regulatorisches Umfeld.................. 150
       9.2.2   Dokumentation und Qualitätssicherung im Reinraum 152
       9.2.2.1 Dokumentations- und Qualitätsvorgaben für den Bereich Hygiene............................... 154
       9.2.2.2 Dokumentations- und Qualitätsvorgaben für Reinraumbetrieb und Technik 157

	9.2.2.3	Dokumentations- und Qualitätsvorgaben für Qualifizierung und Validierung..................	163
	9.2.3	Vergabe von Dienstleistungen an externe Partner.........	175
9.3		Qualifizierung von Spritzgießmaschinen und Automationssystemen	178
	Bernhard Korn		
	9.3.1	Einführung..	178
	9.3.1.1	Zielsetzung...	179
	9.3.1.2	Verantwortlichkeiten und Organisation...................	179
	9.3.2	Vorgehensweise bei der Qualifizierung...................	179
	9.3.2.1	Definitionen und Aufbau	179
	9.3.2.2	Masterqualifizierungsplan (MQP)........................	181
	9.3.2.3	Beurteilung der Anlagensysteme.........................	182
	9.3.2.4	Durchführung der Qualifizierung	185
	9.3.3	Qualitätserhaltende Maßnahmen.........................	193
9.4		Personal und Personalhygiene	194
	Rudolf Hüster		
	9.4.1	Allgemein	194
	9.4.2	Kontamination..	195
	9.4.3	Der Begriff: Hygiene	197
	9.4.4	Hygiene als praktizierter Personenschutz	197
	9.4.4.1	Arbeitsplatz Reinraum..................................	197
	9.4.4.2	Reinraumkleidung......................................	198
	9.4.5	Hygiene als praktizierter Produktschutz..................	201
	9.4.5.1	Human Dust..	201
	9.4.5.2	Kriterien für die Personalauswahl........................	208
	9.4.5.3	Umkleiden – aufwendig aber effektiv.....................	210
	9.4.5.4	Verhalten im Reinraum..................................	212
	9.4.6	Schulung des Personals	213
	9.4.7	Mikrobiologische Kontrollen............................	214
	9.4.7.1	Bedeutung mikrobiologischer Kriterien für die Einstufung von Reinräumen	214
	9.4.7.2	Berücksichtigung kritischer Faktoren bei der Planung mikrobiologischer Programme..........................	214
	9.4.7.3	Erstellung eines Monitoringplans	215
	9.4.7.4	Festlegung mikrobiologischer Warn- und Aktionsgrenzen .	215
	9.4.8	Methoden und Geräte für die Probennahme	216

10 Werkstoffe für Produkte unter Reinraumbedingungen................... 221
Erwin Bürkle
10.1	Einführung	221
10.2	Besonderheiten bei der Herstellung von Kunststoffen.............	225

10.3 Kunststoffe – Anwendungen und Anforderungen.................. 228
10.4 Abbau von Polymeren durch biologische Einwirkungen........... 236
10.5 Biologische Angriffe auf Kunststoffe............................ 236
10.6 Wirkung auf den Menschen (Physiologische Wirkung) 236
10.7 Gesetzliche Vorschriften – Regularien........................... 237

11 Anwendungsbeispiele 239

11.1 Projektierung und Ausführung einer reinraumtechnischen Spritzgießlösung.. 239
Torsten Mairose
    11.1.1 Einführung.. 239
    11.1.2 Risikoanalyse und Qualifizierungsstrategie................ 241
    11.1.3 Beschreibung des Reinraums 242

11.2 In Mold Decoration am Beispiel eines Blutzuckermessgeräts....... 243
Marco Wacker
    11.2.1 Einführung in die In Mold Decoration Technologie 243

11.3 Bedeutung der Reinraumtechnik aus Sicht eines Medizintechnikunternehmens 248
Oliver Grönlund
    11.3.1 Einführung/Ziel 248
    11.3.2 Medizinprodukte.. 250
    11.3.3 Pharmazieprodukte: Infusionslösungen 250
    11.3.4 Herstellung, Befüllung und Versiegelung eines Infusionslösungscontainers 251

11.4 Reinraumtechnik bei Automobilverscheibungen 254
Kevin Zirnsak
    11.4.1 Konzept: Produktionsverfahren für Dachsysteme.......... 254
    11.4.2 Herstellungsprozess unter Reinraumbedingungen 256

11.5 Gebäude- und Reinraumkonzepte für die Produktion mit hochautomatisierten Vertikal-Spritzgießmaschinen 259
Kurt Eggmann, Markus Reichlin
    11.5.1 Einführung: Anforderungen 259
    11.5.2 Bewertung verschiedener Konzepte 260
    11.5.2.1 Reinraumphilosophien und Produktionskonzepte 261
    11.5.3 Wirtschaftliche Aspekte................................. 263
    11.5.4 Entscheidung... 264
    11.5.5 Zusammenfassung..................................... 264

12 Ausblick 267
Erwin Bürkle

13	**Abkürzungsverzeichnis**	**271**
13.1	Normen und Regularien	271
13.2	Anlagenbau und Prozessabläufe	273
13.3	Kunststoffe und chemische Verbindungen	274
13.4	Verbände und Organisationen	275
13.5	Formelzeichen und Einheiten	276
13.6	Sonstiges	276
14	**Übersicht der wichtigsten Informationen**	**277**
14.1	Größe verschiedener Partikel	277
14.2	Einteilung der Reinraumklassen nach ISO 14644-1	278
14.3	Reinheitsklassen und Anwendungen	279
14.4	Einteilung der GMP – Klassen (Beispiel)	280
14.5	Partikelquellen im Reinraum	201
14.6	Partikelquelle Mensch	282
14.7	Partikelemission von Menschen bei unterschiedlicher Bekleidung und Bewegung	283
14.8	Empfehlung für Reinraumbekleidungen in Abhängigkeit von der Reinraum-Klasse für mikrobiologisch überwachte Bereiche	283
14.9	VDI 2083 Richtlinienfamilie	286
14.10	VDI 2083 Reinraumtechnik (Cleanroom Technology)	286
14.11	EN ISO 14644 Richtlinienfamilie	288
14.12	ISO 14698 Biokontamination	288
14.13	Auswahl von medizinisch eingesetzten Kunststoffen und ihren Anwendungsgebieten	288
14.14	Einsatz von Kunststoffen in der Lebensmitteltechnik	294
14.15	Anforderungen an Vorgabe- und Nachweisdokumenten	295
14.16	Vorgabedokument	296
14.17	Inhalte eines Hygieneplans	296
14.18	Inhalte einer Risikoanalyse	298
14.19	Nachweis der Reinheitsklasse	298
14.20	Schulungen für Mitarbeiter im Reinraum	299
14.21	Logbuchdokumentation wichtiger Vorgänge	299
14.22	Dokumentation von Änderungen	300
14.23	FMEA-Tabelle	300
14.24	Qualifizierungsphasen	302
14.25	Sterilisationsverfahren	303
14.26	Sterilisationsbeständigkeit verschiedener Kunststoffe	304
14.27	Abtötungstemperaturen und Wirkdauer von Mikroorganismen	305

15 Autorenverzeichnis 307
    15.1   Herausgeber 307
    15.2   Mitverfasser 309

Stichwortverzeichnis 317

1 Einführung

Erwin Bürkle

Der Begriff „Reinraumtechnik" hat sich als Überbegriff für die Gesamtheit von technischen und operativen Maßnahmen zur Beherrschung von unerwünschten Kontaminationen eingebürgert. Das heißt, Reinraumtechnik versteht sich als Kette aller Maßnahmen zur Verminderung oder Verhinderung unerwünschter Einflüsse auf das Produkt. [1]

Notwendig ist die Anwendung von Reinraumtechnik dann, wenn die geforderte Qualität von Zwischen- oder Endprodukten bei deren Herstellung und Verarbeitung in nicht beherrschter räumlicher Umgebung nicht sichergestellt werden kann. Für den Verarbeiter ist es zu Beginn noch ungewohnt, einige Spielregeln zu befolgen, die es hierbei einzuhalten gilt.

■ 1.1 Marktentwicklung, Anwendungsbereiche und Anforderungen

In der Medizintechnik, der Pharma- sowie der Chipindustrie gehört das Arbeiten unter kontrollierten Umgebungsbedingungen bereits seit vielen Jahren zum Stand der Technik. In der Kunststoffverarbeitung ist das Thema „Reinraumtechnik" hingegen erst seit Mitte der 90er Jahre richtig in den Fokus gerückt. Die Initialzündung kam von einer Tagung an der Hochschule Heilbronn mit dem Titel „Produktion von Kunststoffartikeln unter reinen Umgebungen". Die anfänglichen Zweifel an der Sinnhaftigkeit einer Spritzgießproduktion im Reinraum wichen jedoch schnell einem wachsenden Interesse. Dies aus unterschiedlichen Gründen: Neben Produkten für die Medizintechnik werden zunehmend auch technische Produkte in partikelarmer Umgebung hergestellt.

Die Produktspezifikationen kommen aus den Bereichen Pharmazie, Medizin, Kosmetik, dem Automobilbau sowie der Optik und Optoelektronik, der Kommunikationstechnik und dem Lebensmittelsektor. Die Umsetzung verlangt neue Denkweisen,

Technologien und Abläufe. In Zukunft werden in der Kunststoffverarbeitung die Fragen:

- Wie schützt man einen Arbeitsplatz vor Kontamination durch die Umgebung?
- Wie schützt man ihn vor luftgetragenen Partikeln, vor Mikrokontamination?

mehr und mehr an Bedeutung gewinnen.

Man hat gelernt, dass empfindliche Prozesse der oben angesprochenen Branchen nur dann mit der gewünschten Sicherheit und Ausbeute an Gutteilen durchzuführen sind, wenn es gelingt, Mikrokontaminationen unterschiedlicher Art vom Prozess fernzuhalten. Selten aber hat ein übergeordnetes Thema in der Industrie eine Branche derart belebt – oder auch in Unruhe versetzt – wie die Reinraumtechnik innerhalb der Kunststoffverarbeitenden Industrie in den vergangenen Jahren. Heute nimmt die Bedeutung der Produktion unter den besonderen (kontrollierten) Umgebungsbedingungen deutlich zu.

Ausgehend von der „Theorie der langen Konjunkturwellen" – die in der Fachwelt Kondratieff-Zyklen genannt werden – des russischen Wirtschaftswissenschaftlers Nikolai Kondratieff, entwickelte Leo A. Nefiodow [2] eine Fortsetzung dieser Konjunkturzyklen. Er prognostiziert für das 21. Jahrhundert unter anderem einen weltweit wachsenden gesellschaftlichen Bedarf an „ganzheitlicher" Gesundheit, wobei der Gesundheitsmarkt als Lokomotive für das Wirtschaftswachstum fungieren wird (Bild 1.1).

Ohne an dieser Stelle auf Details der Prognose einzugehen, bestätigen die wachsenden Marktdaten diese Vorhersage seit einigen Jahren. Interessant ist in diesem Zusammenhang, dass die „Kondratieff-Zyklen" zwischen 40 und 60 Jahre dauern, wobei die Talsohle nach durchschnittlich 52 Jahren durchschritten wird.

Der sechste Kondratieff-Zyklus hat bereits begonnen (Bild 1.1) und in den letzten Jahren schnell an Dynamik gewonnen. Übertragen auf den Weltmarkt für Medizin-

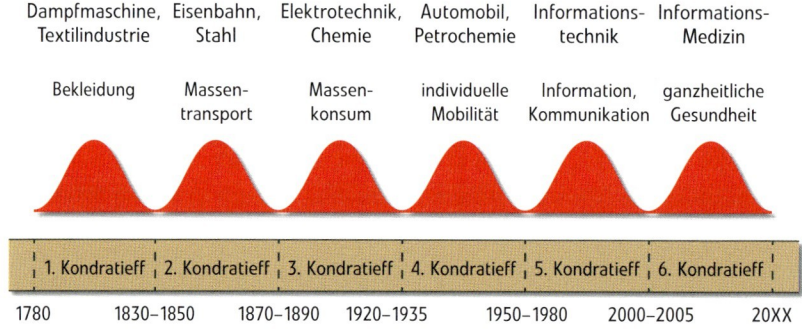

BILD 1.1 Die langen Wellen der Konjunktur: Basisinnovationen und ihre wichtigsten Anwendungsfelder [Bildquelle: [2]]

produkte versprechen die Daten den Verarbeitern auf diesem Gebiet interessante Zeiten: Zuwachsraten von jährlich bis zu 10 %, hohe Forschungsausgaben für neue Produkte (rund 50 % der Medizinprodukte sind jünger als zwei Jahre) sowie interessante Wertschöpfungs-potenziale.

Die Kunststoffanwendungen finden sich beispielsweise in Arzneimittelträgern und -behältern, aktiven und nicht-aktiven Implantaten, in Therapeutika, Diagnostika und Diagnosehilfsmitteln sowie Laborgeräten. Auch ist die Mikrostrukturtechnik mittlerweile zu einem zentralen Thema für die Medizin- und Pharmabranche geworden. Im Mittelpunkt stehen hier mikro- und nanostrukturierte Testplattformen für die Diagnostik, die für Anwendungen in der Hämatologie, der Mikrobiologie, der Immunologie und der DNA-Analytik als Einwegartikel gefordert werden (z. B. „Lab-on-a-Chip"). Auch bei der Herstellung von Kunststoffprodukten für die Kosmetik- und Lebensmittelindustrie sowie für die Biotechnologien werden die gesetzlichen Rahmenbedingungen, aber auch der wachsende Kostendruck, zu Produktionsfeldern führen, die Kontaminationen unterschiedlichster Art verhindern sollen.

Die bisher besprochenen Produktionsbereiche haben eines gemeinsam, alle sind von der Forderung geprägt: Keine Gefährdung durch Kontamination mit gesundheitsschädlichen Substanzen (Partikel etc.) oder Keimen!

Dagegen sind Produktionsbereiche für die Mikroelektronik, Feinwerktechnik, Informations- und Kommunikationstechnik, Optik und zum Teil auch für die Automobilindustrie von der Forderung geprägt, bei ihrer Herstellung eine möglichst hohe qualitative Ausbeute bei anspruchsvollen Funktionsbauteilen zu gewährleisten. Hier haben Reinraumanlagen die Aufgabe, ein angepasstes reines Umfeld für die sensiblen Produktionsprozesse zu schaffen.

■ 1.2 Die Tücken liegen im Detail

„Das Produkt bestimmt die Umgebung" – diese reinraumtechnische Binsenweisheit mag vereinzelt Zweifel am erforderlichen Aufwand auslösen. Spätestens wenn neben den technischen Forderungen für eine GMP-gerechte (Good Manufacturing Practice) Produktion die umfangreichen innerbetrieblichen, organisatorischen Maßnahmen erörtert werden, wird das Ausmaß deutlich. Einzelkämpfer geraten dann schnell ins Hintertreffen, einfach weil sie das Dickicht der Regularien nicht mehr durchblicken können. Besonders komplex wird das Projekt, wenn die Produkte später in die USA exportiert werden sollen; nicht vom Verarbeiter selbst, aber von dessen Kunden und Auftraggeber. Die amerikanische Aufsichtsbehörde FDA (Food and Drug Administration) hat dann eine gewichtige Kontrollfunktion, die sich bis in die Kunststofffertigung eines Verarbeiters auswirkt.

Den Aufbau einer partikelarmen Produktion scheuen viele Verarbeiter wegen den vermeintlich unkalkulierbaren Kosten. Das ist insofern verständlich, weil eine an den tatsächlichen Erfordernissen vorbeigehende Planung in der Tat schnell einen überdimensionierten und damit teuren Reinraum zum Ergebnis hat. Dabei können schon einige wenige gezielt eingesetzte Maßnahmen genügen, um das geforderte Reinheitsniveau zu erreichen.

■ 1.3 Jede Reinraumproduktion ist anders

Pragmatisch und bedarfsgerecht geplant, eröffnet die Reinraumtechnik den Kunststoffverarbeitern sowohl technische als auch wirtschaftlich interessante Perspektiven. Oft ist in diesem Zusammenhang die Befürchtung zu hören, dazu seien Investitionen in astronomischer Höhe erforderlich. Pauschal kann dem aus heutiger Sicht jedoch nicht zugestimmt werden. Natürlich hängt das benötigte Investitionsvolumen eng von den individuellen Erfordernissen ab, die sich ihrerseits aus der Aufgabenstellung ergeben. Auch ist der technische und damit auch der investive Aufwand vom erforderlichen Reinheitsgrad und nicht zuletzt vom umbauten Reinraumvolumen abhängig. Nur, eine Reinraumproduktion muss nicht gleich überdimensioniert werden. Vielmehr lassen sich bereits mit einfachen Mitteln flexible und vor allem auch ausbaufähige Lösungen realisieren.

Durch geschickte Anordnung lassen sich der reinen Umgebung z. B. Fertigungsabläufe so organisieren, dass Arbeitsschritte eingespart, Transportwege verkürzt und Fertigungszeiten verringert werden können. Die reinen Umgebungszonen können dabei auf ein Mindestmaß an Bauvolumen reduziert werden, was geringere Investitions- und Betriebskosten zur Folge hat.

Grundlage der Planungsvorbereitung sind zunächst die Produktspezifikationen. Dabei spielt es keine Rolle, ob die Vorgaben bereits mit einem konkreten Auftrag verbunden sind, oder quasi „virtuell" festgelegt werden, etwa, wenn das bestehende Produktionsspektrum erweitert werden soll. Im zweiten Fall zieht der Verarbeiter selbst die Grenze. Auftraggeber hingegen, die von ihrem Zulieferer partikelarme oder gar keimfreie Teile erwarten, werden in der Regel auf die entsprechenden Richtlinien, beispielsweise auf DIN EN ISO 14644-1 und gegebenenfalls auf den EG-Leitfaden GMP (Good Manufacturing Practice) verwiesen. Jedoch ist dies nicht immer zwingend.

Sind ausschließlich staub- bzw. partikelarme Bauteiloberflächen erforderlich, genügen allgemeine Vorgaben über die maximal zulässige Zahl und Größe der Partikel. Diese Regelung betrifft in erster Linie technische Anwendungen.

Vereinfacht betrachtet verfolgt „Reinraumtechnik" das Ziel, kontrollierte Umgebungsbedingungen zur Verfügung zu stellen, in denen nur eine definierte Menge lufttragender Partikel vorhanden sein darf und Temperatur, Feuchte und Druck gezielt geregelt werden können. Je weniger Partikel erlaubt sind, desto umfangreicher sind die Vorkehrungen zu treffen.

Grundsätzlich müssen vier wichtige Ausgangsfragen geklärt werden:

- Welche Reinheitsklasse wird benötigt?
- Ist neben der Partikelkonzentration (gemeint sind Staubpartikel) auch auf Keimfreiheit zu achten?
- Welche Richtlinien sind zu berücksichtigen?
- Ist die Produktion zu qualifizieren und der Fertigungsprozess zu validieren?

Literatur zu Kapitel 1

[1] Gail, L.; Gommel, U.; Hurtig, H.-P. (Hrsg.): Reinraumtechnik, Springer Verlag Heidelberg, 2012

[2] Nefiodow, Leo A.: Der sechste Kondratieff, Wege zur Produktivität und Vollbeschäftigung im Zeitalter der Information, Rhein-Sieg Verlag St. Augustin, 2006

2 Grundlagen der Reinraumtechnik

Peter Karlinger

2.1 Wichtige Begriffe

2.1.1 Definition Reinraumtechnik

Reinraumtechnik bedeutet, Prozessabläufe zu ermöglichen, die in einem durch Richtlinien beschriebenen Umfeld Schutz vor Umgebungseinflüssen garantieren. Die Reduzierung von Verunreinigungen wie Staubpartikel, Pollen, Bakterien, Viren – aber auch Aerosole und Schadgase – dient dem Schutz des Menschen einerseits, andererseits aber auch dem Schutz des Produktes dahingehend, dass seine Qualität im Entstehungsprozess kontrollierbar hoch gehalten wird. Reinraumtechnik heißt dabei, sowohl die Anzahl der während der Produktion freigesetzten Partikel geringster Abmaße zu begrenzen, als auch erzeugte Partikel unmittelbar abzuführen. Reinraumtechnik ist immer örtlich begrenzt und garantiert in diesem Bereich eine Umgebung, die in der Regel reiner ist als die übliche Umwelt und dies zu jeder Zeit, ohne Schwankungen bzw. Abweichungen zu der unreineren Umgebung.

Zur besseren Vorstellung hierzu ein Vergleich: Für die Produktion eines makellosen 16-MB-Chips muss sichergestellt sein, dass – im Größenvergleich – nur ein Tennisball auf der Wasseroberfläche des Bodensees (538 km^2) schwimmt, oder – bezogen auf das Volumen – die Menge von 100 Kugeln mit einem Durchmesser kleiner als 7 mm nicht überschritten wird (Bild 2.1). [1]

BILD 2.1 Größenvergleich der Reinraumtechnik [Bildquelle: Stanko Petek]

2.1.2 Definition Verunreinigung

Bei den Verunreinigungen wird zwischen zwei grundverschiedenen Kategorien unterschieden (Bild 2.2):

- Nicht-koloniebildende Verunreinigungen: Ruß, Staub, Materialabrieb etc.
- Koloniebildende Verunreinigungen: Pilze, Bakterien, Viren etc.

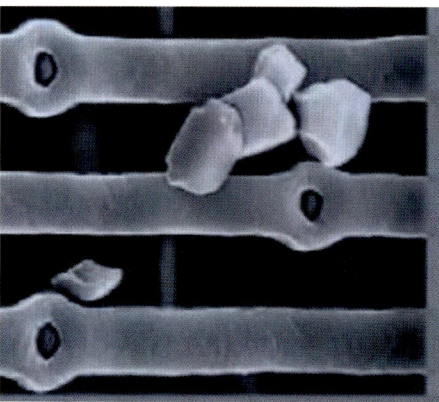

BILD 2.2 Vergrößerungen von Verunreinigungen, Trockenshampoo auf Leiterbahnen [Bildquelle: Micro CleanRoom Technology GmbH, Siemens AG]

Die koloniebildenden Verunreinigungen können sich nicht nur selbständig vermehren, insbesondere in der jeweiligen idealen Umgebung (Feuchte und Temperatur), sondern stellen darüber hinaus ein zusätzliches Risiko für den Personenkreis dar, der im Reinraum arbeitet bzw. später mit dem Produkt in Berührung kommt. Hat man beim Produkt noch die Möglichkeit, die koloniebildenden Einheiten durch nachträgliche Sterilisation unschädlich zu machen, müssen für die im Reinraum arbeitenden Mitarbeiter technische Maßnahmen vorgesehen werden, um garantieren zu können, dass deren Gesundheit nicht gefährdet ist.

2.1.3 Einteilung der Partikel in eine Größenordnung

Unabhängig von der Art der Verunreinigung werden die einzelnen Partikel in unterschiedliche Größenordnungen eingeteilt (Bild 2.3). Dies hilft dem Reinraumkonstrukteur, die Art der Anlagen, von einem Gebäude bis zu den technischen Einrichtungen, wie z. B. die der Filter, auszulegen und für das Produkt richtig zu planen. Hierbei sollte aber immer beachtet werden, dass es sich um ein sehr komplexes Zusammenspiel von unterschiedlichsten Einflüssen handelt. Gerade in der Planung der Reinraumtechnik ist es deshalb wichtig, Projekttools wie „Mindmap" oder „FMEA" anzuwenden, und sich auch nicht zu scheuen, auf die Meinungen von mehreren Fachleuten zu hören.

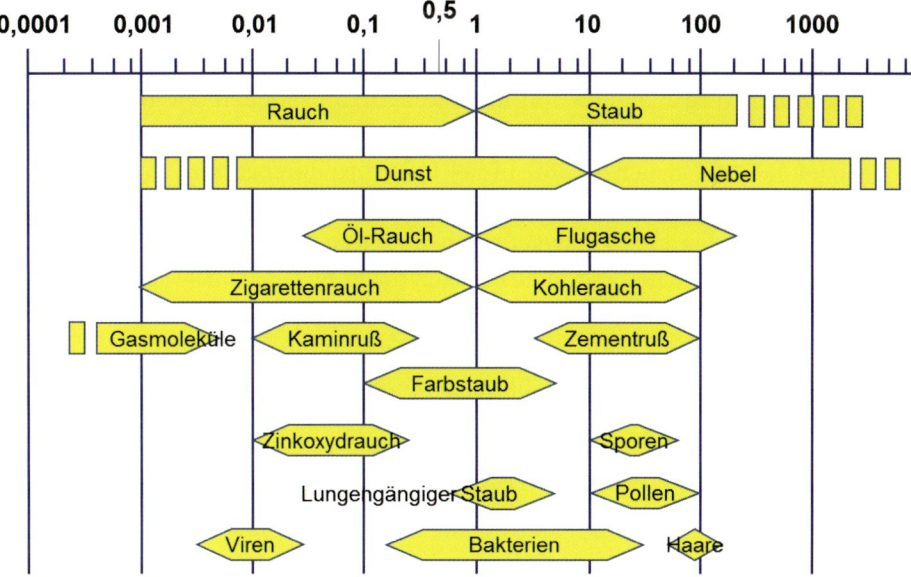

BILD 2.3 Größe verschiedener Partikel [Bildquelle: DITTEL Engineering]

2.1.4 Reinheit von Medien

Generell wird in der Reinraumtechnik zwischen der Reinheit unterschiedlicher Medien bzw. Bereiche unterschieden [2]:

- **Luft:** die Umgebung in der Produktionsstätte bzw. im Reinraum.
- **Oberflächen:** Oberflächen innerhalb der Produktionsstätte, sowohl im Raum, als auch auf Teilen der Anlage, insbesondere Oberflächen, die direkt in Kontakt mit dem Produkt kommen können.
- **Flüssigkeiten:** Prozessmedien, die direkt in Kontakt mit dem Produkt kommen.

2.1.5 Grenzwerte der Reinheit/Reinraumklassen

Die Einhaltung der notwendigen Grenzwerte wird bei der Reinheit für die Luft und der Reinheit der Flüssigkeiten durch Filtration sichergestellt. Die Reinheit der Oberflächen hingegen wird durch eine fachgerechte Reinigung in fest definierten Zeiträumen sichergestellt. Darüber hinaus müssen die Umgebung, die Raumluft, die Anlagen und die im Raum arbeitenden Personen so ausgestattet sein, dass Verunreinigungen minimiert werden. Durch dieses Zusammenspiel wird sichergestellt, dass die Grenzwerte für die Reinheit der Produktionsstätte eingehalten werden und somit das Produkt gemäß den Anforderungen an die jeweilige Reinheitsklasse hergestellt werden kann.

Es hängt dabei vom Produkt ab, welche Verunreinigungen zugelassen werden. Während für eine Scheibe im Automobilbereich eher geringe Grenzwerte herrschen, sind im Bereich der Mikroelektronik die Werte sehr eng gehalten. Diese Grenzwerte wurden in der Vergangenheit von mehreren Organisationen wie dem VDI, der DIN/ISO oder Fed. US festgelegt, waren aber unter sich nicht direkt vergleichbar. In den letzten Jahren hat sich die ISO 14644 in Europa durchgesetzt. In dieser Norm werden die Partikel sowohl nach Größe, als auch nach Anzahl für unterschiedliche Reinheitsklassen von 1 bis 9 eingeteilt (Tabelle 2.1 und Bild 2.4). Das heißt, dass für je eine Reinheitsklasse für bestimmte Partikelgrößen auch maximale Partikelmengen zugelassen sind. Mit dieser Regelung wird der Praxis Rechnung getragen, dass oft kleinere Partikel geringere Auswirkungen haben, und somit auch in höherer Anzahl gleichzeitig zu der geringeren Anzahl von größeren Partikeln vorhanden sein dürfen.

TABELLE 2.1 Einteilung der Reinraumklassen, nach ISO 14644-1

ISO-Klassifizierungszahl (*N*)	Höchstwert der zulässigen Konzentration (Partikel je Kubikmeter Luft) gleich der oder größer als die betrachteten Größen, welche nachfolgend abgebildet sind[a]					
	0,1 µm	0,2 µm	0,3 µm	0,5 µm	1 µm	5 µm
ISO-Klasse 1	10[b]	[d]	[d]	[d]	[d]	[e]
ISO-Klasse 2	100	24[b]	10[b]	[d]	[d]	[e]
ISO-Klasse 3	1 000	237	102	35[b]	[d]	[e]
ISO-Klasse 4	10 000	2 370	1 020	352	83[b]	[e]
ISO-Klasse 5	100 000	23 700	10 200	3520	832	[e]
ISO-Klasse 6	1 000 000	237 000	102 000	35 200	8 320	293
ISO-Klasse 7	[c]	[c]	[c]	352 000	83 200	2 930
ISO-Klasse 8	[c]	[c]	[c]	3 520 000	832 000	29 300
ISO-Klasse 9	[c]	[c]	[c]	35 200 000	8 320 000	293 000

[a] Alle in der Tabelle angeführten Partikelkonzentrationen sind summenhäufigkeitsbezogen. Zum Beispiel schließen die 10 200 Partikel bei 0,3 µm für ISO-Klasse 5 sämtliche Partikel ein, welche gleich der oder größer als diese Partikelgröße sind.
[b] Diese Partikelkonzentrationen ergeben für die Klassifizierung beträchtliche Luftprobenvolumnina. Es darf das Verfahren für aufeinanderfolgende Probenahmen angewandt werden, siehe Anhang D.
[c] Aufgrund einer sehr hohen Partikelkonzentration sind Angaben zu Konzentrationsgrenzen in diesem Bereich der Tabelle ungeeignet.
[d] Probenahme- und statistische Begrenzungen für Partikel in niedrigen Konzentrationen eignen sich nicht für eine Klassifizierung.
[e] Begrenzungen gesammelter Probenahmen sowohl für Partikel in niedriger Konzentration als auch für Partikel, welche größer als 1 µm sind, eignen sich aufgrund möglicher Partikelverluste im Probenahmeverfahren nicht zur Klassifizierung.

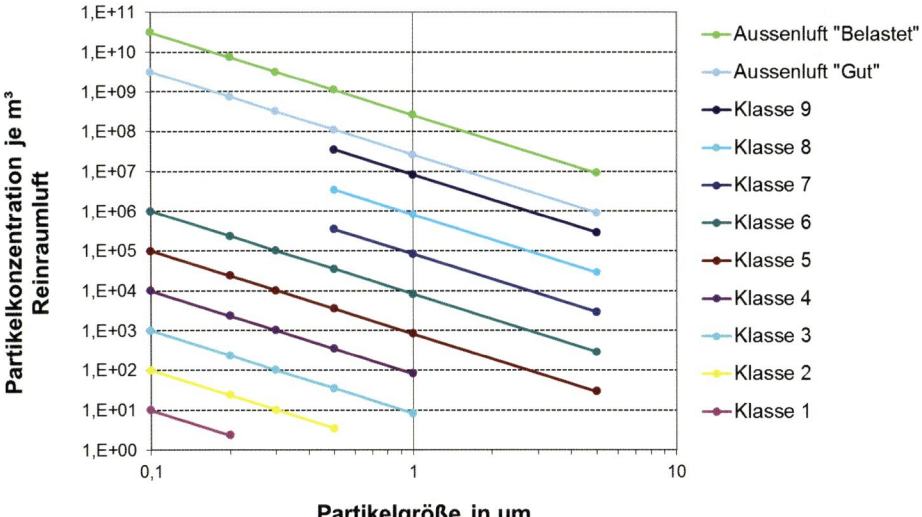

BILD 2.4 Einteilung der Reinraumklassen [Quelle: nach DIN ISO 14644]

2.1.6 Einteilung in bakterielle Klassen

Während man in der Klassifizierung der Reinheitsklassen in der DIN ISO 14644 nur die Größe und Anzahl der Partikel betrachtet, wird insbesondere im Pharma- und Medizinbereich in Hinblick auf die koloniebildenden Einheiten eine Unterteilung hinsichtlich der bakteriellen Belastung gemäß den GMP-Richtlinien (Good Manufacturing Practice) getroffen. Die Einteilung geschieht in Klassen von A bis F (Tabelle 2.2). Daraus geht klar hervor, dass zwischen den Einteilungen der GMP-Richtlinien und der DIN-Norm kein direkter Zusammenhang besteht. Allerdings sind gewisse Klassifizierungen der GMP nur mit bestimmten Klassen der DIN ISO erreichbar: Man sollte für einen Reinraum gemäß den GMP-Richtlinien A mindestens eine ISO-Klassifizierung von 5 einhalten. Neben dieser mindestens einzuhaltenden Partikelbelastung werden aber in der GMP je nach Produktbereich (Pharma oder Medizin) auch noch spezielle Anforderungen beschrieben, bis hin zu Verhaltensmaßnahmen und Qualitätssicherungsmaßnahmen.

TABELLE 2.2 Beispiele für eine Einteilung der GMP-Klassen [1]

Klassen (Beispiele)	Anforderungen	ISO-Klasse
Klasse A Pharma aseptischer Bereich	Partikel Keime	ISO-Klasse 5 oder besser < 1 KBE/m^3 Detaillierte Anforderungen an Ausrüstung, Packmittel, Material und Personal Isolatortechnik oder Barrieretechnik
Klasse B Pharma Direkte Umgebung des aseptischen Bereichs	Partikel Keime	ISO-Klasse 7 oder besser < 10 KBE/m^3 Detaillierte Anforderungen Ausrüstung Personal
Klasse C Medizinische Device	Partikel Keime	ISO-Klasse 7 oder besser < 100 KBE/m^3 Detaillierte Anforderungen an Ausrüstung, Personal und Materialien
Klasse D Medizinische Device, Allgemeine Produkte	Partikel Keime	ISO-Klasse 7 oder besser < 200 KBE/m^3 Anforderungen an Ausrüstung, Personal und Materialien
Klasse E Einwaagebereiche, Verpackung	Keime	< 500 KBE/m^3 Anforderungen an Ausrüstung, Personal und Materialien
Klasse F Umgebung, Lager, Service		optisch sauber Reduzierte Anforderungen an Ausrüstung, Personal und Oberflächen

2.2 Aufbau reinraumtechnischer Anlagen

Zur Sicherstellung der lufttechnischen Anforderungen bei Reinraumanlagen wird eine gefilterte Umgebungsluft für den Reinraum verwendet, um zum einen zu gewährleisten, dass keine unzulässigen Verunreinigungen in den Reinraum gelangen, zum anderen wird dieser Luftaustausch aber auch genutzt, um Verunreinigungen aus dem Reinraum herauszutragen. Im Regelfall wird die Luft über Ventilatoren und ein nachgeschaltetes Filtersystem in den Raum eingeblasen und verlässt danach den Reinraum an anderer Stelle. Durch diese Luftführung wird der Raum mit sauberer Luft versorgt und permanent durchspült. Mittels einer gezielten Drosselung der abströmenden Luft wird im Reinraum ein leichter Überdruck zum umgebenden Gebäude erzeugt. Dadurch wird verhindert, dass Partikel und Verunreinigungen gegen den Überdruck durch Spalte und Ritzen (z. B. an Türdichtungen) in den Reinraum gelangen (Bild 2.5). [2]

Aus dem Funktionsprinzip wird bereits ersichtlich, dass die Qualität der Zuluftfilterung einen entscheidenden Einfluss auf die Reinraumqualität hat. Partikel, die von dem Filter zurückgehalten werden, gelangen nicht in den Reinraum und können diesen und das Produkt nicht kontaminieren. Als Filter kommen in der Reinraumtechnik Schwebstofffilter vom Typ HEPA (High-Efficiency-Particulate-Air-Filter; H10 bis H14) oder ULPA (Ultra-Low Penetration-Air-Filter; U15 bis U17) zum Einsatz. H14-Filter besitzen einen Abscheidegrad $\geq$ 99,995 %. Um die Lebensdauer der Filter zu erhöhen, wird im Regelfall die Zuluftfilterung 3-stufig ausgebaut (Tabelle 2.3).

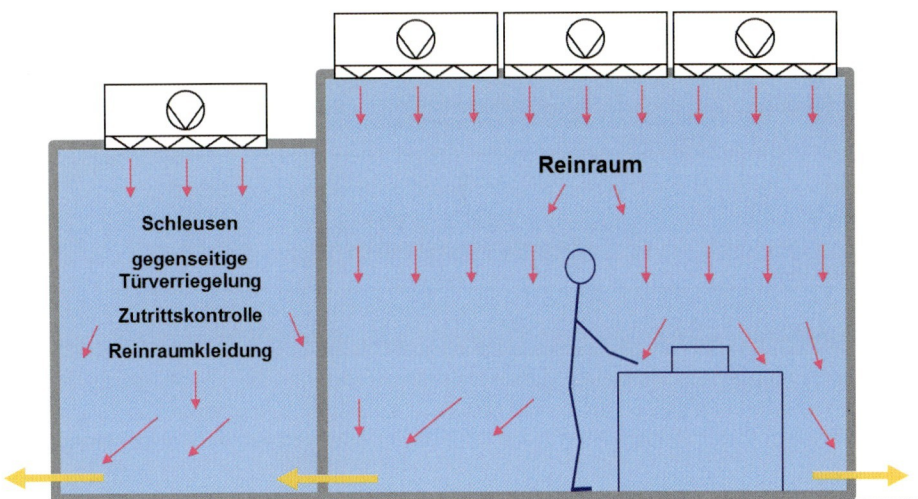

BILD 2.5 Aufbau von Reinraumanlagen

TABELLE 2.3 3-stufiger Aufbau der Zuluftfilterung

Stufe	Filtertyp	Filterklassse
1	Grob-Vorfilter	G4
2	Feinfilter	F7
3	Endständiger Schwebstofffilter	H14

TABELLE 2.4 Beispiel einer Druckabstufung

Ort	Klasse	Druckabstufung
Umgebung	nicht klassifiziert	P_U = 0 Pa (Referenz)
Schleuse	RR-Klasse D	P_S = 15 Pa ± 5 Pa
Reinraum	RR-Klasse C	P_{RR} = 30 Pa ± 5 Pa

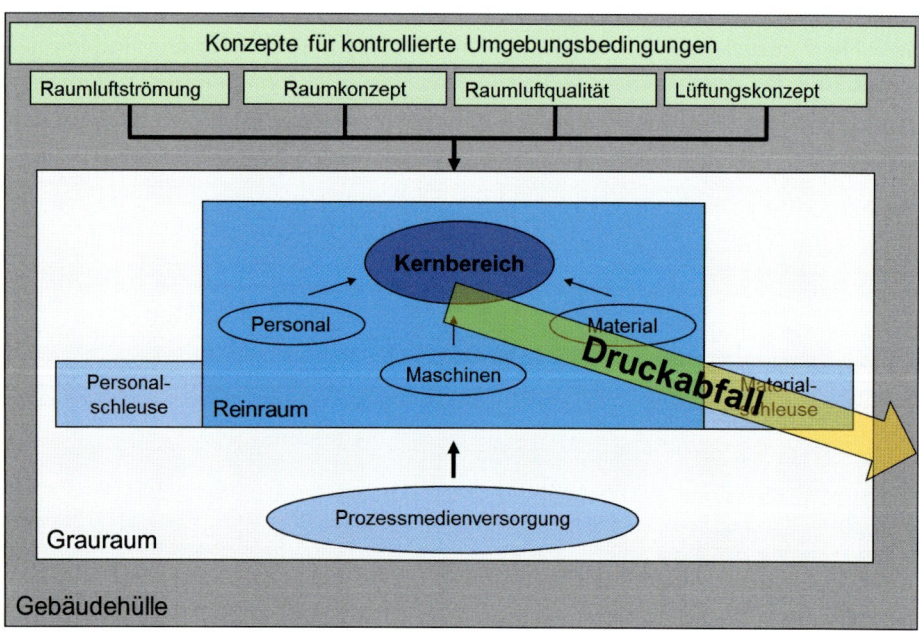

BILD 2.6 Druckkaskaden für Reinräume

Für eine hohe Reinigungswirkung und Effektivität sind hohe Luftaustauschraten von Vorteil. In den Reinräumen wird in der Regel mit Strömungsgeschwindigkeiten von 0,3 bis 0,5 m/s gearbeitet, was einer Luftwechselrate von 20 bis 80 Mal pro Stunde entspricht.

Neben den genannten Luftwechselraten ist zusätzlich sicherzustellen, dass der Luftaustausch immer in die vom Planer gewünschte Strömungsrichtung funktioniert, sodass nie die Gefahr besteht, dass Fremdluft in den Reinraum getragen wird. Die Umsetzung geschieht über ein Druckkaskadenprinzip, welches in der DIN EN ISO 14644-3 festgelegt ist. Bei der Auslegung der Druckstufen ist zu beachten, dass der Druck von innen nach außen abgebaut wird, wodurch Partikel mit dem Luftstrom ausschließlich vom reinen in den weniger reinen Bereich getragen werden und nicht umgekehrt. Die Druckabstufung kann beispielsweise wie in Tabelle 2.4 eingestellt sein.

Erfolgt die Auslegung immer mit einem Druckunterschied von ca. 5 bis 20 Pa zur reineren Umgebung, so ist gewährleistet, dass bei Schleusen oder bei unkontrollierter Öffnung des Reinraums keine Verunreinigungen in die sauberen Bereiche strömen können (Bild 2.6).

2.2.1 Luftfeuchte und Temperatur

Neben der im Fokus stehenden Partikelarmut sind aber auch die Luftfeuchte und Temperatur wichtige Parameter. Sie beeinflussen:

- Das Wohlbefinden und die Gesundheit der Mitarbeiter.
- Das Wachstum und die Vermehrung von Bakterien und Keimen. (Hohe Temperaturen in Verbindung mit hoher Luftfeuchtigkeit begünstigen das Keimwachstum signifikant.)
- Die Verarbeitung und Lagerfähigkeit von Produkten. (Ungünstige Temperaturen verändern die Haltbarkeit, Stoffzustände etc.)

Damit sind die Klimabedingungen nicht nur für das zu verarbeitende Material, sondern auch für die Qualität der Endprodukte von ausschlaggebender Bedeutung. Zunehmende Temperaturen regen die Vermehrung und das Wachstum von Sporen und Keimen an. Zudem nimmt die Stoffwechselaktivität von Mikroorganismen und damit in Einzelfällen auch die Toxinbildung zu. Eine gezielte Klimatisierung reduziert dieses Risiko und vermeidet zusätzlich Störungen durch Materialfeuchte oder Kondenswasserbildung. Nicht zuletzt kommt es insbesondere bei der Kunststoffverarbeitung bei zu geringer Luftfeuchte zu statischer Aufladung, was den Prozess negativ beeinflusst.

2.2.2 Wirtschaftliche Gesichtspunkte

Beim Anlagenbau eines Reinraums spielen neben den ständig wachsenden Auflagen und Sicherheitsaspekten insbesondere auch wirtschaftliche Gesichtspunkte, wie z. B. die Energieverbrauchsoptimierung, eine Rolle. Dabei haben sich für die Luftführung unterschiedliche Konzepte am Markt etabliert: Zur Sicherstellung und Kontrolle bzw. Regelung werden während des Betriebs des Reinraums verschiedene Werte überwacht, wofür zum Teil spezielle Messgeräte entwickelt wurden. Die folgenden Größen sollten durch die Messtechnik eines Reinraums heutzutage erfasst werden:

- Partikelanzahl, Filterleckage, Erholzeit
- Luftgeschwindigkeit, Luftmenge, Luftwechsel
- Drücke der einzelnen Stufen
- Lufttemperatur, Luftfeuchte
- Strömungen
- Bakterien und Keime

2.3 Qualifizierung und Validierungsmaßnahmen

Insbesondere in der medizinischen und pharmazeutischen Industrie ist es wichtig, die Qualität der Reinräume und der darin gefertigten Produkte durch Qualifizierungs- und Validierungsmaßnahmen zu überwachen und zu dokumentieren. Die Qualifizierung ist dabei elementarer Bestandteil des Qualitätssicherungssystems und soll belegen, dass die eingesetzten Anlagen und Systeme fachgerecht installiert sind, ordnungsgemäß funktionieren und zu den erwarteten Ergebnissen führen.

Die Validierung ist dann der dokumentierte Nachweis, dass ein bestimmter Prozess oder ein System mit größtmöglicher Sicherheit reproduzierbare Ergebnisse liefert und die festgelegten Akzeptanzkriterien erfüllt. Grundsätzlich geht daraus hervor, dass der Reinraum erst qualifiziert werden muss, bevor die Validierung des Gesamtprozesses (d. h., der laufenden Fertigung) vorgenommen werden kann (siehe hierzu auch Kapitel 9 „Qualifizierung und Validierung").

2.4 Reinraumkonzepte

Die Einhaltung der Anforderungen an die Produktreinheit muss produktionssicher gewährleistet sein. Unter dieser Prämisse gilt es nun, das wirtschaftlichste Konzept zu planen und umzusetzen, unter Beachtung der jeweiligen Einflussgrößen. Dabei geht es nicht allein um die im vorhergehenden Kapitel aufgezeigten Punkte, sondern auch um andere Einflussgrößen wie im Reinraum betriebenen Maschinen, oder auch den Bediener und seinen Arbeitsplatz im Reinraum.

2.4.1 Konzept „Laminar-Flow-Box" (LF-Box)

Ein Konzept, das man in vielen Kunststoffspritzgießereien antrifft, ist das der „Laminar-Flow-Box". Hierbei wird dem Werkzeugeinbauraum der Spritzgießmaschine auf der oberen Seite eine Einheit aus Gebläse und Filter aufgesetzt, die für eine stetige laminare, nach unten gerichtete Luftströmung sorgt. Dadurch werden die notwendigen Reinraumbedingungen für die auf ein gekapseltes Laufband fallenden Artikel geschaffen, mit einem in der Regel von der Bedienseite der Spritzgießmaschine zugänglichen Arbeitsraum.

Bekannt sind Laminar-Flow-Boxen auch als Bestandteil von Laboreinrichtungen innerhalb von Reinräumen. Dabei wird über einen Vorfilter Umgebungsraumluft angesaugt, anschließend mittels eines Filters gereinigt und durch die inneren Begrenzungsflächen der Laminar-Flow-Box auf die Arbeitsfläche geleitet, die dadurch gleichzeitig überflutet wird.

Die Vielfalt der unterschiedlichen Konzepte von Reinräumen ist aber erheblich umfangreicher, wobei die folgenden Beispiele jeweils als erprobte Umsetzungen im Markt zu finden sind. Es ist jedoch wichtig, vor der Festlegung auf ein Konzept zu prüfen, ob hiermit dann auch alle Anforderungen im wirtschaftlichen Maße zu erfüllen sind.

2.4.2 Konzept „unkontrollierter Reinraum"

Der „unkontrollierte Reinraum" mit turbulenter Strömung ähnelt dem Konzept eines klimatisierten Raumes, ohne dass besondere Maßnahmen für Be- und Entlüftung integriert wurden. Die Luftströmung wird nicht beeinflusst und es werden keine Maßnahmen getroffen, Störquellen wie z. B. Lampen strömungsgünstig zu optimieren oder technische Hilfsmittel so anzuordnen, dass es zu einer idealen Luftführung kommt. Die in einem solchen Raum auftretenden unkontrollierten Turbulenzen führen, wie auch in normalen klimatisierten Räumen, zu unangenehmen

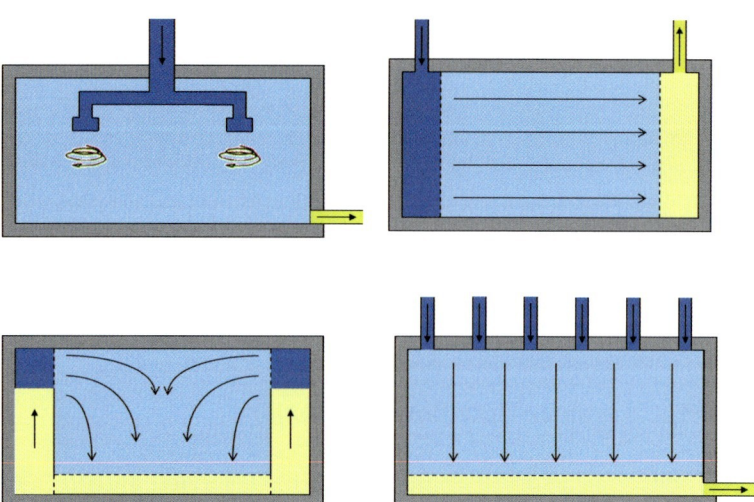

BILD 2.7 Verschiedene Reinraumkonzepte für die Luftführung (nach DIN 14466)
 links oben: unkontrollierter Raum
 rechts oben: horizontale Strömung
 links unten: zweiseitige Strömung
 rechts unten: vertikale (laminare) Strömung

Erscheinungen, wie Zug- oder Totzonen, in denen sich dann auch Verunreinigungen sammeln (Bild 2.7, links oben). Solcher Art gestaltete Reinräume sind nur für geringste Ansprüche geeignet.

2.4.3 Konzept „horizontale, turbulenzarme Strömung"

Wesentlich höhere Ansprüche zur Produktion von reinen Artikeln erreicht man durch Reinraumtypen mit „horizontaler, turbulenzarmer Strömung". Ausgehend von einer Filterwand wird der Raum lufttechnisch überflutet. Die Absaugung befindet sich gegenüber der Filterwand mit einströmender Luft und ist ebenfalls als Wandsystem konstruiert. Dieser Reinraumtyp ähnelt quasi einem Windkanal und die Strömungsgeschwindigkeit sollte hier ca. 0,45 m/s betragen. Die Integration der lufttechnischen Funktionseinheiten kann sowohl an den Längsseiten als auch an den Querseiten des Raumes durchgeführt werden. Diese Entscheidung ist von der optimalen Umströmung der Einbauten des Reinraums abhängig.

Im Prinzip treten in diesen Räumen verschiedene Reinraumklassen auf. In unmittelbarer Nähe der einlassenden Filterwand sind die besten Klassen zu erreichen. Diese nehmen über den restlichen Raum bis zum Luftauslass stetig ab. Passt man die Platzierungen und Produkte der Staubempfindlichkeit an, liegt durch dieses Konzept eine durchaus wirtschaftliche Variante vor (Bild 2.7, rechts oben).

2.4.4 Konzept „vertikale Laminarströmung"

Im Gegensatz zu den vorher beschriebenen Konzepten besitzen Reinräume mit „vertikaler Laminarströmung" meist eine durchgehende Filterdecke, in welche partiell Filtersysteme als Lufteinlass integriert sind. Die Luftströmung ist von der Decke zum Boden gerichtet, wobei die Luftabführung am Boden unterschiedlich konstruiert wird. Gute Resultate lassen sich bereits durch in Bodennähe in die Seitenwände eingelassene Luftableitungsschlitze erreichen.

Die besten Ergebnisse werden jedoch erzielt, sobald die Luft über einen entsprechend ausgebildeten Hallenboden direkt nach unten abgeführt wird. Aufgrund von zu hohen Bodenlasten lässt sich dies hervorragende Konzept aber nicht immer realisieren.

Mit diesem Konzept kann an allen Stellen im Raum die gewünschte Reinheitsklasse eingehalten werden und Personal sowie Maschinen und Material werden im beständigen vertikalen Luftstrom sozusagen permanent gereinigt. Der Luftstrom führt die auftretenden Partikel auf kurzem und schnellem Weg ab. Für Reinraumklassen ab ISO 7 ist dieses System für größere Hallen zwingend notwendig. Die Strömungsgeschwindigkeit sollte bei ca. 0,35 m/s bis 0,4 m/s liegen (Bild 2.7, rechts unten).

2.4.5 Konzept „zweiseitige Strömung"

Neben den diskutierten Reinraumkonzepten mit allein horizontaler oder vertikaler Strömungsausprägung gibt es auch Konzepte mit „zweiseitiger Strömung". Solche Reinräume mit einer Laminarströmung von einer oder auch zwei Seitenwänden über die Arbeitsplätze hinweg zur Absaugung im Fußboden stellen eine Kombination von horizontaler und vertikaler Laminarströmung dar. Hier ist der Filterbereich gegenüber der Arbeitsfläche angeordnet, so dass von dort die Luft über das Arbeitsmaterial strömt und anschließend über dem Boden abgesaugt wird. Die Strömungsgeschwindigkeit über dem Arbeitsplatz sollte 0,45 m/s betragen (Bild 2.7, links unten).

2.4.6 Konzept „Raum-in-Raum"

Als letztes konzeptionelles System soll die „Raum-in-Raum" Lösung vorgestellt werden (Bild 2.8). Mit der anfangs erwähnten Lösung der Laminar-Flow-Boxen (LF) leitet sich zunehmend der Gedanke des Raum-im-Raum-Systems ab. Hier wird über einen großflächigen ersten Reinraum mit einem geringen Aufwand, z. B. eine RR-Klasse von Klasse 6 (100.000) erzeugt. Anschließend werden über kleine, autark arbeitende Kabinen nach dem LF-Prinzip hochwertige Reinraumzonen gebildet zu wirtschaftlich vertretbaren Kosten. Dabei ist es auch möglich, über einen hochwertigen Reinraum der Klasse 1 bzw. der Klasse 2 die hier abströmende, partikelarme

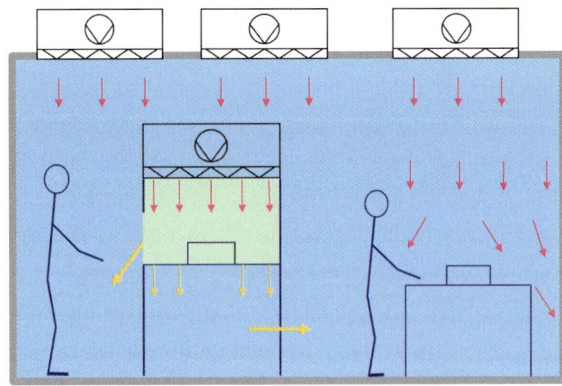

BILD 2.8 „Raum-in-Raum"-Lösungen

Luft für die Verdünnung der Partikelkonzentration in den Räumen minderwertigerer Klassen (3 bis 6) wieder zu verwenden. Auch dieses Konzept stellt einen wichtigen Beitrag zum kostengünstigen Betrieb eines Reinraums dar.

Literatur zu Kapitel 2

[1] Dittel, G.: Grundlagen der Reinraumtechnik, Vorlesungsmanuskript an der HS Rosenheim, 2005
[2] N. N.: ISO 14644, Beuth Verlag, 2011

3 Stand der Normungstechnik in der Kunststoff-Reinraumtechnik

Horst Weißsieker

Die Reinraumtechnik ist eine Anwendungswissenschaft, die für die jeweiligen Anwendungsgebiete ausgearbeitet werden muss. Die nationalen und internationalen Regelwerke sind häufig nicht anwendungsspezifisch verfasst und spiegeln häufig nur den Minimalkonsens wider. Diese Entwicklung hilft den jeweiligen Anwendern häufig im konkreten Einzelfall nicht weiter. Es soll im Folgenden versucht werden, die für die Kunststofftechnik in ihren Anwendungsfeldern zu beachtenden Regelwerke mit Bezug auf die Reinraumtechnik zum heutigen Stand zu beleuchten und gegebenenfalls Umsetzungshinweise für die Kunststofftechnik zu geben. Hierbei werden nicht nur die unmittelbaren Regelwerke herangezogen, die den Titel „Reinraumnormung" tragen, sondern auch diejenigen, die allgemein dem Begriff „Kontaminationskontrolle" zuzurechnen sind. Unter Reinraumtechnik werden alle Maßnahmen zur Verminderung oder Verhinderung schädlicher Einflüsse auf das Produkt, den Menschen oder die Umgebung verstanden.

Als erste Risikoabschätzung bei der Betrachtung von reinraumtechnischen Aufgabenstellungen sollte man damit definieren, ob es sich um ein zu lösendes Produktrisiko handelt, ein Personenrisiko oder eine mögliche Gefährdung der Umwelt oder Kombinationen aus den vorgenannten Punkten.

Das Kontaminationsrisiko ist das Produkt aus der Konzentration/oder Einwirkgröße und der Dauer der Einwirkung.

Die potenzielle Gefährdung ist damit gleich bei einer hohen Konzentration und einer kurzen Einwirkzeit oder bei einer geringen Konzentration und einer langen Einwirkzeit.

Man stelle sich die Situation vor, dass ein Kunststoffteil aus einem Spritzgießwerkzeug ausgeworfen wird, durch die Unterschiede der Elektronenaustrittsarbeiten hochgradig auf 20.000 V aufgeladen ist und in einen Raum mit unkontrollierter Partikelkonzentration fällt. Dieses Bauteil saugt alles an Partikeln an, was in einem Umkreis von 1 m ist und die richtige Ladung trägt. Aus diesem Grunde sind die Auflagen und die Kontrollen rund um die Kunststoffverarbeitung so umfangreich und aufwendig.

Die Kunststofftechnik ist Grundlage des modernen Lebens. Die Kunststoffreinraumtechnik in folgenden Bereichen zu finden:

- **Lebensmitteltechnik:** sterile und andere Primärverpackungen
- **Automobiltechnik:** Oberflächentechnik und Funktionsgruppen mit optischen Anforderungen – Scheinwerfer, Abdeckgläser, Instrumente etc.
- **Medizintechnik:** Primärverpackung und diverse Produkte, steril, nicht steril und Krankenhausmedizintechnik
- **Pharmatechnik:** Primärverpackung und einige Produkte, steril und nicht steril
- **Polytronik:** Halbleiterkunststofftechnik, stark steigende Anwendungsfelder von Solarzellen, OLEDs, Mikroaktoren, Mikrosensoren
- **Nanotechnologien**

Von der Vielzahl der Anwendungsfelder her ist klar, dass den jeweiligen Feldern verschiedene Normensätze zuzuordnen sind (Bild 3.2).

Allgemeine nationale und internationale technische Reinraum-Standards kann man unterscheiden, z. B. die DIN, VDI, CEN und ISO-Normen. Hinzu kommen regulatorische Anforderungen, z. B. aus dem pharmazeutischen oder medizintechnischen Bereich, die ihre Gültigkeitsketten und Verankerungen bis hinein in die Gesetzgebung finden und nationale oder auch internationale Bedeutung haben – Stichwort GMP (Good-Manufacturing-Practice, Leitfaden zur guten Herstellpraxis). Insgesamt kommen einige tausend Seiten Richtlinien und Regelwerke, Direktiven und Gesetze zusammen. Es soll und kann an dieser Stelle nur eine Übersicht gegeben werden. Diese Übersicht entbindet den jeweiligen Anwender allerdings nicht vom Studium und vom Verständnis der zugrundeliegenden Regelwerke oder gesetzlichen Voraussetzungen.

Die meisten Regelwerke können über den Beuth-Verlag in Berlin bezogen werden (*www.beuth.de*). Die GMP-Richtlinien und zugehörigen Dokumente sollten aufgrund der notwendigen Aktualität der Informationen online den jeweiligen nationalen oder internationalen Gremien wie der EMA (European-Medical-Agency), der FDA (Food and Drug Agency), der PIC (Pharmaceutical International Convention), der WHO (World Health Organization) oder den jeweiligen nationalen Stellen entnommen werden.

3.1 Reinraumtechnik – Richtlinien

Die Deutsche Reinraum-Normung erfolgt über den Verein Deutscher Ingenieure VDI. Die Anfänge der Richtlinie VDI 2083 „Reinraumtechnik" gehen zurück bis in die Mitte der 60er Jahre. Heute umfasst die Richtlinie 19 einzelne Blätter und einige hundert Seiten (Tabelle 3.1). Sie prägt die internationale Richtlinienlandschaft wesentlich.

Passagen zu Kunststoffen in der Reinraumtechnik findet man spezifisch in Blatt 4 in Bezug auf reine Oberflächen, in Blatt 5 in Bezug auf den Betrieb von Reinräumen, in Blatt 7 und 10 für den Einsatz in Reinstmedienerzeugungs- und -verteilsystemen sowie in Blatt 13 (13.1 bis 13.3) für die Reinstwasseraufbereitung und -verteilung. Weiterhin wird in Blatt 17 auf die Reinheitstauglichkeit eingegangen. Auf das Ausgasungsverhalten von Kunststoffen wird in Blatt 8.1 „molekulare Verunreinigungen" hingewiesen.

Die elektrostatische Aufladung der Kunststoffe, die sowohl während des Verarbeitungsprozesses als auch bei der nachfolgenden Nutzung auftreten kann, ist ein bekanntes Problem. Die Partikelkontamination aufgrund von Ladungsanziehung spielt eine große Rolle, wird in den genannten Vorschriften jedoch nicht ausreichend behandelt. Hier hat zur Vermeidung der Problematik die Ableitung von Ladung der Fußböden, Oberflächen und auch von Personen eine große Bedeutung.

Besonders hervorzuheben an dieser Stelle sind die Richtlinienaktivitäten des VDI in Bezug auf die Festlegung eines technischen GMP – VDI 6305, der die Verbindung zwischen Reinraumtechnik und GMP-Anforderungen herstellt.

Seit Mitte der 90er Jahre, mit einem kurzen Zwischenspiel der europäischen Normung auf der CEN-Ebene, sind in der Arbeitsgruppe ISO WG 209 die ISO-14644 „Reinraumtechnik" und ISO 14698 „Biokontamination" in der Bearbeitung und Weiterentwicklung (Tabelle 3.2 und Tabelle 3.3).

Eine weitere Reinraum-Richtlinienfamilie mit mehr übergreifender internationaler Bedeutung, sind die Richtlinien der IEST – der amerikanischen Schwestergesellschaft des VDI in Bezug auf die Reinraumtechnik. Hier sei nur auf die Internetadresse hingewiesen (*www.iest.org*), für den Fall, dass die nationalen Richtlinien in den USA von Interesse sind.

Die Fragestellung, welche Reinheitsklasse für die Herstellung welcher Produkte zu wählen ist, ist eine weit diskutierte (Bilder 3.1, 3.3 und Tabelle 3.4). Auch in den oben genannten Richtlinien findet man kaum konkrete Hinweise, mit Ausnahme von VDI 2083, Blatt 16. In Blatt 16 „Reinraumtechnik – Barriere-Systeme" werden sowohl qualitative als auch quantitative Hinweise auf Schutzklassen gegeben.

TABELLE 3.1 VDI 2083 Reinraumtechnik (Cleanroom Technology)

Name	Titel	Ausgabedatum	Status
VDI 2083 Blatt 1	Partikelreinheitsklassen der Luft	2013-01	
VDI 2083 Blatt 3	Messtechnik in der Reinraumluft	2005-07	Überprüft vom zuständigen Ausschuss
VDI 2083 Blatt 3.1	Messtechnik in der Reinraumluft – Monitoring	2012-06	
VDI 2083 Blatt 4.1	Planung, Bau und Erst-Inbetriebnahme von Reinräumen	2006-10	Überprüft vom zuständigen Ausschuss
VDI 2083 Blatt 4.2	Energieeffizienz	2011-04	
VDI 2083 Blatt 5.1	Betrieb von Reinräumen	2007-09	Überprüft vom zuständigen Ausschuss
VDI 2083 Blatt 5.2	Betrieb von Reinräumen – Dekontamination von Mehrweg-Reinraumbekleidung	2008-10	
VDI 2083 Blatt 7	Reinheit von Prozessmedien	2006-11	
VDI 2083 Blatt 8.1	Molekulare Verunreinigung der Reinraumluft (AMC)	2009-07	
VDI 2083 Blatt 9.1	Reinheitstauglichkeit und Oberflächenreinheit	2006-12	
VDI 2083 Blatt 10	Reinstmedien-Versorgungssysteme	1998-02	Überprüft vom zuständigen Ausschuss
VDI 2083 Blatt 11	Qualitätssicherung	2008-01	
VDI 2083 Blatt 12	Sicherheits- und Umweltschutzaspekte	2000-01	Überprüft vom zuständigen Ausschuss
VDI 2083 Blatt 13.1	Qualität, Erzeugung und Verteilung von Reinstwasser – Grundlagen	2009-01	
VDI 2083 Blatt 13.2	Qualität, Erzeugung und Verteilung von Reinstwasser – Mikroelektronik und andere technische Anwendungen	2009-01	
VDI 2083 Blatt 13.3	Qualität, Erzeugung und Verteilung von Reinstwasser – Pharmazie und andere Life-Science-Anwendungen	2010-10	
VDI 2083 Blatt 15	Personal am Reinen Arbeitsplatz	2007-04	
VDI 2083 Blatt 16.1	Barrieresysteme (Isolatoren, Mini-Environments, Reinraummodule) – Wirksamkeit und Zertifizierung	2010-08	
VDI 2083 Blatt 17	Reinheitstauglichkeit von Werkstoffen	2011-02	Entwurf
VDI 2083 Blatt 18	Biokontaminationskontrolle	2012-01	

TABELLE 3.2 ISO 14644 Richtlinienfamilie

Dokument	Titel	Status
ISO 14644	Reinräume und zugehörige Reinraumbereiche	
ISO 14644-1	Klassifizierung der Luftreinheit	ISO
ISO/DIS 14644-1	Klassifizierung der Luftreinheit anhand der Partikelkonzentration	DIS
ISO 14644-2	Festlegungen zur Prüfung und Überwachung der fortlaufenden Übereinstimmung mit Teil 1	ISO
ISO/DIS 14644-2	Festlegungen zur Prüfung und Überwachung der fortlaufenden Übereinstimmung mit Teil 1	DIS
ISO 14644-3	Prüfverfahren	ISO
ISO 14644-4	Planung, Ausführung und Erst-Inbetriebnahme	ISO
ISO 14644-5	Betrieb	ISO
ISO 14644-6	Terminologie	ISO
ISO 14644-7	SD-Module (Reinlufthauben, Handschuhboxen, Isolatoren und Mini-Environments)	ISO
ISO 14644-8	Klassifikation luftgetragener molekularer Kontamination	ISO
ISO 14644-9	Klassifizierung der Oberflächenreinheit mittels Partikelkonzentration	ISO

TABELLE 3.3 ISO 14698 Biokontamination

Dokument	Titel	Status
ISO 14698	Reinräume und zugehörige Reinraumbereiche – Biokontaminationskontrolle	
ISO 14698-1	Allgemeine Grundlagen	ISO
ISO 14698-2	Auswertung und Interpretation von Biokontaminationsdaten	ISO

Elektronik
- Steckverbindungen
- Compact Disk (CD/CDR/DVD...)
- Chipkarten

Pharmazie
- Sprühköpfe
- Verpackungen

Medizintechnik
- Küvetten
- Ventile
- Einwegspritzen
- Schlauchsysteme

Kosmetik
- Spender
- Verpackungsbehälter

Lebensmittel
- Verpackungsbehälter
- Folien
- Flaschen

Feinwerktechnik
- Mikromechanische Teile für die Medizintechnik Elektronik u. Mechanik

Oberflächentechnik
- hinterspritzte und hinterpresste Formteile im Automobil und für Elektrogeräte

Optik
- Kontaktlinsen optische Linsen optische Gläser

BILD 3.1 Kunststoffanwendungen mit Reinheitsanforderungen

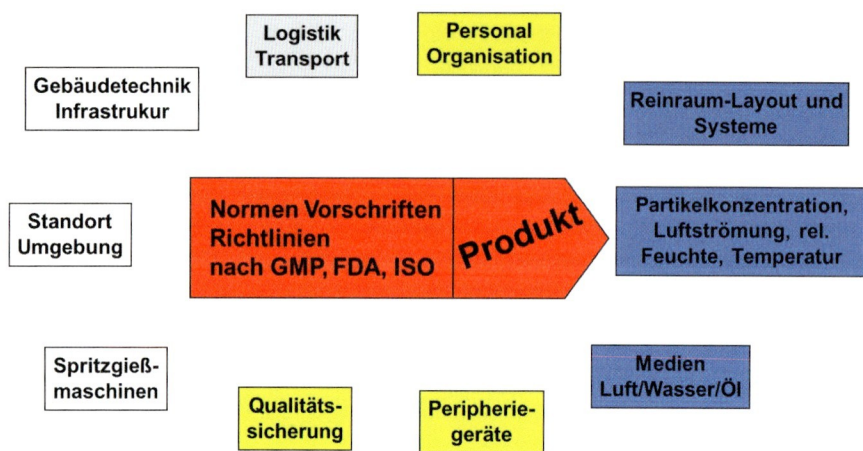

BILD 3.2 Anforderungen an Spritzgießproduktion unter reinen Bedingungen

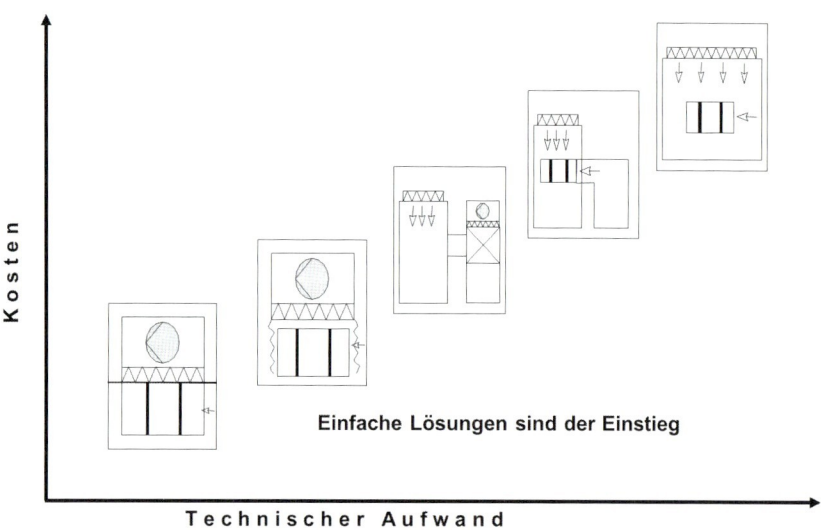

BILD 3.3 Kosten- und Aufwandrelation in der Spritzgießproduktion

TABELLE 3.4 Reinheitsklassen und Anwendungen

Reinheitsklassen nach ISO 14644-1, VDI 2083, Blatt 1							
1	2	3	4	5	6	7	8
Typische Anwendungen							
				CD, DVD, CD-R, DVD-R			
Computer Prozessoren, DRAMs							
						Pharmaverpackung	
				Sterilfertigung, Grade A, B, C, D			
					Medizintechnische Produkte		
Technische Lösung							
		Minienvironments, Isolatoren					
						Turbulente Mischlüftung Reinräume	
			Turbulenzarme Verdrängungsströmung Reinräume				
					Barrieresysteme, „LF-Boxen", Werkbänke		
					Reinraumzelte		

■ 3.2 Kunststofftechnik in der Pharmazie

Für alle Anwendungen von Kunststoffen bei der Herstellung von pharmazeutischen Produkten/Arzneimitteln muss im Vorfeld mit den Mitteln der Risikoanalyse (siehe ICH Q9 – INTERNATIONAL CONFERENCE ON HARMONISATION OF TECHNICAL REQUIREMENTS FOR REGISTRATION OF PHARMACEUTICALS FOR HUMAN USE – QUALITY RISK MANAGEMENT – NOTE FOR GUIDANCE QUALITY RISK MANAGEMENT (EMEA/INS/GMP/157614/2005-ICH) definiert werden, in welcher Tiefe GMP-Anforderungen (Good-Manufacturing-Practice – Leitfaden zur Guten Herstellpraxis – Directive 2004/94/EG, EU Leitfaden zur Guten Herstellpraxis, Anhänge 1 bis 20) zu erfüllen sind.

Im Besonderen bedeutet dies, dass auch Zulieferanten einer Arzneimittelherstellung in der GMP-Verantwortung stehen. Das heißt, dass man sich neben den Anforderungen in den Pharmacopeia/Arzneibüchern auch mit Fragen der Qualifizierung und Validierung beschäftigen muss. Wie schon erwähnt, finden sich leider wenig verbindliche Hinweise auf Kunststoffe und deren Einsatz in den oben angeführten Dokumenten. Man muss sich also in einer sehr frühen Projektphase mit den Anforderungen der Endkunden auseinandersetzen, um Missverständnisse zu vermeiden. Eine mögliche Hilfestellung können die Festlegungen des US Federal Standard 21, Teil 11, sein. In diesem US-Dokument gibt es eine Positivliste der zugelassenen

Kunststoffe (vergleiche hierzu Kapitel 10 „Werkstoffe für Produkte unter Reinraumbedingungen"). Sollte der zu verarbeitende Kunststoff dort nicht gelistet sein, sollte man besondere Vorsicht in Bezug auf die GMP-Anforderungen walten lassen.

Ohne zu sehr auf die einzelnen Details der GMP-Leitfäden einzugehen, sei angemerkt, dass GMP hauptsächlich Dokumentation erfordert und hohe Ansprüche an die Qualitätssicherung im Unternehmen stellt. Je nach Vertriebsgebiet der Produkte, gelten unterschiedliche GMP-Richtlinien unterschiedlicher Organisationen mit leicht unterschiedlichen Anforderungen und Wortlaut:

- EU GMP (*www.ema.europa.eu*) Europäischer Raum
- FDA GMP (*www.fda.gov*) Amerikanischer Raum
- PIC GMP (*www.picscheme.org*) von großer Bedeutung im asiatischen Raum
- WHO GMP (*www.who.int*) International

Zusätzlich sind nationale Gesetze (z. B. die Arzneibücher) oder nationale GMP-Richtlinien zu beachten, z. B. GOST R 52249-2004 GMP (für Russland) etc.

Heute verschwinden die Grenzen von Medizintechnik und Pharmazie immer mehr. Ein Beispiel ist der Einsatz von Pens zur Applizierung von Insulin. So kommen immer mehr pharmazeutische GMP-Aspekte in die Medizintechnik, und damit auch in den Kunststoffbereich. Wie schon ausgeführt, ist dann der Hersteller der Pens – auch wenn primär nur Medizintechnikhersteller – plötzlich in einer vollen Pharma-GMP-Verantwortung (siehe auch Abschnitt 3.2.1 „Primärverpackungen für Arzneimittel").

3.2.1 Primärverpackungen für Arzneimittel – Besondere Anforderungen für die Anwendung von ISO 9001:2000 entsprechend der Guten Herstellungspraxis (GMP) DIN EN ISO 15378:2007

Primärpackmittel für Arzneimittel unterliegen den gleichen Anforderungen wie das Produkt. Häufig sind die Primärpackmittel ganz oder zum Teil aus Kunststoffen. Daher ist die Umsetzung von Prinzipien der GMP bei der Produktion und Kontrolle von Primärpackmitteln wegen des direkten Kontakts des Produkts mit dem Packmittel von herausragender Bedeutung für die Sicherheit einer Person, die das Arzneimittel anwendet. Die Normierung erfolgt in der DIN EN ISO 15378:2007. Besonders hinzuweisen ist auf die Anhänge:

- **Anhang A (normativ):** GMP-Anforderungen an bedruckte Primärpackmittel
- **Anhang B (informativ):** Leitfaden zu den Anforderungen an die Verifizierung und Validierung von Primärpackmitteln (siehe auch EU GMP, Annex 15)
- **Anhang C (informativ):** Leitfaden zum Risikomanagement für Primärpackmittel (siehe auch den Hinweis auf die ICH Q9)

Die Anwendung der guten Herstellpraxis für pharmazeutische Packmittel soll gewährleisten, dass diese den Erfordernissen und Anforderungen der pharmazeutischen Industrie entsprechen.

Diese Norm identifiziert GMP-Prinzipien und legt Anforderungen für ein Qualitätsmanagementsystem fest, das für Primärpackmittel für Arzneimittel gilt. Sie ist eine Anwendungsnorm für das Design, die Herstellung und Lieferung von Primärpackmitteln, die alle Anforderungen von DIN EN ISO 9001:2000-12 enthält und diese mit den relevanten GMP-Anforderungen der Arzneimittelhersteller verknüpft. Mit dieser Norm wird den Herstellern von Primärpackmitteln die Möglichkeit gegeben, sich ihr internes QM-System durch eine unabhängige Zertifizierungsstelle nach dieser Norm zertifizieren zu lassen.

Die Norm wurde vom ISO/TC 76 „Transfusions-, Infusions- und Injektionsgeräte zur medizinischen und pharmazeutischen Verwendung" (Sekretariat: DIN) erarbeitet und als Europäische Norm durch das CEN/SS F 20 „Qualitätssicherung" übernommen. Bei der DIN war hierfür der Arbeitsausschuss NA 063-02-11 AA „QS-Systeme für Primärpackmittel" im NAMed zuständig. (Zwischen den einzelnen Richtlinien und Regelwerken kann es zu Überschneidungen in den Festlegungen kommen (gewollt und ungewollt), sodass in jedem Fall die Normensätze, z. B. die der Reinraumtechnik, mit denen der GMP verglichen werden müssen und ggf. auftretende widersprüchliche oder anders lautende Formulierungen vertraglich zwischen den beteiligten Parteien gesondert zu klären sind.

■ 3.3 Werkstoffe und Gegenstände in Kontakt mit Lebensmitteln/Kunststoffen

Neben den Festlegungen des Lebensmittel-, Bedarfsgegenstände- und Futtermittelgesetzbuches (Lebensmittel- und Futtermittelgesetzbuch – LFGB) mit Ausfertigungsdatum: 01.09.2005, „Lebensmittel- und Futtermittelgesetzbuch in der Fassung der Bekanntmachung vom 22. August 2011 (BGBl. I S. 1770)" werden in der DIN EN 1186 eine Reihe von Hinweisen auf den Einsatz von Kunststoffen in der Lebensmitteltechnik gegeben. Auf entsprechende Verweise zu EU-Direktiven wird hier nicht näher eingegangen.

Durch den konsequenten Einsatz der Kontaminationskontrolle, Hygiene und Reinraumtechnik ist es der Lebensmittelindustrie gelungen, die Haltbarkeit von Lebensmitteln unter gleichzeitiger Minimierung von Zusatzstoffen für bestimmte Lebensmittelgruppen zu verdreifachen. Für fast alle industriell hergestellten Lebensmittel konnten Verlängerungen der Haltbarkeitszeiten erreicht werden.

TABELLE 3.5 DIN EN 1186 (Blatt 1–15): „Werkstoffe und Gegenstände in Kontakt mit Lebensmitteln – Kunststoffe"

Dokument	Titel	Ausgabedatum
DIN EN 1186	Werkstoffe und Gegenstände in Kontakt mit Lebensmitteln – Kunststoffe	
Blatt 01	Leitfaden für die Auswahl der Prüfbedingungen und Prüfverfahren für die Gesamtmigration	07/2002
Blatt 02	Prüfverfahren für die Gesamtmigration in Olivenöl durch völliges Eintauchen	07/2002
Blatt 03	Prüfverfahren für die Gesamtmigration in wässrige Prüflebensmittel durch völliges Eintauchen	07/2002
Blatt 04	Prüfverfahren für die Gesamtmigration in Olivenöl mittels Zelle	07/2002
Blatt 05	Prüfverfahren für die Gesamtmigration in wässrige Prüflebensmittel mittels Zelle	07/2002
Blatt 06	Prüfverfahren für die Gesamtmigration in Olivenöl unter Verwendung eines Beutels	07/2002
Blatt 07	Prüfverfahren für die Gesamtmigration in wässrige Prüflebensmittel unter Verwendung eines Beutels	07/2002
Blatt 08	Prüfverfahren für die Gesamtmigration in Olivenöl unter Füllen des Gegenstandes	07/2002
Blatt 09	Prüfverfahren für die Gesamtmigration in wässrige Prüflebensmittel durch Füllen des Gegenstandes	07/2002
Blatt 10	Prüfverfahren für die Gesamtmigration in Olivenöl (Modifiziertes Verfahren für die Anwendung bei unvollständiger Extraktion von Olivenöl)	12/2002
Blatt 11	Prüfverfahren für die Gesamtmigration in Mischungen aus 14C-markierten synthetischen Triglyceriden	12/2002
Blatt 12	Prüfverfahren für die Gesamtmigration bei tiefen Temperaturen	07/2002
Blatt 13	Prüfverfahren für die Gesamtmigration bei hohen Temperaturen	12/2002
Blatt 14	Prüfverfahren für „Ersatzprüfungen" für die Gesamtmigration aus Kunststoffen, die für den Kontakt mit fettigen Lebensmitteln bestimmt sind, unter Verwendung der Prüfmedien Iso-Octan und 95%igem Ethanol	12/2002
Blatt 15	Alternative Prüfverfahren zur Bestimmung der Migration in fettige Prüflebensmittel durch Schnellextraktion in Iso-Octan und/oder 95%igem Ethanol	12/2002

Hier spielen auch die Weiterentwicklungen der reinen Kunststoffanwendungen eine entscheidende Rolle. Viele Produkte aus Kunststoffen sind nach ihrer Herstellung autosteril, da häufig bei der Herstellung hohe Temperaturen und Drücke verwendet werden, die biologische Kontaminationen abtöten. Dies trifft allerdings nicht immer auf die Pathogene/Endotoxine zu, die erst bei noch höheren Temperaturen oder Einwirkdauern zerstört werden. Für Anwendungen, in denen die Endotoxine eine Rolle spielen, muss bereits bei den Ausgangsprodukten (z. B. Granulate) auf entsprechende Keimfreiheit oder Keimarmut geachtet werden.

Weiterführende Informationen liefert in diesem Zusammenhang die Datenbank des Bundesministeriums für Risikobewertung (BfR) zu Materialien für den Lebensmittelkontakt (ehemals Kunststoff Empfehlungen) unter *www.bfr.bund.de*.

■ 3.4 Medizintechnik

Die Medizintechnik ist eines der Hauptanwendungsgebiete von Kunststoffen im Zusammenhang mit Kontaminationskontrolle und Reinraumtechnik. Kunststoffe werden sowohl im Endprodukt als auch in den Primärverpackungen verwendet.

Für Medizinprodukte gelten in Europa die Richtlinien 90/385/EWG über aktive implantierbare medizinische Geräte, 93/42/EWG über Medizinprodukte und 98/79/EG über In-vitro-Diagnostika sowie über 200 harmonisierte und mandatierte übergreifend geltende DIN-EN- und DIN-EN-ISO-Normen,

Das Medizinprodukte-Gesetz wird durch acht Rechtsverordnungen weiter ausgeführt:

- Verordnung über Medizinprodukte (Medizinprodukte-Verordnung MPV)
- Verordnung über die Erfassung, Bewertung und Abwehr von Risiken bei Medizinprodukten (Medizinprodukte-Sicherheitsplanverordnung MPSV)
- Verordnung über das Errichten, Betreiben und Anwenden von Medizinprodukten (Medizinprodukte-Betreiberverordnung MPBetreibV)
- Verordnung über das datenbankgestützte Informationssystem über Medizinprodukte des Deutschen Instituts für Medizinische Dokumentation und Information (DIMDI-Verordnung DIMDIV)
- Verordnung über die Verschreibungspflicht von Medizinprodukten (MPVerschrV)
- Verordnung über Vertriebswege für Medizinprodukte (MPVertrV)
- Gebührenverordnung zum Medizinproduktegesetz und den zu seiner Ausführung ergangenen Rechtsverordnungen (Medizinprodukte-Gebührenverordnung MPGebV)
- Verordnung über klinische Prüfungen von Medizinprodukten (MPKPV) (seit 13. Mai 2010 in Kraft)

Es gibt immer wieder Diskussionen, in welcher Tiefe GMP bei der Herstellung von Medizinprodukten allgemein einzusetzen ist. Sowohl die Gesetzeslage als auch die Vorschriftenlage ist hier nicht klar definiert.

Der Autor rät in jedem Fall zu einer Risikoanalyse mit entsprechender Dokumentation der Ergebnisse. Bei unklaren Aussagen sollte eine Anlehnung an die pharmazeutische Vorgehensweise gesucht werden.

TABELLE 3.6 Kategorisierung und Risikobetrachtung von Medizintechnik

Produkt-Kategorie		Biologische Risiken											
Art des Körperkontaktes	Kontaktdauer: A: ≤ 24 h B: 24 h – 30 Tage C: > 30 Tage	Zytotoxizität	Sensibilisierung	Irritation	akute Toxizität	subchronische Toxizität	Genotoxizität	Implantation	Hämokompatib.	chronische Toxizität	Karzinogenität	Reproduktionstox.	Biodegradation
Medizinprodukte mit Kontakt zur Körperoberfläche													
Haut	A	X	X	X									
	B	X	X	X									
	C	X	X	X									
Schleimhaut	A	X	X	X									
	B	X	X	X	O	O		O					
	C	X	X	X	O	X	X	O		O			
verletzte Oberfläche	A	X	X	X	O								
	B	X	X	X	O	O		O					
	C	X	X	X	O	X	X	O		O			
Medizinprodukte, die von außen mit dem Körper in Kontakt kommen													
Blutweg indirekt	A	X	X	X	X				X				
	B	X	X	X	X	O			X				
	C	X	X	O	X	X	X	O	X	X	X		
Gewebe/ Knochen/Dentin	A	X	X	X	O								
	B	X	X	O	O	O	X	X					
	C	X	X	O	O	O	X	X			O	X	
zirkulierendes Blut	A	X	X	X	X			O	X				
	B	X	X	X	X	O	X	O	X				
	C	X	X	X	X	X	X	O	X	X	X		
Implantierbare Medizinprodukte													
Gewebe/Knochen	A	X	X	X	O								
	B	X	X	O	O	O	X	X					
	C	X	X	O	O	O	X	X			X	X	
Blut	A	X	X	X	X			X	X				
	B	X	X	X	X	O	X	X	X				
	C	X	X	X	X	X	X	X	X	X	X		

Für Advanced-Therapy-Medicinal-Products (ATMP, z. B. Stammzellen) ist dieses Prinzip bereits Grundlage der Regelwerke.

Hochleistungskunststoffe kommen zum Einsatz, wenn z. B. eine Mehrfachnutzung inklusive häufiges Reinigen und Sterilisieren gefordert ist, z. B. für:

- Chirurgische Instrumente,
- Sterilcontainer,
- Medikamentendosiersysteme,
- Dentale Chirurgie,
- Röntgen-, CT- und NMR- Bereich,
- Diagnosesysteme,
- Röntgenopake Kunststoffe,
- Geräte/temporäre Implantate bis 30 (100) Tage Gewebekontakt,
- Prothesen/Implantate (spezielle PEEK).

Beispielhaft seien hier einige Produkte der Firma Bayer AG für die Medizintechnik für unterschiedliche Anwendungen genannt:

- Makrolon® Polycarbonat PC,
- Makrofol® Polycarbonat PC-Folien,
- Bayfol® Polycarbonat-Blend PC-Blend-Folien,
- Apec® Copolycarbonat PC-HT,
- Desmopan®/Texin® Thermoplast. Polyurethan-Elastomer TPU,
- Bayblend® Polycarbonat/Acrylnitril-Butadien- (PC+ABS) Styrol-Polymerisat/Blend.

3.4.1 Biologische Beurteilung von Medizinprodukten

Der Arbeitsausschuss NA 027-02-12 AA im DIN „Biologische Beurteilung von Medizinprodukten" begleitet die Erarbeitung von horizontalen Normen auf dem Gebiet der biologischen Beurteilung und spiegelt die Arbeiten des ISO/TC 194 Biologische Beurteilung von Medizinprodukten und des gleichnamigen europäischen Komitees CEN/TC 206 wieder. Die Übereinstimmung der Funktions- und Sicherheitsprüfungen mit den jeweils relevanten Normen und gesetzlichen Anforderungen ist entscheidend für die Zulassung und den Markteintritt von Medizinprodukten, daher ist der Arbeit des NA 027-02-12 AA Biologische Beurteilung von Medizinprodukten eine besondere Bedeutung beizumessen.

Vom Arbeitsausschuss gespiegelte Gremien/Aktivitäten sind in Tabelle 3.7 dargestellt.

TABELLE 3.7 Gremien/Aktivitäten des Arbeitsausschusses NA 027-02-12 AA

Kurzbezeichnung	Name
CEN/TC 206	Biologische Beurteilung von Medizinprodukten
ISO/TC 194	Biologische Beurteilung von Medizinprodukten
ISO/TC 194/WG 1	Systematische Anleitung für biologische Prüfungen
ISO/TC 194/WG 2	Bioresorbierbare und biodegradierbare Materialien
ISO/TC 194/WG 3	Tierschutzbestimmungen
ISO/TC 194/WG 5	Zytotoxizität
ISO/TC 194/WG 6	Mutagenität, Karzinogenität und Reproduktionstoxizität
ISO/TC 194/WG 7	Systemische Toxizität
ISO/TC 194/WG 8	Irritation und Sensibilisierung
ISO/TC 194/WG 9	Prüfung auf Blutverträglichkeit
ISO/TC 194/WG 10	Implantationen
ISO/TC 194/WG 11	Zulässige Grenzwerte für herauslösbare Bestandteile
ISO/TC 194/WG 12	Probenherstellung und Referenzmaterialien
ISO/TC 194/WG 13	Toxikokinetische Studien
ISO/TC 194/WG 14	Materialcharakterisierung
ISO/TC 194/WG 15	Strategischer Ansatz zur biologischen Beurteilung von Medizinprodukten
ISO/TC 194/WG 16	Pyrogenität
ISO/TC 194/WG 17	Nanomaterialien

Die Tabelle 3.8 zeigt alle Normen des genannten Arbeitsausschusses. Für die Prüfung von Kunststoffen mit dem Einsatzgebiet „Medizintechnik" gibt es in den aufgeführten Richtlinien zahlreiche Hinweise zu den notwendigen Prüfungen. Besonders mit Hinblick auf die Normenfamilie „Biologische Beurteilung von Medizinprodukten".

Eine gewisse Beachtung sollte in diesem Zusammenhang der Richtlinie DIN EN 13824:2004 entgegengebracht werden, weil in dieser sehr klar – wenn auch nur für „Sterilisation von Medizinprodukten – Aseptische Herstellung flüssiger Medizinprodukte" eine eindeutige Verbindung zwischen Medizintechnik und GMP hergestellt wird. Die oben angeführte Richtlinie wurde zugunsten der Richtlinienreihe DIN EN ISO 13408 zurückgezogen.

TABELLE 3.8 Normenfamilie DIN EN ISO 10933 „Biologische Beurteilung von Medizinprodukten"

Dokumentnummer	Ausgabe	Dokumentart	Titel
DIN EN ISO 10993-1	2010-04	Norm	Biologische Beurteilung von Medizinprodukten – Teil 1: Beurteilung und Prüfungen im Rahmen eines Risikomanagementsystems (ISO 10993-1:2009); Deutsche Fassung EN ISO 10993-1:2009
DIN EN ISO 10993-2	2006-10	Norm	Biologische Beurteilung von Medizinprodukten – Teil 2: Tierschutzbestimmungen (ISO 10993-2:2006); Deutsche Fassung EN ISO 10993-2:2006
DIN EN ISO 10993-3	2011-08	Norm-Entwurf	Biologische Beurteilung von Medizinprodukten – Teil 3: Prüfungen auf Gentoxizität, Karzinogenität und Reproduktionstoxizität (ISO/DIS 10993-3:2011); Deutsche Fassung EN ISO 10993-3:2011
DIN EN ISO 10993-3	2009-08	Norm	Biologische Beurteilung von Medizinprodukten – Teil 3: Prüfungen auf Gentoxizität, Karzinogenität und Reproduktionstoxizität (ISO 10993-3:2003); Deutsche Fassung EN ISO 10993-3:2009
DIN EN ISO 10993-4	2009-10	Norm	Biologische Beurteilung von Medizinprodukten – Teil 4: Auswahl von Prüfungen zur Wechselwirkung mit Blut (ISO 10993-4:2002, einschließlich Änderung 1:2006); Deutsche Fassung EN ISO 10993-4:2009
DIN EN ISO 10993-5	2009-10	Norm	Biologische Beurteilung von Medizinprodukten – Teil 5: Prüfungen auf In-vitro-Zytotoxizität (ISO 10993-5:2009); Deutsche Fassung EN ISO 10993-5:2009
DIN EN ISO 10993-6	2009-08	Norm	Biologische Beurteilung von Medizinprodukten – Teil 6: Prüfungen auf lokale Effekte nach Implantationen (ISO 10993-6:2007); Deutsche Fassung EN ISO 10993-6:2009
DIN EN ISO 10993-7	2009-02	Norm	Biologische Beurteilung von Medizinprodukten – Teil 7: Ethylenoxid-Sterilisationsrückstände (ISO 10993-7:2008); Deutsche Fassung EN ISO 10993-7:2008
DIN EN ISO 10993-7 Berichtigung 1	2011-06	Norm	Biologische Beurteilung von Medizinprodukten – Teil 7: Ethylenoxid- Sterilisationsrückstände (ISO 10993-7:2008); Deutsche Fassung EN ISO 10993-7:2008, Berichtigung zu DIN EN ISO 10993-7:2009-02, Deutsche Fassung EN ISO 10993-7:2008/AC:2009

TABELLE 3.8 (*Fortsetzung*) Normenfamilie DIN EN ISO 10933 „Biologische Beurteilung von Medizinprodukten"

Dokumentnummer	Ausgabe	Dokumentart	Titel
DIN EN ISO 10993-9	2010-04	Norm	Biologische Beurteilung von Medizinprodukten – Teil 9: Rahmen zur Identifizierung und Quantifizierung von möglichen Abbauprodukten (ISO 10993-9:2009); Deutsche Fassung EN ISO 10993-9:2009
DIN EN ISO 10993-10	2010-12	Norm	Biologische Beurteilung von Medizinprodukten – Teil 10: Prüfungen auf Irritation und Hautsensibilisierung (ISO 10993-10:2010); Deutsche Fassung EN ISO 10993-10:2010
DIN EN ISO 10993-11	2009-08	Norm	Biologische Beurteilung von Medizinprodukten – Teil 11: Prüfungen auf systemische Toxizität (ISO 10993-11:2006); Deutsche Fassung EN ISO 10993-11:2009
DIN EN ISO 10993-12	2010-05	Norm-Entwurf	Biologische Beurteilung von Medizinprodukten – Teil 12: Probenvorbereitung und Referenzmaterialien (ISO/DIS 10993-12:2010); Deutsche Fassung prEN ISO 10993-12:2010
DIN EN ISO 10993-12	2009-08	Norm	Biologische Beurteilung von Medizinprodukten – Teil 12: Probenvorbereitung und Referenzmaterialien (ISO 10993-12:2007); Deutsche Fassung EN ISO 10993-12:2009
DIN EN ISO 10993-13	2010-11	Norm	Biologische Beurteilung von Medizinprodukten – Teil 13: Qualitativer und quantitativer Nachweis von Abbauprodukten in Medizinprodukten aus Polymeren (ISO 10993-13:2010); Deutsche Fassung EN ISO 10993-13:2010
DIN EN ISO 10993-14	2009-08	Norm	Biologische Beurteilung von Medizinprodukten – Teil 14: Qualitativer und quantitativer Nachweis von keramischen Abbauprodukten (ISO 10993-14:2001); Deutsche Fassung EN ISO 10993-14:2009 weiter
DIN EN ISO 10993-15	2009-10	Norm	Biologische Beurteilung von Medizinprodukten – Teil 15: Qualitativer und quantitativer Nachweis von Abbauprodukten aus Metallen und Legierungen (ISO 10993-15:2000); Deutsche Fassung EN ISO 10993-15:2009 weiter
DIN EN ISO 10993-16	2010-06	Norm	Biologische Beurteilung von Medizinprodukten – Teil 16: Entwurf und Auslegung toxikokinetischer Untersuchungen hinsichtlich Abbauprodukten und herauslösbaren Bestandteilen (ISO 10993-16:2010); Deutsche Fassung EN ISO 10993-16:2010 weiter

TABELLE 3.8 (*Fortsetzung*) Normenfamilie DIN EN ISO 10933 „Biologische Beurteilung von Medizinprodukten"

Dokumentnummer	Ausgabe	Dokumentart	Titel
DIN EN ISO 10993-17	2009-08	Norm	Biologische Beurteilung von Medizinprodukten – Teil 17: Nachweis zulässiger Grenzwerte für herauslösbare Bestandteile (ISO 10993-17:2002); Deutsche Fassung EN ISO 10993-17:2009 weiter
DIN EN ISO 10993-18	2009-08	Norm	Biologische Beurteilung von Medizinprodukten – Teil 18: Chemische Charakterisierung von Werkstoffen (ISO 10993-18:2005); Deutsche Fassung EN ISO 10993-18:2009 weiter
ISO 10993-1	2009-10	Norm	Biologische Beurteilung von Medizinprodukten – Teil 1: Beurteilung und Prüfungen im Rahmen eines Risikomanagementsystems weiter
ISO 10993-1 Technical Corrigendum 1	2010-06	Norm	Biologische Beurteilung von Medizinprodukten – Teil 1: Beurteilung und Prüfungen im Rahmen eines Risikomanagementsystems; Korrektur 1 weiter
ISO 10993-2	2006-07	Norm	Biologische Beurteilung von Medizinprodukten – Teil 2: Tierschutzbestimmungen weiter
ISO/DIS 10993-3	2011-08	Norm-Entwurf	Biologische Beurteilung von Medizinprodukten – Teil 3: Prüfungen auf Gentoxizität, Karzinogenität und Reproduktionstoxizität weiter
ISO 10993-3	2003-10	Norm	Biologische Beurteilung von Medizinprodukten – Teil 3: Prüfungen auf Genotoxizität, Karzinogenität und Reproduktionstoxizität weiter
ISO 10993-4	2002-10	Norm	Biologische Beurteilung von Medizinprodukten – Teil 4: Auswahl von Prüfungen zur Wechselwirkung mit Blut weiter
ISO 10993-4 AMD 1	2006-07	Norm	Biologische Beurteilung von Medizinprodukten – Teil 4: Auswahl von Prüfungen zur Wechselwirkung mit Blut weiter
ISO 10993-5	2009-06	Norm	Biologische Beurteilung von Medizinprodukten – Teil 5: Prüfungen auf in vitro Zytotoxizität weiter
ISO 10993-6	2007-04	Norm	Biologische Beurteilung von Medizinprodukten – Teil 6: Prüfung auf lokale Effekte nach Implantationen weiter
ISO 10993-7	2008-10	Norm	Biologische Beurteilung von Medizinprodukten – Teil 7: Ethylenoxid-Sterilisationsrückstände
ISO 10993-7 Technical Corrigendum 1	2009-11	Norm	Biologische Beurteilung von Medizinprodukten – Teil 7: Ethylenoxid-Sterilisationsrückstände; Korrektur 1
ISO 10993-9	2009-12	Norm	Biologische Beurteilung von Medizinprodukten – Teil 9: Rahmen zur Identifizierung und Quantifizierung von möglichen Abbauprodukten

TABELLE 3.8 (*Fortsetzung*) Normenfamilie DIN EN ISO 10933 „Biologische Beurteilung von Medizinprodukten"

Dokumentnummer	Ausgabe	Dokumentart	Titel
ISO 10993-10	2010-08	Norm	Biologische Beurteilung von Medizinprodukten – Teil 10: Prüfungen auf Irritation und Hautsensibilisierung
ISO 10993-11	2006-08	Norm	Biologische Beurteilung von Medizinprodukten – Teil 11: Prüfungen auf systemische Toxizität
ISO/DIS 10993-12	2010-05	Norm-Entwurf	Biologische Beurteilung von Medizinprodukten – Teil 12: Probenvorbereitung und Referenzmaterialien
ISO 10993-12	2007-11	Norm	Biologische Beurteilung von Medizinprodukten – Teil 12: Probenvorbereitung und Referenzmaterialien
ISO 10993-13	2010-06	Norm	Biologische Beurteilung von Medizinprodukten – Teil 13: Qualitativer und quantitativer Nachweis von Abbauprodukten in Medizinprodukten aus Polymeren
ISO 10993-14	2001-11	Norm	Biologische Prüfung von Medizinprodukten – Teil 14: Qualitativer und quantitativer Nachweis von keramischen Abbauprodukten
ISO 10993-15	2000-12	Norm	Biologische Beurteilung von Medizinprodukten – Teil 15: Qualitativer und quantitativer Nachweis von Anbauprodukten aus Metallen und Legierungen
ISO 10993-16	2010-02	Norm	Biologische Beurteilung von Medizinprodukten – Teil 16: Entwurf und Auslegung toxikokinetischer Untersuchungen hinsichtlich Abbauprodukten und Extrakten
ISO 10993-17	2002-12	Norm	Biologische Beurteilung von Medizinprodukten – Teil 17: Nachweis zulässiger Grenzwerte für herauslösbare Bestandteile
ISO 10993-18	2005-07	Norm	Biologische Beurteilung von Medizinprodukten – Teil 18: Chemische Charakterisierung von Werkstoffen
ISO/TS 10993-19	2006-06	Vornorm	Biologische Beurteilung von Medizinprodukten – Teil 19: Physikalisch/chemische, mechanische und morphologische Charakterisierung
ISO/TS 10993-20	2006-08	Vornorm	Biologische Beurteilung von Medizinprodukten – Teil 20: Prinzipien und Verfahren für die Immuntoxikologische Prüfung von Medizinprodukten
ISO/TS 20993	2006-08	Vornorm	Gebrauch der ISO 10993 Serie als Teil der allgemeinen Risikoabschätzung *www.nafuo.din.de*

TABELLE 3.9 Normen und Richtlinien „Biologische Beurteilung von Medizinprodukten"

	Titel	Ausgabedatum	Status
VDI 1000	VDI-Richtlinienarbeit – Grundsätze und Anleitungen	2010-06	
VDI 2057 Blatt 1	Einwirkung mechanischer Schwingungen auf den Menschen – Ganzkörper-Schwingungen	2002-09	Überprüft
VDI 2057 Blatt 2	Einwirkung mechanische Schwingungen auf den Menschen – Hand-Arm Schwingungen	2002-09	Überprüft
VDI 2057 Blatt 2 Berichtigung	Einwirkung mechanischer Schwingungen auf den Menschen – Hand-Arm Schwingungen – Berichtigung zur Richtlinie VDI 2057 Blatt 2:2002-09	2006-12	Überprüft
VDI 2058 Blatt 3	Beurteilung von Lärm am Arbeitsplatz unter Berücksichtigung unterschiedlicher Tätigkeiten	1999-02	
VDI 2163	Innenraum-Lufthygiene in Abfallbehandlungsanlagen	2006-03	
VDI 2310 Blatt 12	Maximale Immissions-Werte zum Schutz des Menschen – Maximale Immissions-Konzentrationen für Stickstoffdioxid	2004-12	
VDI 2310 Blatt 15	Maximale Immissions-Werte zum Schutz des Menschen – Maximale Immissions-Konzentrationen für Ozon	2001-12	
VDI/VDE 2426 Blatt 1	Kataloge in der Instandhaltung und Bewirtschaftung der Medizintechnik – Allgemeines	2000-05	
VDI/VDE 2426 Blatt 2	Kataloge in der Instandhaltung und Bewirtschaftung der Medizintechnik – Standardisierter Gerätekatalog	2000-05	
VDI/VDE 2426 Blatt 3	Kataloge in der Instandhaltung und Bewirtschaftung der Medizintechnik – Fehlerkataloge	2000-05	
VDI/VDE 2426 Blatt 4	Kataloge in der Instandhaltung und Bewirtschaftung der Medizintechnik – Instandhaltungsmaßnahmen	2000-05	
VDI 3818	Öffentliche Sanitärräume	2008-02	
VDI 3823 Blatt 1	Qualitätssicherung bei der Vakuumbeschichtung von Kunststoffen – Eigenschaften, Anwendungen und Verfahren	2006-11	
VDI 3823 Blatt 2	Qualitätssicherung bei der Vakuumbeschichtung von Kunststoffen – Anforderungen an die zu beschichtenden Kunststoffe	2006-11	
VDI 3823 Blatt 3	Qualitätssicherung bei der Vakuumbeschichtung von Kunststoffen – Fertigungsabläufe und -tätigkeiten	2006-11	
VDI 3823 Blatt 4	Qualitätssicherung bei der Vakuumbeschichtung von Kunststoffen – Prüfungen an vakuumbeschichteten Kunststoffteilen	2006-11	
VDI 3831	Schutzmaßnahmen gegen die Einwirkung mechanischer Schwingungen auf den Menschen	2006-01	
VDI 6000 Blatt 1	Ausstattung von und mit Sanitärräumen – Wohnungen	2008-02	

TABELLE 3.9 (*Fortsetzung*) Normen und Richtlinien „Biologische Beurteilung von Medizinprodukten"

	Titel	Ausgabedatum	Status
VDI 6000 Blatt 2	Ausstattung von und mit Sanitärräumen – Arbeitsstätten und Arbeitsplätze	2007-11	
VDI 6000 Blatt 3	Ausstattung von und mit Sanitärräumen – Versammlungsstätten und Versammlungsräume	2011-06	
VDI 6000 Blatt 4	Ausstattung von und mit Sanitärräumen – Hotelzimmer	2006-11	Überprüft
VDI 6000 Blatt 5	Ausstattung von und mit Sanitärräumen – Seniorenwohnungen, Seniorenheime, Seniorenpflegeheime	2004-11	Überprüft
VDI 6000 Blatt 6	Ausstattung von und mit Sanitärräumen – Kindergärten, Kindertagesstätten, Schulen	2006-11	Überprüft
VDI 6003	Trinkwassererwärmungsanlagen – Komfortkriterien und Anforderungsstufen für Planung, Bewertung und Einsatz	2004-10	Überprüft
VDI 6003	Trinkwassererwärmungsanlagen – Komfortkriterien und Anforderungsstufen für Planung, Bewertung und Einsatz	2011-09	Entwurf
VDI 6008 Blatt 1	Barrierefreie und behindertengerechte Lebensräume – Anforderungen an die Elektro- und Fördertechnik	2005-08	
VDI 6008 Blatt 1	Barrierefreie Lebensräume – Allgemeine Anforderungen und Planungsgrundlagen	2011-08	Entwurf
VDI 6022 Blatt 1	Raumlufttechnik, Raumluftqualität – Hygieneanforderungen an Raumlufttechnische Anlagen und Geräte (VDI-Lüftungsregeln)	2011-07	
VDI 6022 Blatt 1.1	Raumlufttechnik, Raumluftqualität – Hygieneanforderungen an Raumlufttechnische Anlagen und Geräte – Prüfung von Raumlufttechnischen Anlagen (VDI-Lüftungsregeln)	2011-07	Entwurf
VDI 6023 Blatt 1	Hygiene in Trinkwasser-Installationen – Anforderungen an Planung, Ausführung, Betrieb und Instandhaltung	2006-07	
VDI 6033 Blatt 1	Vermeidung allergener Belastungen – Anforderung an die Prüfung, Bewertung und Zertifizierung von technischen Produkten und Komponenten mit Einfluss auf die Atemluft	2007-10	
VDI 6600 Blatt 1	Projektingenieur – Berufsbild	2006-10	
VDI 6600 Blatt 2	Projektingenieur – Anforderungsprofil an die Qualifizierung	2009-01	

Die Richtlinie führt für die sonstigen Arbeitsbereiche und Hilfsbereiche folgendes aus:

- **A.6.3:** Die Luft in den sonstigen Arbeitsbereichen innerhalb des APA-Bereiches ist hinsichtlich der Partikelkonzentration zu kontrollieren und zu überwachen, wenn die Anlage mit Personal besetzt ist. Die Häufigkeit der Überwachung der Luftqualität ist festzulegen. Die vertretbaren Grenzwerte für die Partikelanzahl sind festzulegen und zu begründen. Diese Grenzwerte müssen entweder aus EN ISO 14644-1 (Klasse 7, gemessen bei 0,5 µm) oder aus den Anforderungen des Leitfadens für Gute Herstellungspraxis (EC Guide to Good Pharmaceutical Practices) (Annex 1 of Volume 4 of the Rules governing medicinal products in the European Union, Grade B) abgeleitet werden.

- **A.7.1:** Die Luft in den Hilfsbereichen außerhalb des APA-Bereiches ist hinsichtlich der Partikelkonzentration zu kontrollieren und zu überwachen, wenn die Anlage mit Personal besetzt ist. Die Häufigkeit der Überwachung der Luftqualität ist festzulegen. Die vertretbaren Grenzwerte für die Partikelanzahl sind festzulegen und zu begründen. Diese Grenzwerte müssen entweder aus EN ISO 14644-1 (Klasse 8, gemessen bei 0,5 µm) oder aus den Anforderungen des Leitfadens für Gute Herstellungspraxis (EC Guide to Good Pharmaceutical Manufacturing Practices) (Annex 1 of Volume 4 of the Rules governing medicinal products in the European Union, Grade D) abgeleitet werden.

Dieses sind nützliche Hinweise für viele Medizintechnik-Hersteller, auch wenn sie keine aseptischen Produkte herstellen.

Weiterhin sei verwiesen auf:

- **EN 1174-1:** Sterilisation von Medizinprodukten. Schätzung der Population von Mikroorganismen auf einem Produkt. Teil 1: Anforderungen
- **EN 1174-2:** Sterilisation von Medizinprodukten. Schätzung der Population von Mikroorganismen auf einem Produkt. Teil 2: Leitfaden
- **EN 1174-3:** Sterilisation von Medizinprodukten. Schätzung der Population von Mikroorganismen auf einem Produkt. Teil 3: Leitfaden zu den Validierungsverfahren für mikrobiologische Methoden
- **EN 550:** Sterilisation von Medizinprodukten. Validierung und Routineüberwachung für die Sterilisation mit Ethylenoxid
- **EN 552:** Sterilisation von Medizinprodukten. Validierung und Routineüberwachung für die Sterilisation mit Strahlen
- **EN 554:** Sterilisation von Medizinprodukten. Validierung und Routineüberwachung für die Sterilisation mit feuchter Hitze
- **EN 556-1:** Sterilisation von Medizinprodukten. Anforderungen an Medizinprodukte, die als STERIL gekennzeichnet werden. Teil 1: Anforderungen an Medizinprodukte, die in der Endpackung sterilisiert wurden

- **EN 556-2:** Sterilisation von Medizinprodukten. Anforderungen an Medizinprodukte, die als STERIL gekennzeichnet werden. Teil 2: Anforderungen an aseptisch hergestellte Medizinprodukte
- **DIN EN ISO 11135-1:** Sterilisation von Produkten für die Gesundheitsfürsorge – Ethylenoxid – Teil 1: Anforderungen an die Entwicklung, Validierung und Lenkung der Anwendung eines Sterilisationsverfahrens für Medizinprodukte
- **DIN EN ISO 11137-1:** Sterilisation von Produkten für die Gesundheitsfürsorge – Strahlen – Teil 1: Anforderungen an die Entwicklung, Validierung und Lenkung der Anwendung eines Sterilisationsverfahrens für Medizinprodukte
- **DIN EN ISO 11137-2:** Sterilisation von Produkten für die Gesundheitsfürsorge – Strahlen – Teil 2: Festlegung der Sterilisationsdosis
- **DIN EN ISO 11137-3:** Sterilisation von Produkten für die Gesundheitsfürsorge – Strahlen – Teil 3: Anleitung zu dosimetrischen Aspekten
- **DIN EN ISO 14160:** Sterilisation von Produkten für die Gesundheitsfürsorge – Flüssige chemische Sterilisiermittel für Medizinprodukte für den einmaligen Gebrauch, bei denen tierische Gewebe und deren Derivate verwendet werden – Anforderungen an die Charakterisierung, Entwicklung, Validierung und Lenkung der Anwendung eines Sterilisationsverfahrens für Medizinprodukte

Vom Technischen Komitee ISO/TC 198 „Sterilization-of-Health-Care-Products" wurde in Zusammenarbeit mit dem Technischen Komitee CEN/TC 204 „Sterilisation von Medizinprodukten" die Richtlinienreihe „Aseptische Herstellung von Produkten für die Gesundheitsfürsorge" erarbeitet. Das zuständige deutsche Gremium ist der NA 063-01-12 AA „Aseptische Herstellung" im Normenausschuss Medizin, NAMed.

Die ISO 13408 besteht unter dem allgemeinen Titel „Aseptische Herstellung von Produkten für die Gesundheitsfürsorge" aus den folgenden Teilen:

- Teil 1: Allgemeine Anforderungen
- Teil 2: Filtration
- Teil 3: Gefriertrocknung
- Teil 4: Reinigung vor Ort
- Teil 5: Sterilisation vor Ort
- Teil 6: Isolatorensysteme

Folgende Teile sind in Vorbereitung:

- Teil 7: Alternative Verfahren für atypischen Medizinprodukten und Kombinationsprodukte
- Teil 8: Zellbasierte Gesundheitsprodukte

3.5 Verwendung von Kunststoffen im Reinraum

Die verwirrende Vielfalt an Vorschriften und Regelwerken in den jeweiligen Anwendungsgebieten macht den Blick auf das Wesentliche manchmal nicht einfach. Die Vielfalt an verschiedenen Kunststoffen und den breitgefächerten Produkten tut dazu ihr Übriges.

In einer Zusammenfassung sei noch einmal auf zwei Reinraumrichtlinien besonders hingewiesen, die konkrete Hinweise in Bezug auf Qualität, Quantifizierung und Vorgehensweise der Tauglichkeitsprüfung unterschiedlicher Materialien enthalten:

- **VDI 2083**: Blatt 16, „Reinraumtechnik – Barrieresysteme"
- **VDI 2083**: Blatt 17, „Reinraumtechnik – Reinraumtauglichkeit von Werkstoffen".

In jedem Fall ist es wichtig, die Oberflächenfunktionen der beteiligten Kontaktpartner zu kennen. Die Oberflächenfunktion setzt sich zusammen aus:

- Rauigkeit, besonders der fraktalen Rauigkeit
- Porosität für nicht homogene Oberflächen/Substanzen
- 20 bis 30 Atom- oder Moleküllagen und deren überlagerte Wellenfunktionen
- elektrostatisches und elektromagnetisches Verhalten
- chemisches Verhalten, Polaritäten, Adhäsion, Absorption
- Elektronenaustrittsarbeiten (wenige Molekül- oder Atomlagen)

Weiterhin sind die Dynamik des Partikel- und Molekültransports sowie deren Ablagerung auf den Oberflächen und die Dynamik der Reinigung/Anreicherung zu beachten.

Leider gibt es hierfür (noch) keine zufriedenstellenden Richtlinien, und es sei abschließend an den gesunden Menschenverstand (GMV statt GMP) und den guten Ingenieur- und Technikverstand appelliert, der manche Richtlinie obsolet machen mag.

4 Die Reinraumzelle

Martin Jungbluth, Max Petek

■ 4.1 Planung einer Reinraumproduktion

4.1.1 Festlegung der Reinraumklasse

Grundsätzlich werden Reinräume nach Klassen bewertet, die wiederum durch das zu fertigende Produkt bestimmt bzw. vorgegeben sind (siehe auch Kapitel 2 „Grundlagen zur Reinraumtechnik"). Anders als in der pharmazeutischen Industrie, in der exakte Vorgaben existieren (z. B. die Abfüllung hat unter Reinraumklasse GMP A bzw. ISO 5 zu erfolgen), gibt es in der kunststoffverarbeitenden Industrie bis auf wenige Ausnahmen keine eindeutige Zuordnung zwischen dem Produkt bzw. dem Prozess und einer einzuhaltenden Reinraumklasse. Die einzuhaltende Klasse ist hierbei von den Kundenanforderungen und dem verfügbaren Wissen abzuleiten. In der Praxis stellt sich jedoch oft heraus, dass insbesondere bei der Herstellung von technischen Teilen die Anforderungen des Kunden nicht exakt definiert sind. In diesen Fällen ist zu empfehlen, die Anforderungen zu erörtern und vertraglich festzuhalten.

In der Kunststoffverarbeitenden Industrie muss bei der Bestimmung der Reinraumklasse die gesamte Wertschöpfungskette sowie die gesamte logistische Abfolge betrachtet werden. Als erstes muss die Rohstoffbereitstellung und Einbringung in den Reinraum und in die Maschine den Anforderungen entsprechen (Bild 4.1). Hier sind Aspekte wie Materialverpackungen (Sack, Oktaeder, Silo), Sauberkeit der Verpackung und Fördereinrichtung (z. B. Flurförderer, Rohrleitungssystem) zu definieren. Für die benötigten Betriebsmittel der Maschine müssen die Einbringung, Zuführung (Werkzeuge) und Ausbringung ebenfalls reinraumtechnisch ausgeführt sein. Außerdem muss es möglich sein, dass sowohl das Personal als auch Material/Produkte ohne Beeinträchtigung der geforderten Reinraumklasse, die reine Produktionszelle betreten und verlassen, bzw. ein- und ausgeschleust werden können. Generell werden Bewegungen in und aus dem Reinraum heraus mittels Schleusen realisiert (siehe Abschnitt 4.2.3 „Schleusen").

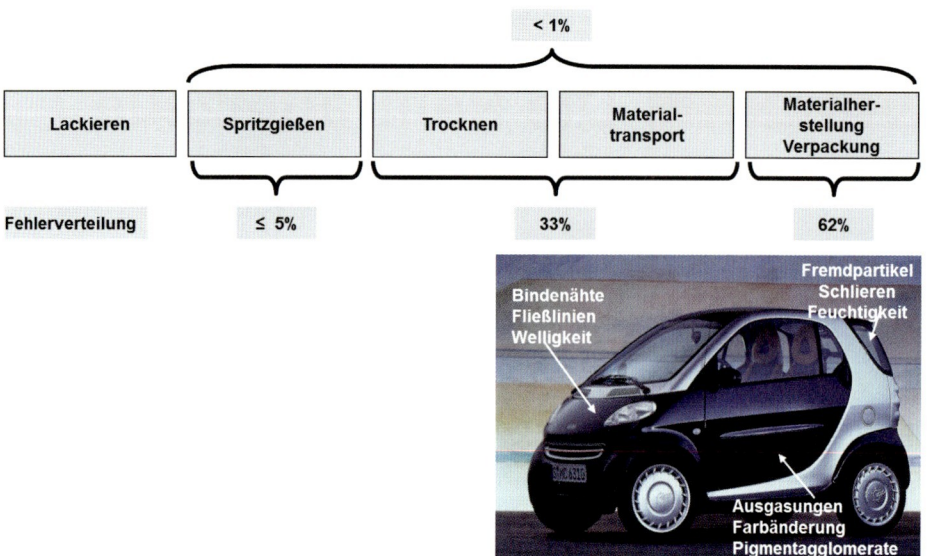

BILD 4.1 Beispiel einer FMEA über Fehlerursachen und Fehlerentstehungen bei der Herstellung von lackierten Automobilaußenteilen

Seit Juli 1999 erfolgt die Einteilung der Reinraumklassen durch die DIN EN ISO 14644 in 9 Kategorien. Nach der EU-GMP-Richtlinie werden die Reinräume in die Klassen A bis D unterteilt (siehe auch Kapitel 2 „Grundlagen zur Reinraumtechnik").

Die am häufigsten angewendeten Reinraumklassen in der Kunststoffverarbeitenden Industrie sind die Klassen ISO 7 und ISO 8. Dies ist dadurch begründet, dass

- diese Klassen für die meisten geforderten Qualitäten im technischen Bereich ausreichend sind.
- diese (im Gegensatz zu den Klassen ISO 5 und besser) mit vertretbarem technischen, finanziellen und personellen Aufwand realisierbar sind.
- die auf dem Markt befindlichen Produktions- und Verarbeitungsmaschinen für diese Klassen erhältlich sind, oder mit entsprechender Aus- bzw. Nachrüstung umgebaut werden können.

Insbesondere in der Automobilindustrie steigen die Reinheitsanforderungen an bestimmte Bauteile an. Dies ist durch die höhere Leistungsfähigkeit und Komplexität (z. B. von Brems- und Einspritzsystemen sowie Getriebesystemen) und steigenden Belastungen begründet, da bereits eine geringfügige Verschmutzung zu frühzeitigen Ausfällen führen kann. Der Kunststoffverarbeiter hat somit das Problem des erlaubten Restschmutzes auf den Bauteilen, welches nicht nur ein Problem der gesamten Wertschöpfungskette, sondern auch der Lagerung ist. Somit sollte die Festlegung der Reinraumklasse unter Einbeziehung eines Experten und unter dem Aspekt der ganzheitlichen Betrachtung der Fertigung vollzogen werden.

Bei Anwendungen aus dem Bereich der Lebensmittel-, Medizin- und Pharmaindustrie muss im Vorfeld geklärt sein, ob nur eine Forderung bezüglich der Partikel, also der oben genannten Reinraumklassen besteht, oder ob auch Forderungen hinsichtlich der Keime und Bakterien existieren. Wird beispielsweise eine Fertigung nach GMP-Richtlinien verlangt, muss dies bereits in der Planungsphase berücksichtigt werden, da dies z. B. für die Auswahl der Komponenten der Reinraumzelle in Betracht gezogen werden muss.

4.1.2 Raumbedarf

Prinzipiell soll der Reinraum in Bezug auf Größe und Klasse nicht überdimensioniert werden, aber es sollte die Möglichkeit einer späteren Erweiterung vorhanden sein. Die Größe des Reinraums und die vorgesehene Klasse des Reinraums haben unmittelbaren Einfluss auf die

- Investitionskosten,
- Betriebskosten (Energie, Reinigung),
- Wartungs- und Unterhaltskosten.

Der Gesamt-Raumbedarf ergibt sich zunächst aus der benötigten Produktionsfläche. Dies umfasst die benötigten Anlagen und Produktionsmaschinen, den Platz für Montage- und Kontrollarbeiten, den Bedarf für die Materialbereitstellung und die notwendigen Freiräume für Material- und Personalbewegungen. Zusätzlich werden Flächen für die Infrastruktur wie Schleusen, Lüftungstechnik, Medienversorgungen und Medienbereitstellungen (z. B. Filteranlagen) sowie Flächen für die Nebenaggregate der Produktionsmaschinen (z. B. Werkzeug-Temperier-Geräte) benötigt.

Bei Reinraumplanungen für medizinische Produkte sind Aspekte wie ein klares Zonenkonzept und die Produkt-Trennung zu berücksichtigen. Die Gefahr von Produktvermischungen wird hier sehr kritisch gesehen, d. h., es muss absolut sicher gestellt sein, dass ein Produkt „X" nie in die Produktion oder Verpackung eines Produktes „Y" gelangen kann.

Die Höhe des Reinraums ergibt sich zum einen aus den in den Arbeitsstättenrichtlinien festgelegten Mindesthöhen, zum anderen aus den technischen Anforderungen des Fertigungsbereiches. Hier sind z. B. Kranbahnhöhen für Werkzeugwechsel oder auch die Höhen der Kunststoffverarbeitungsmaschinen zu nennen.

Im Bereich über dem Reinraum muss sichergestellt sein, dass neben der erforderlichen lichten Raumhöhe zuzüglich der Deckenkonstruktion noch ausreichend Platz für die Lüftungskomponenten und deren Wartungs- und Servicezugang vorhanden ist. Ferner sind gegebenenfalls auch Medientrassen und Brandschutzeinrichtungen (Sprinklerleitungen) zu berücksichtigen. Soll der Bereich über dem Reinraum vom

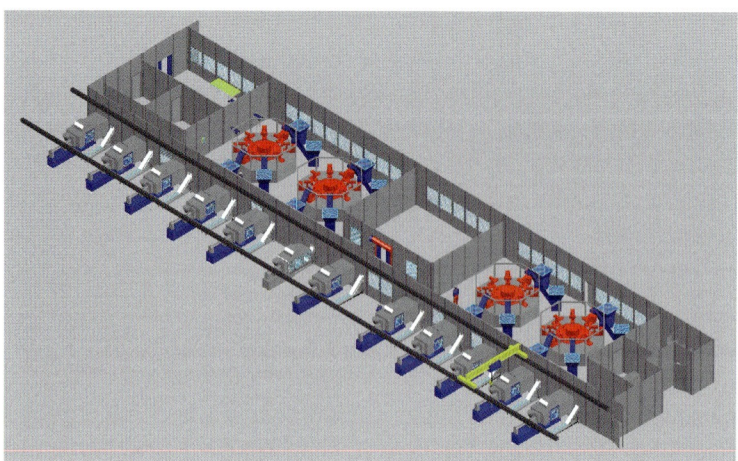

BILD 4.2 Planungslayout für einen Reinraum mit allen Produktionseinrichtungen und Peripherien [Bildquelle: Max Petek Reinraumtechnik]

Hallenkran befahren werden, ist dessen erforderliche Höhe (Brücke, Katze, Freiraum) und gegebenenfalls die Stützen der Kranschienen einzuplanen.

Das Bild 4.2 zeigt die Entwurfsplanung eines Reinraums mit mehreren angebundenen Spritzgießmaschinen. Hierbei ist der Aufstellbereich für die maximale Anzahl an Spritzgießmaschinen und die benötigte Kranbahn berücksichtigt worden. Ferner ist bei der Festlegung der Reinraumgröße der notwendige Bereich für Montageautomaten, Freiräume und ein Pufferlager eingeplant. Daneben sind die notwendigen Peripheriebereiche, wie Materialauschleusung und QS-Bereiche (im Bild: links oben), sowie für den Mitarbeiterzugang (Personalschleuse, im Bild: rechts unten) vorgesehen.

Bei der Produktion von spritzgegossenen oder blasgeformten Bauteilen unter Reinraumanforderungen hat sich die Kapselung des Werkzeugbereichs, und nicht der gesamten Anlage, durchgesetzt. Hierdurch wird das Volumen des Reimraums reduziert, wodurch z. B. die Betriebskosten erheblich gesenkt werden. Hierdurch ergeben sich folgende Vorteile:

- Der Reinraum kann kleiner dimensioniert werden, da in ihm kein Platz für die Spritzgießmaschine (SGM) und die notwendigen Servicefreiräume vorgesehen werden muss.
- Die Größe der aufzustellenden Maschinen ist nicht von den Abmessungen des Reinraums abhängig.
- Eine höhere Flexibilität und geringere Reinraumhöhe ist möglich.
- Die Wärmeenergie der Spritzgießmaschine gelangt nicht in den Reinraum, wodurch die Klimatechnik des Reinraums entlastet wird.

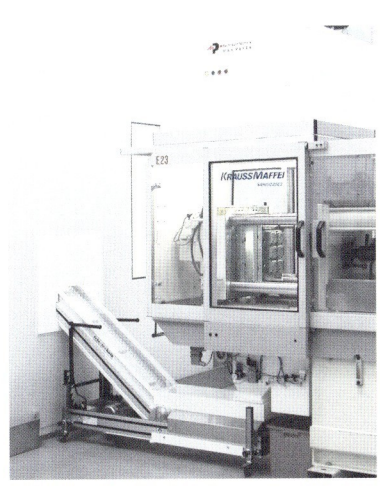

BILD 4.3 An den Reinraum angebundene Spritzgießmaschine für die Herstellung von Medizinalartikeln mit LF-Modulen, Weichen und gekapselten Förderbändern [Bildquelle: Pöppelmann GmbH & Co. KG]

- Ein einfacher Werkzeugwechsel mit einem Hallenkran kann ausgeführt werden, da das Laminar-Flow-Modul über dem Werkzeugbereich verschiebbar angebracht ist.
- Eine Havarie oder Leckage in der Hydraulik oder dem Werkzeugkühlsystem der Spritzgießmaschine verursacht keine Kontamination des gesamten Reinraums.
- Einfach durchzuführende Serviceleistungen an der Spritzgießmaschine, da das Einschleusen des Wartungspersonals sowie aller benötigten Werkzeuge und Ersatzteile in den Reinraum entfallen.
- Nur die prozessrelevanten Bereiche müssen reinraumtechnisch gereinigt werden.

Bei einer externen Aufstellung solcher Anlagen an den Reinraum sind geeignete Anbindungen, die das Produkt unter kontrollierten Reinraumbedingungen in den nachfolgenden Reinraum transportieren, vorzusehen (Bild 4.3). Nach Beendigung der Layout-Planung des Fertigungsbereiches muss überprüft werden, ob die notwendigen Freiräume vorhanden und die Schleusen ausreichend dimensioniert sind.

4.1.3 Standortwahl – Allgemeine Gebäudeanforderungen

Die Wahl des Standortes ist maßgeblich von der Größe des Reinraums bestimmt. Handelt es sich nur um eine Fertigungszelle mit einer oder wenigen Maschinen, kann diese Anlage meist in einer bestehenden Halle geplant werden (Bild 4.4). Die prinzipielle Frage ist jedoch, ob der aktuelle Gebäudebestand in Bezug auf Alter, Sauberkeit, Dichtheit, Bodenbeschaffenheit usw. für einen Reinraum geeignet ist. Als Antwort ergeben sich in der Regel drei Optionen:

1. Die Integration in ein bestehendes Gebäude bzw. Fertigung (Bild 4.4).
2. Die Sanierung bzw. Erweiterung eines bestehenden Gebäudes.
3. Der Neubau eines Gebäudes.

BILD 4.4 Fertigungszelle zur Hinterspritzung von Folienteilen, als freistehende Reinraumlösung, in einer Produktionshalle aufgestellt [Bildquelle: KEY PLASTICS LÖHNE GmbH]

Grundsätzlich muss das Gebäude bauphysikalisch zur Aufnahme aller Komponenten geeignet sein. Dies bedeutet natürlich auch, dass der Hallenboden für die Aufnahme der erforderlichen Lasten (z. B. Spritzgießmaschinen, Stahltragwerke) ausgelegt ist. Beim Hallenboden ist ferner zu beachten, dass dieser durch die Aufbringung des Reinraumbodens dicht versiegelt wird. Aufsteigende Feuchtigkeit oder Salze aus magnesitischem Beton, wie er in älteren Gebäuden noch vorhanden sein kann, bereitet hier später eventuell Schwierigkeiten. Extrem unebene Flächen führen oft zu Problemen bei der Installation, da die Bodenschienen der meisten Reinraumwandsysteme nur begrenzt Unebenheiten ausgleichen können. Die Ebenheitsprüfung bzw. die Ebenheitstoleranzen sind in der DIN 18202 festgelegt.

Ist die Abhängung der Reinraumdecke, der Lüftungsanlage und von Medientrassen an der bestehenden Hallendecke geplant, muss diese die erforderliche Tragfähigkeit aufweisen. Da in der Regel der Werkzeugwechsel an Kunststoffverarbeitungsmaschinen mit Hallenkränen ausgeführt wird, ist bei vielen Reinräumen der Deckenbereich vom Hallenkran zu überqueren. Dadurch kann in diesem Bereich keine Deckenabhängung realisiert werden. Kleinere Reinräume können bei entsprechender Ausführung der Wand- und Deckensysteme selbsttragend ausgeführt werden. Durch den Einbau von Querträgern im Deckenbereich werden die erreichbaren frei überspannbaren Breiten erhöht. In den meisten Fällen wirken sich Zwischenstützen im Reinraum negativ aus, da diese dem Materialfluss und den im Reinraum zu installierenden Anlagen im Weg sind. Sollen größere Bereiche freitragend überspannt werden, ist eine Stahlbaukonstruktion erforderlich, die über und um den Reinraum angeordnet ist. Bei der Auslegung und der statischen Berechnung dürfen neben dem Gewicht der Reinraumdecke folgende Lasten nicht vergessen werden:

- Gewicht der Deckeneinbauten, wie Filter und Beleuchtung;
- Mannlasten bzw. Laufstegkonstruktionen, falls eine Begehung der Deckenbereiche für Service und Wartungszwecke erforderlich ist;
- Gewicht der Lüftungsgeräte und Luftkanäle (Zu- und Abluft);
- Gewicht der Medientrassen;
- Lasten, die durch Befestigung von Geräten an der Reinraumdecke entstehen (z. B. Handhabungsgeräte).

Es erscheint manchmal zunächst am einfachsten, eine bestehende Gebäudewand als Reinraumwand auszubilden und mit zu verwenden. Dies ist insbesondere bei Fassaden mit Verglasungsflächen jedoch als kritisch anzusehen. Da der Winddruck auf einer Außenfassade den Überdruck im Reinraum um ein Vielfaches übersteigt, ist es fast unmöglich, die geforderte Druckkaskade zur Umgebung auf Dauer nachzuweisen. Natürlich wird jeder Architekt und Bauunternehmer seine Fassade als dicht bezeichnen, jedoch ist es denkbar, dass durch den Alterungsprozess der Dichtstoffe minimale Leckagen entstehen, die zwar das Eindringen von Wasser und groben Verschmutzungen verhindern, aber kein Rückhaltevermögen für kleinste Partikel und Bakterien auf Dauer gewährleisten können.

Auch wenn es auf den ersten Blick auf die Layoutplanung als ein verlorener Platz erscheint, kann dieses Problem mit einem ausreichenden Abstand der Reinraumwand zur Fassade umgangen werden. Ferner wird

- ein repräsentativer Besuchergang geschaffen,
- ein Bereich für Medien Zu- und Ableitungen und Wartungsarbeiten realisiert,
- die Reinigung der inneren Fassadenbereiche erleichtert,
- die Abluftführung dieses Raums bei entsprechender lüftungstechnischer Planung vereinfacht.

Wird die Errichtung einer neuen Reinraumwand direkt an eine geschlossene Fassade ohne Türen und Fenster geplant, ist trotzdem ein Abstand von ca. 5 bis 10 cm einzuhalten, um die Hinterlüftung dieses Zwischenraums sicherzustellen. Dadurch wird der Schwitzwasserbildung vorgebeugt.

Werden bestehende Gebäudezwischenwände als Reinraumwand verwendet, sind diese so auszurüsten, dass keine Partikel abgegeben werden, und die Forderungen nach glatten Oberflächen, Abriebfestigkeit und Reinigbarkeit erfüllt sind. Dies kann durch entsprechende spezielle Anstriche bzw. Beschichtungen oder Beläge realisiert werden.

Bei der Wahl des Standortes sollten ferner örtliche Bestimmungen, wie z. B. Brandschutzvorschriften, berücksichtigt werden.

BILD 4.5 Reinraumzelle in bestehende Halle integriert. Bodengestaltung erneuert und Technik geschickt in die Halle Integriert [Bildquelle: Reinraum, HS-Rosenheim]

Sind am geplanten Standort die bauphysikalischen Bedingungen und insbesondere die notwendigen Raumhöhen nicht vorhanden, muss über andere Standorte oder gegebenenfalls über einen Neubau nachgedacht werden.

Die Entscheidung über einen Neubau ist meist eine firmenpolitische Entscheidung, bei der auch Kriterien wie Platz- und Geländeressourcen, Expansionspolitik und Kapitalressourcen eine Rolle spielen. Insbesondere für größere Unternehmen kann es durchaus interessant sein, den Bereich der Reinraumfertigung in ein separates Gebäude, als eigenen Unternehmensteil, in einem Neubau auszugliedern. Ein Neubau bietet den großen Vorteil, dass die Halle um den geplanten Reinraum mit allen seinen Bedürfnissen herum geplant werden, und so ein optimales Reinraumkonzept

BILD 4.6 Reinraum ausgeführt als Neubau [Bildquelle: Pöppelmann GmbH & Co. KG]

ohne Einschränkungen aufgrund bestehender Räumlichkeiten und Infrastrukturen umgesetzt werden kann (Bild 4.6).

Im Zeitalter der Globalisierung ist die geographische Standortwahl ein interessantes Thema. Für ein Unternehmen mag es auf den ersten Blick vielleicht attraktiv erscheinen, die Reinraumproduktion in einen anderen Standort ins Ausland zu verlegen, da hier Arbeitskräfte in größerer Zahl mit einem – aus unternehmerischer Sicht – besseren Lohngefüge zur Verfügung stehen. Allerdings muss berücksichtigt werden, dass die notwendigen Fachkräfte dort oft nicht zur Verfügung stehen, und deren Ausbildung und ständige Schulung schwieriger und kostenintensiver ist.

4.1.4 Brandschutz

Unter Brandschutz versteht man alle Maßnahmen, die der Entstehung und der Ausbreitung von Feuer und Rauch (Brandausbreitung) vorbeugen und bei einem Brand die Rettung von Menschen sowie wirksame Löscharbeiten ermöglichen.

Neben den direkten Brandschutzgesetzen oder Bauordnungen nehmen noch zahlreiche weitere Gesetze und Verordnungen ebenso Bezug auf den Brandschutz, beispielsweise elektrotechnische Verordnungen sowie Lagerbestimmungen für Gase und brennbare Flüssigkeiten. Diese müssen selbstverständlich ebenfalls erfüllt werden.

Die baulichen Maßnahmen sind sehr vielfältig und erstrecken sich von den verwendeten Baustoffen und Bauteilen – in Deutschland geregelt durch die DIN 4102 und ENV 1992-1-2 – über den bautechnischen Brandschutz in Industriebauten – geregelt durch die DIN 18230 – über die Fluchtwegplanung, hin zu Löschanlagen in Gebäuden. In Österreich ist dies beispielsweise in den verschiedenen TRVB-B festgelegt.

In Deutschland ist es notwendig, für jeden größeren Bau ein Brandschutzgutachten durch einen zugelassenen Brandschutzgutachter erstellen zu lassen. Zudem muss das erstellte Brandschutzkonzept mit den lokalen Behörden abgestimmt werden. Ein Bundesgesetz delegiert die Zuständigkeit in die Landesverantwortung. Die Regelungen sind deshalb von Bundesland zu Bundesland verschieden.

Allgemein kann man dennoch festhalten, dass folgende bauliche Maßnahmen in Bezug auf Brandschutz vor allem folgende Aspekte berücksichtigen müssen:

- Brandverhalten von Baustoffen,
- Feuerwiderstand der Bauteile,
- Aufteilung der Gebäude in Brandabschnitte durch Brandschutzwände und Brandschutztüren,
- Fluchtwegplanung,
- aktive Brandbekämpfung durch Sprinkleranlagen.

Zu den Feuerschutzeinrichtungen zählen zum Beispiel:

- Brandmeldeanlagen
- Löscheinrichtungen
- Brandschutztore und Brandschutztüren
- Notbeleuchtung

Aufgrund der geforderten Abschnittstrennung der Bauaufsicht (Brandwände und feuerbeständige Geschossdecken) müssen Durchdringungen im Gebäude, z. B. für Rohrleitungen, Lüftungskanäle, Medien- oder Elektroleitungen, feuerfest ausgeführt werden. Hierfür gibt es spezielle Abdichtungen (z. B. Brandschutzkissen oder spezielle Füllstoffe) und für Lüftungskanäle spezielle, teure Brandschutzklappen, welche durch einen Fachmann in regelmäßigen Abständen überprüft werden müssen. Somit ist es sinnvoll, diese Aspekte bereits bei der Standortwahl und Planung des Produktionsbereiches zu beachten, um die Anzahl und Größe der Durchdringungen auf ein Minimum zu begrenzen.

Rauchmelder werden meist als Aufputzinstallationsgeräte direkt unter der Reinraumdecke montiert, oder als Kanalfühler in das Lüftungssystem (z. B. in den Kanal der Rückluft vom Reinraum zur Klimaanlage) installiert.

Praktisch stellt der Einbau von Sprinkleranlagen in Reinraumdecken kein Problem dar, weil die erforderlichen Sprinklerköpfe als Schottverschraubungseinbauten zur Verfügung stehen. Die Einbaupositionen werden durch einen Sachverständigen festgelegt und ergeben sich aus den Wandabständen, der Deckenhöhe und den erforderlichen Abständen der Löscheinrichtungen untereinander. Ein frühzeitiges und ganzheitliches Layout stellt sicher, dass an den geforderten Positionen die Möglichkeit besteht, diese einzubauen. Die Trassen der Sprinklerversorgung und deren Gewicht muss ebenso bei der Planung frühzeitig bedacht werden. Ein Eingriff oder die Umverlegung von bestehenden Sprinklerleitungen ist meist sehr kostenintensiv und zeitaufwendig.

Zudem kann ferner gefordert sein, dass der Reinraum im Brandfall mit Frischluft versorgt werden muss, damit eine Verrauchung ausgeschlossen ist. Hierfür sind bei der Planung des Lüftungssystems die entsprechenden Kanäle und Klappen zur Umschaltung vorzusehen.

4.1.5 Fluchtwege

Bei der Flucht- bzw. Rettungswegplanung sind unterschiedliche, sich teilweise widersprechende Landes- bzw. Fachbauordnungen, staatliche Verordnungen, Unfallverhütungsvorschriften, Regeln, Richtlinien, berufsgenossenschaftliche Vorgaben

(Vorschriften, Regeln, Informationen), Ausführungsbestimmungen und Normen zu beachten und zu klären.

Als Faustregel gilt, dass die Entfernung zur nächsten Fluchttüre in einem geschlossenen Raum 10 m nicht übersteigen soll. Somit ist bei einem Reinraum mit ca. 20 m Länge mittig eine Fluchttüre vorzusehen. Hierbei ist zu beachten, dass Personalschleusen bewusst mit einem Sitover (Überschwingbank) und anderen Barrieren ausgerüstet sind, um einen direkten Durchgang auszuschließen. Aus diesem Grund werden Personalschleusen unter Umständen nicht als Fluchtweg anerkannt, da der freie Durchgang nicht gewährleistet ist. Deshalb muss oft eine separate Fluchttür in Fluchtrichtung eingebaut werden. Gleiches gilt für Materialschleusen, da angenommen werden muss, dass im Notfall die Schleuse mit ein- oder auszuschleusender Ware gefüllt bzw. versperrt sein kann. Selbstverständlich ist auch der Fluchtweg aus der Personal- und Materialschleuse heraus sicherzustellen. In der Personalschleuse wird dies dadurch gewährleistet, dass die Verriegelungsfunktion der Zugangstüren durch eine Notöffnungsfunktion außer Kraft gesetzt werden kann. Natürlich muss die elektromechanische Konstruktion so ausgeführt sein, dass auch bei Stromausfall die Türen geöffnet werden können.

Gleiches gilt für Materialschleusen mit Türen oder Drehflügeltüren. Werden Rolltore eingesetzt, sind diese mit einer Notöffungsfunktion, wie z. B. einer Handkurbel oder einem Notentriegelungshebel, auszustatten. Alternativ kann auch hier eine zusätzliche Fluchttür mit Panikschloss eingebaut werden. Solche Fluchttüren in Reinräumen können außen mit einem feststehenden Knauf ohne Öffnungsfunktion, und innen mit einem Türdrücker ausgeführt sein. In der Praxis stellt sich leider immer wieder heraus, dass solche Türen von den Mitarbeitern im Reinraum missbraucht werden, um entgegen den Verhaltensvorschriften kleinere Gegenstände schnell und einfach in den Reinraum zu bringen, oder um sich kurz mit dem Mitarbeiter außerhalb des Reinraums zu unterhalten. Um einem solchen Missbrauch sicher vorzubeugen, müssen Maßnahmen, wie z. B. das Anbringen eines selbstklebenden Siegelaufklebers über dem Türspalt durchgeführt werden – dessen Beschädigung sofort einen Missbrauch nachweisen würde.

Die Fluchtwege und Notausgänge müssen deutlich gekennzeichnet werden und auch im Dunkeln erkennbar sein. Dies geschieht durch Fluchtwegs Piktogramme (nach BGV A8, ASR A1.3, DIN 4844). Diese können langnachleuchtend gemäß DIN 67510, oder mit einer Eigenbeleuchtung mit zusätzlicher Batterie, ausgerüstet sein. Dadurch sind Rettungswege für Mitarbeiter und Besucher im Notfall klar zu erkennen. Beschilderungen von wichtigen Notfalleinrichtungen, z. B. Notruftelefonen, Feuerlöschern, oder Defibrillatoren, zählen ebenfalls zur Fluchtwegkennzeichnung.

4.2 Komponenten von Reinräumen

4.2.1 Die Reinraumhülle

Die Reinraumhülle ist zentraler Bestandteil des Reinraumkonzeptes, da sie die Barriere zwischen der unsauberen Umgebung und dem sauberen Arbeitsbereich darstellt. Damit wird der Schutz des Produkts gewährleistet. Reinraumhüllen müssen folgende grundlegenden Forderungen erfüllen:

- keine Partikelabgabe
- gute Abriebfestigkeit
- gute mechanische Beständigkeit,
- gute chemische Beständigkeit,
- geringe Ausgasung,
- glatte, porenfreie Oberflächen,
- gute Reinigungsfähigkeit,
- beständig gegen Desinfektionsmittel,
- biostatisch bzw. mikrobizid,
- druckdicht,
- dehnungskompensierend,
- gegebenenfalls leitfähig oder antistatisch ausgeführt.

Eine häufig gestellte Forderung in der Kunststofffertigung – insbesondere in der Automobilindustrie – ist, dass Produkte, die einem Lackier-, Klebe- oder Beschichtungsprozess unterzogen werden, silikonfrei hergestellt werden müssen. Dies bedeutet, dass nur Dichtstoffe und Komponenten (z. B. Türdichtungen) zum Einsatz kommen dürfen, die garantiert silikonfrei sind. Für die Versiegelung der Reinraumwände kommen somit fast ausschließlich PUR-basierte Dichtstoffe zur Anwendung.

Bei der Produktion von Kunststoffverpackungen für die Lebensmittelindustrie besteht in der Regel die Forderung sicherzustellen, dass keine Glassplitter in das Produkt gelangen. Dies bedeutet, dass Verglasungen bzw. Fenster bruchsicher als Einscheiben-Sicherheits (ESG)- oder Verbund-Sicherheits-Verglasung (VSG) oder aus Kunststoff ausgeführt werden müssen. Die Abdeckung der flächenbündigen Reinraumbeleuchtung muss ebenfalls bruchsicher, z. B. als Polycarbonat-Abdeckung ausgeführt sein. Die Beleuchtungskörper müssen ebenfalls bruchsicher sein. Bei der Verwendung von Neonröhren müssen diese einen Schutzüberzug vorweisen, der die Bruchsicherheit gewährleistet.

4.2.1.1 Reinräume aus Maschinenbau-Systemprofilen

Je nach Anforderung bezüglich der Reinraumklasse und des Produktes können unterschiedliche Wand- und Deckensysteme zum Einsatz kommen.

Insbesondere bei kleinen Reinräumen mit niedrigen Reinraumanforderungen und bei Fertigungszellen für technische Teile, haben sich Systeme aus Aluminiumprofilen in der Kunststoffverarbeitenden Industrie bewährt (Bild 4.7). Die Vorteile dieser Systeme liegen in ihrer Modularität, der Möglichkeit zur problemlosen Integration, der Befestigung von Anlagenkomponenten sowie dem einfachen Aufbau. Bei der Konstruktion mit solchen Systemen muss von der üblichen maschinenbaulichen Vorgehensweise Abstand genommen werden. Die Konzeption dieser Systeme und dessen Zubehörprogramm basieren darauf, dem Anwender möglichst einfache und vielfältige Verbindungs- und Befestigungsmöglichkeiten zu bieten. Dieser Grundsatz widerspricht allerdings den Anforderungen der Reinraumtechnik, da die vielen offenen Nuten der Forderung nach leichter Reinigung nicht gerecht wird.

Bei der Auswahl der Systemanbieter sollte auf folgende Kriterien geachtet werden:

- Es sollen keine offenen Nuten, insbesondere im Innenraum des Reinraumbereichs, vorhanden sein.
- Verwendet werden sollten Systeme mit geschlossenen Nuten, die sich partiell öffnen lassen. Systeme mit Abdeckprofilen für die Nuten sind hier nur die zweitbeste Lösung.
- Flächenelemente sollten umlaufend eingefasst und leicht zu reinigen sein.
- Die Kantenradien sollten gering sein, um an Profilstößen möglichst geringe Einbuchtungen zu bieten.
- Profilverbindungen sollten versteckt sein.

BILD 4.7 Ausführungsbeispiel für einen Reinraum aus Aluminium-Systemprofil [Bildquelle: Dräxlmaier Group]

Der Nachteil dieser Systeme besteht darin, dass sich flächenbündige Wand- und Deckenelemente nur schwer oder gar nicht realisieren lassen, was für höhere Reinraumklassen (insbesondere für medizinische Anwendungen) nach GMP-Anforderungen zwingend gefordert ist.

4.2.1.2 Reinräume aus GMP-konformen glatten Wandsystemen

Reinräume für Medizin- und Pharmaprodukte müssen zwingend aus absolut glatten Wandsystemen erstellt werden, die den Anforderungen nach Abriebfestigkeit und Beständigkeit gegen Reinigungs- und Desinfektionsmitteln nachkommen müssen (Bild 4.8). Eine Übersicht über die im Einzelnen einzuhaltenden Forderungen bietet die am Ende dieses Abschnitts stehende Checkliste für Wand- und Deckensysteme (Tabelle 4.1). Für die Abdichtung beziehungsweise Versiegelung der einzelnen Wandelemente, sind antibakterielle bzw. fungizidhemmende Dichtstoffe vorzusehen, die über eine entsprechende Zulassung, z. B. nach FDA-Richtlinien, verfügen.

Diese Wandsysteme werden in verschiedenen konstruktiven Ausführungsvarianten angeboten. Bei Ständerwänden wird zuerst eine Rahmenkonstruktion erstellt, in welche die Flächenelemente eingehängt, bzw. davor und dahinter befestigt werden. Achsraster oder Bandrastersysteme bestehen aus Monoblockelementen, die entweder durch eine Nut- und Federverbindung, oder durch entsprechende Klammern bzw. Riegel zusammengehalten werden. Hierbei sind Nut- und Federverbindungen zwar oft kostengünstig und benötigen weniger Fugen, sind aber weniger flexibel, da einzelne Wandelemente nur mit hohem Aufwand ausgebaut werden können. Zudem ist der flächenbündige Einbau von Einbauelementen, wie z. B. ein Fenster, zeit- und kostenintensiv.

BILD 4.8 Ausführungsbeispiel für einen Reinraum aus GMP-gerechten Wand- und Deckensystemen [Bildquelle: Pöppelmann GmbH & Co. KG]

Bandrastersysteme bieten den Vorteil, dass Elemente nach dem Lösen der Verbindungsklammern einzeln entfernt werden können. Bei solchen Systemen befindet sich meist ein Zwischenraum an jedem Elementstoß hinter den Abdeckschalen, um z. B. Medien- oder Elektroleitungen zu verlegen, und notwendige Wandeinbauten zu integrieren. Die einzelnen Monoblockelemente bestehen in der Regel aus zwei sendzimirverzinkten und pulverbeschichteten Blechen und einem sich dazwischen befindlichen Füllstoff, z. B. hochverdichtete Steinwolle oder Polyurethanschaum. Die Türen müssen flächenbündig zur Wandoberfläche eingebaut und die Beschläge leicht zu reinigen sein. Durchbrüche und Öffnungen in den Wänden für Maschinenanbindungen sollten so ausgeführt werden, dass flächenbündige Einbauten, z. B. von Maschinenteilen, möglich sind.

Bei den Deckensystemen kommen Rasterdecken, Klemmkassetten oder Paneldecken zum Einsatz.

- Paneldecken bestehen aus einzelnen Monoblockelementen, die im Regelfall die Breite des Reinraums überspannen. Hierbei bieten einige Hersteller vollständig flächenbündige Systeme für die Deckeneinbauten, wie Zuluftauslässe und Beleuchtungskörper, an.
- Bei Klemmkassettendecken wird ein kreuzförmiges Raster aus Klemmprofilen montiert, in das anschließend die Deckenelemente von unten mit ihrer Aufkantung eingebaut werden. Diese Deckenelemente sind von oben nicht belastbar, sodass alle Einbauelemente separat befestigt, bzw. von der Gebäudedecke abgehängt werden müssen.
- Rasterdecken bestehen aus T-förmigen, kreuzweise angeordneten Profilen, die ihrerseits eine gewisse Tragfähigkeit herstellen. In dieses Raster werden von oben flächenbündig Deckenelemente und Einbauelemente wie z. B. Beleuchtungskörper oder Zuluftgeräte, eingelegt (Bild 4.9).

BILD 4.9 Ausführungsbeispiel einer T-Rasterdecke mit flächenbündigen Einbauten [Bildquelle: Karl Leibinger Medizintechnik GmbH & Co.KG]

TABELLE 4.1 Beispiel für eine Qualifizierungsliste für Wand- und Deckensysteme [Quelle: clean-tek Reinraumtechnik GmbH + Co. KG]

Qualifizierungsliste clean-tek Trennwand

Kunde:	
Auftrag-Nr.:	
Zeichnung-Nr.:	
Datum	

Seite 1

1. Allgemeines	Angaben clean-tek
1.1 ausreichende Abriebfestigkeit	Ja
1.2 minimale Partikelabgabe	Keine
1.3 minimale Lösungsmittelabgabe	Keine
1.4 glatte, porenfreie Beschichtung	Siehe 2.4
1.5 Beständigkeit gegen Wischen und Scheuern	Ja
1.6 Asbestfreiheit	Ja
1.7 Abwesenheit von Rissen	Ja
1.8 Holzfreiheit	Ja
1.9 Schalldämmung	38 dB bei Vollwand 50mm
1.10 Feuerfestigkeit	A2 bei Zwischenlage Mineralwolle
1.11 Reinigung / Beständigkeit	Reinigung mit Mischung aus Isopropanol und entkalktem Wasser. Reinigungstuch sollte nur feucht und nicht naß sein. Aussagen über die Beständigkeit gegenüber Desinfektionsmitteln, Chemikalien und speziellen Reinigungsmitteln auf Anfrage.
1.12 k-Wert	0,75 W/m²K bei Zwischenlage Mineralwolle

TABELLE 4.1 (*Fortsetzung*) Beispiel für eine Qualifizierungsliste für Wand- und Deckensysteme [Quelle: clean-tek Reinraumtechnik GmbH + Co. KG]

clean-tek®

Seite 2

2. Konstruktion / Beschichtung / Oberfläche

2.1 Konstruktion
- Wand: Monoblocksystem Rasterung gemäß angegebener Zeichnung
- Unterkonstruktion: zweiteiliges, flächenbündiges Sockelprofil mit teleskopartiger Ausbildung zum Ausgleich von Bodenunebenheiten, Befestigung durch Verdübeln.
- Deckenanschluß: Aluminium U-Profil zur Aufnahme etwaiger Höhentoleranzen

2.2 Wandstärke
50mm

2.3 Material
Art:

- Stahl: 1,0mm	
- Aluminium: 1,0mm	
- Edelstahl: 1,0mm	

2.4 Oberflächenbehandlung, Schichtstärke
Farbe:

- Stahlblech: verzinkt 100gr./m², Vorderseite Einbrennlack auf Polyesterbasis 25-30µm, Rückseite Schutzlack grau 7-10µm	
- Aluminiumblech: Pulverbeschichtung, ca. 60µm	
Eloxiert E6/EV1	
- Aluminiumprofile: Pulverbeschichtung, ca. 60µm	
Eloxiert E6/EV1	
- Edelstahl: gebürstet	

2.5 Isolationskern
Art:

- Mineralfaser	
- PS20Se Polysryrol	
- Honeycomb PP-Wabe	
- Honeycomb Al-Wabe	

TABELLE 4.1 (*Fortsetzung*) Beispiel für eine Qualifizierungsliste für Wand- und Deckensysteme [Quelle: clean-tek Reinraumtechnik GmbH + Co. KG]

Seite 3

2.6 Verglasung	2-fach, beidseitig flächenbündig Dichtung: Dichtstoff siehe 2.10 Glasart:
	KSG 6mm
	ESG 6mm
	VSG 6mm
	DSG 7mm
2.7 Elementverbindung	Luftdicht (Druckbelastung –50 bis +300 Pa) Diffusionsdicht
2.8 Absätze und horizontale Flächen	Keine
2.9 Fugenversiegelung	Art: Farbe:
	Trockendichtung
	Einkomponenten - Dichtstoff Silikon neutral vernetzend
	Einkomponenten - Dichtstoff PU
2.10 Abdichtung Anschlüsse Boden, Wand, Decke	Einkomponenten - Dichtstoff

3. Drehflügeltüren

3.1 Konstruktion	Aluminium – Blockrahmen mit 3-seitig umlaufender Dichtung. Türblatt als Sandwichkonstruktion. Art:
	- Stahl: 1,0mm
	- Aluminium: 1,0mm
	- Edelstahl: 1,0mm
3.2 Wandbündigkeit der Türblätter	Ja

TABELLE 4.1 (*Fortsetzung*) Beispiel für eine Qualifizierungsliste für Wand- und Deckensysteme [Quelle: clean-tek Reinraumtechnik GmbH + Co. KG]

clean-tek®

Seite 4

3.3 Glaseinsatz	Glasart:	
	KSG 6mm	
	ESG 6mm	
	VSG 6mm	
	DSG 7mm	

3.4 Beschläge		Typ
	Türbänder EV1, 2-teilig	Dr. Hahn
	Rosette PZ EV1	FSB
	Rosette blind EV1	FSB
	Drückergarnitur EV1	FSB
	Türknauf EV1	FSB
	Rosette PZ VA	FSB
	Rosette blind VA	FSB
	Drückergarnitur VA	FSB
	Türknauf VA	FSB
	Rohrrahmenschloß 40mm PZ	
	Rohrrahmenschloß 40mm KABA	
	Panikschloß 40mm	
	Panikstange	
	Schließblech VA 3mm	
	Elektrischer Türöffner, Ruhestromausführung	Eff-Eff 37RR
	Elektrischer Türöffner, Arbeitsstromausführung	
	Hydraulischer Türschließer	Dorma TS93
	Hydraulischer Türschließer, mit Öffnungsbegrenzer	Dorma TS93
	Hydraulischer Türschließer, mit Feststeller	Dorma TS93

TABELLE 4.1 (*Fortsetzung*) Beispiel für eine Qualifizierungsliste für Wand- und Deckensysteme [Quelle: clean-tek Reinraumtechnik GmbH + Co. KG]

Qualifizierungsliste Rasterdecke

Auftraggeber:	
Auftrag-Nr.:	
Zeichnung-Nr.:	
Datum:	

			Angaben clean-tek
1.	**Allgemeines**		
	1.1	ausreichende Abriebfestigkeit	Ja
	1.2	minimale Partikelabgabe	Keine
	1.3	minimale Lösungsmittelabgabe	Keine
	1.4	glatte, porenfreie Beschichtung	Siehe 2.3
	1.5	Beständigkeit gegen Wischen und Scheuern	Ja
	1.6	Asbestfreiheit	Ja
	1.7	Abwesenheit von Rissen	Ja
	1.8	Holzfreiheit	Ja
	1.9	Schalldämmung	18 db(A)
	1.10	Feuerfestigkeit	A2
	1.11	Reinigung / Beständigkeit	Reinigung mit Mischung aus Isopropanol und entkalktem Wasser. Reinigungstuch sollte nur feucht und nicht naß sein. Aussagen über die Beständigkeit gegenüber Desinfektionsmitteln, Chemikalien und speziellen Reinigungsmittel auf Anfrage.
	1.12	Belastbarkeit	begehbare Ausführung: 150 kg/m² bedingt begehbare Ausführung: 150 kg/m² auf den Rasterprofilen

TABELLE 4.1 (*Fortsetzung*) Beispiel für eine Qualifizierungsliste für Wand- und Deckensysteme [Quelle: clean-tek Reinraumtechnik GmbH + Co. KG]

clean-tek®

2.	**Konstruktion / Beschichtung / Oberfläche**		
2.1	Konstruktion	Tragraster aus stranggepressten Al-Profilen. Höhenverstellbares Abhängesystem. Einschalige Deckenbleche bei bedingt begehbarer Ausführung. Begehbare Ausführung möglich, Isolierung möglich	
2.2	Ausführung der Deckenbleche	- Stahl 1,0mm	
		- Aluminium 1,0mm	
		- Edelstahl 1,0mm	
2.2.1	Ausführung Gegenbleche bei begehbarer Decke	- Stahl, verzinkt 1,0mm	
		- Stahl, verzinkt 2,0mm	
2.3	Oberflächenbehandlung, Schichtstärke		Farbe
		- Stahlblech: verzinkt 100 gr/m², Vorderseite Einbrennlack auf Polyesterbasis 25-30 mµ, Rückseite Schutzlack, 7-10 mµ, grau	
		- Aluminiumblech: pulverbeschichtet ca. 60 mµ, Rückseite 1,5 mµ chromatiert	
		- Edelstahl: gebürstet	
		-Aluminiumprofile: pulverbeschichtet ca.60-70 mµ eloxiert E6/EV1	
2.4	Isolierung	Mineralfaser:	
		Sonstiges:	
2.5	Rasterverbindung	partikeldicht (Druckbelastung +100 / -50 Pascal) Dichtung: Silikon (EGO oxim)	
2.6	Absätze u. horizontale Flächen	Rücksprung von 2,5mm zwischen Deckenträger und Deckenblechen	
		keine	
2.7	Dichtung Raster / Deckenbleche	Vorlegeband ISO Zell	
		Silikon EGO oxim 300, neutralvernetzend	
2.8	Abdichtung Anschlüsse	Silikon EGO oxim 300, neutralvernetzend	

Für den Nachweis und die Dokumentation, ob das ausgewählte Wand- und Deckensystem die reinraumtechnischen Anforderungen erfüllt, arbeitet man sinnvollerweise mit Checklisten, die je nach Systemanbieter unterschiedlich gestaltet sind. Beispielhaft ist in Tabelle 4.1 eine solche Liste dargestellt.

4.2.1.3 Reinraumböden

Reinraumböden müssen wie die Wand- und Deckensysteme den Forderungen nach Abriebarmut, leichter Reinigung und Desinfizierbarkeit nachkommen. Darüber hinaus müssen sie den täglichen Beanspruchungen wie z. B. dem Begehen von Personen, den Belastungen durch Transporteinrichtungen (z. B. Hubwagen) und Maschinen standhalten. Sie müssen also chemisch und mechanisch sehr belastbar sein. Eine weitere wichtige Anforderung ist die Rutschfestigkeit, die in der BGR 181 R 9c festgelegt ist. Zudem können Forderungen nach elektrostatischer Ableitfähigkeit hinzukommen. Böden für medizinische Fertigungen müssen gegebenenfalls den GMP-Anforderungen entsprechen, und die FDA-Zulassung für die entsprechende Reinraumklasse besitzen.

Eine sehr hochwertige Lösung sind die Pharma-Terrazo-Beschichtungen. Diese bestehen aus mehreren Schichten aus Granulaten und Kunstharz. Hierbei werden Schichtstärken von 8 bis 10 mm eingebaut, wodurch die Möglichkeit der Integration von Hohlkehlen und anderen Einbauten, wie z. B. Abflüssen besteht. Somit ergibt sich ein fugenloser homogener Bodenbelag mit einer Steinoptik der höchsten Anforderungen genügt. Kostengünstigere Beläge werden als Verlegeware aus Gummi oder PVC-Basis hergestellt. Hierfür werden von den Herstellern spezielle PVC-Werkstoffe angeboten, die die Anforderung nach elektrischer Ableitfähigkeit erfüllen. Die Platten- oder Bahnware wird verschweißt und gegebenenfalls an den Übergängen zur Reinraumwand hohlkehlenförmig verlegt (Bild 4.10). Dies bietet den Vorteil,

BILD 4.10 Detailansicht eines wannenförmig verlegten und verschweißten PVC-Belags mit Innen- und Außenecke [Bildquelle: Max Petek Reinraumtechnik]

dass einzelne Bodenstücke nachträglich, ohne optische Einbußen, ausgetauscht oder angeschweißt werden können. Die Oberfläche wird nach dem Verlegen und Verschweißen eingeebnet, verdichtet und poliert. Die Beläge werden in der Regel nach einer entsprechenden Vorbehandlung vollflächig mit dem Untergrund verklebt. Andere Systeme werden durch ein Nut-Feder-System (ähnlich wie Parkett) auf dem Untergrund verlegt, wodurch sich ein gewisser Grad an Hinterlüftung ergibt. Solche Systeme bieten sich insbesondere dann an, wenn eine Standortänderung des Reinraums absehbar oder wahrscheinlich ist. Für Reinräume mit niedrigen Anforderungen genügt oft ein Bodenbelag aus Epoxidharz wie er im Hallenbau angewendet wird.

4.2.2 Klima- und Lüftungstechnik

Die Lüftungstechnik bestimmt im Wesentlichen die erreichbare Reinraumklasse. Je höher die zugeführte Luftmenge bzw. der im Reinraum herrschende Luftwechsel ist, und je hochwertiger die verwendeten Filter sind, desto höhere Reinraumklassen können erzielt werden. Hierfür gibt es jedoch nur Empfehlungen, z. B. in der DIN EN ISO 14644-4 Tabelle B1/B2. Für eine ISO Klasse 7 ist z. B. eine Luftwechselzahl größer 20 empfohlen. Die Luftwechselzahl ergibt sich aus der Division von der Zuluftmenge durch das Raumvolumen und wird pro Stunde angegeben (Tabelle 4.2).

TABELLE 4.2 Empfohlene Luftwechselzahlen nach DIN EN ISO 14644-4

Reinraumklasse	ISO 6/GMP B	ISO 7/GMP C	ISO 8/GMP D
Luftwechsel/h	70–160	30–70	10–20

Dies soll am Beispiel eines Raumes mit den Abmaßen 10 m lang, 4 m breit und 2,5 m hoch erläutert werden. Das Volumen des Raumes beträgt somit 100 m^3. Wird dieser Reinraum mit 3.000 m^3 Zuluft pro Stunde versorgt, ergibt sich (3.000 m^3/h geteilt durch 100 m^3) ein 30-facher Luftwechsel pro Stunde. Bei der Auslegung der Zuluftmenge müssen die im Reinraum herrschenden Bedingungen, wie z. B. Personen-, Arbeits- und Materialbewegung, berücksichtigt werden. Bei vielen Bewegungen ist die Zuluftmenge etwas höher auszulegen als gefordert. Im Gegensatz dazu kann in einer Reinraumzelle, in der beispielsweise nur ein Roboter arbeitet, und die nicht von Personen begangen wird, die Luftwechselzahl an die untere erforderliche Grenze eingestellt werden.

Die Luftversorgung eines Reinraums wird im täglichen Sprachgebrauch oft pauschalisierend mit dem Begriff „Laminar-Flow" bezeichnet. Laminar-Flow bedeutet im physikalischen Sinne eigentlich eine exakt parallele und gleichförmige Luftströmung. Reinräume, die nach diesem Kriterium ausgelegt sind, findet man jedoch nur in Bereichen, in welchen höchste Reinraumklassen (Klasse 1 bis Klasse 5) erzielt werden müssen, wie z. B. in der Halbleiterindustrie. Um diese Voraussetzung zu erreichen, muss der gesamte Reinraumbereich vollflächig mit Schwebstofffiltern bestückt sein, und die Zuluftmenge entsprechend erhöht werden. Zusätzlich muss auch die Abströmung vollflächig, z. B. durch die Verwendung von gelochten Doppelböden im gesamten Reinraumbereich, erfolgen. Zudem müssen alle Gegenstände im Reinraum hinsichtlich des Strömungsverhaltens optimiert sein (z. B. perforierte Tischplatten, speziell konstruierte Maschinen). Da in der Kunststoffindustrie in der Regel solch hohe Reinraumklassen nicht erforderlich sind, werden die Reinräume nach dem Prinzip der sogenannten turbulenten Verdrängungsströmung oder Verdünnungsströmung ausgelegt. Dies bedeutet, dass die im Deckenbereich erforderliche Filterfläche für die notwendigen Zuluft sowie die erforderliche Abluft im Boden nicht flächendeckend ausgeführt wird. Dadurch ergibt sich eine nicht laminare Luftströmung bzw. ergeben sich Verwirbelungen, die bewusst in Kauf genommen werden.

Im einfachsten Fall kann die Belüftung eines Reinraums mit sogenannten Fan-Filter-Units (FFU) erfolgen. Diese Gebläse-Filter-Einheiten können als modulare Komponenten direkt von diversen Herstellern bezogen werden. Diese werden in verschiedenen Baugrößen (in den sogenannten Rastermaßen) angeboten. Übliche Rastermaße sind 1.200 × 600 mm, 1.200 × 1.200 mm und 600 × 600 mm. Diese Module besitzen im Regelfall einen Vorfilter, der die angesaugte Luft vorreinigt, einen Ventilator, der die notwendige Filterpressung bereitstellt, ein Luftverteilungssystem, einer Schalldämmung und dem eigentlichen Schwebstoff-Filter, (z. B. Filterklasse H14). Die Geschwindigkeit der durch den Schwebstofffilter eingespeisten Luft, bzw. die Zuluftmenge, wird über die Drehzahl des Ventilators eingestellt.

Die Überdruckhaltung bei solch einfachen Reinraumzellen erfolgt meist ungeregelt, indem die Abströmöffnungen bei der Montage, bzw. Inbetriebnahme im Querschnitt so eingestellt werden, dass sich der gewünschte Überdruck einstellt.

Die sich während des Betriebs einstellende Temperatur im Reinraum ist eine zentrale Frage. Diese Temperatur liegt in der Regel über der Hallentemperatur, da die Maschinen und Ventilatoren durch ihre elektrische Verlustleistung Wärme abgeben. Bei Reinraumzellen, die nur Anlagenabschnitte einkapseln, spielt dies keine so große Rolle, da solche Räume nur sehr selten betreten werden. In diesem Fall muss lediglich darauf geachtet werden, dass die sich einstellende Maximaltemperatur nicht zu hoch wird. Wenn sich hingegen regelmäßig oder dauernd Betriebspersonal in dem Reinraum aufhalten soll, müssen die Fan-Filter-Units (FFU) mit gekühlter Luft gespeist werden. Dies kann z. B. mit einem vor dem Ansaugbereich der FFU geschalteten Wärmetauscher erfolgen. Hierbei ist wichtig, dass sich kein Kondensat am Wärmetauscher bildet. Um dies zu gewährleisten, können die FFU auch mit gekühlter und konditionierter Luft aus einem separaten Zuluftgerät gespeist werden. Solch ein Zuluftgerät hat in der Regel einen Wärmetauscher, einen Ventilator und einen Tropfenabscheider, der eventuell anfallendes Kondensat aus dem Luftstrom entfernt.

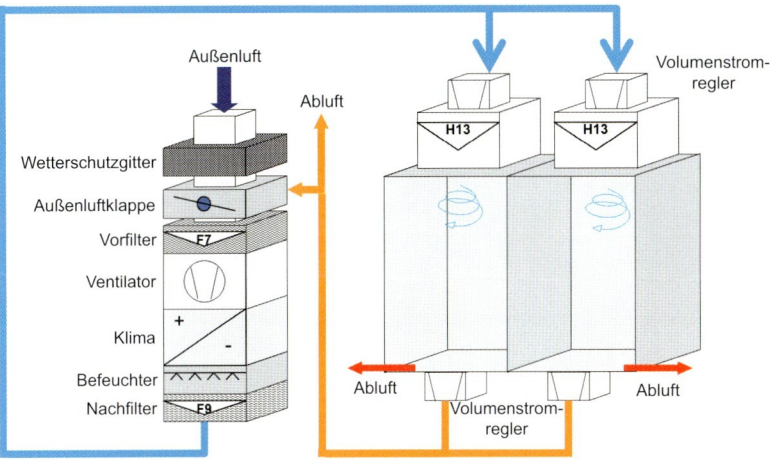

BILD 4.11 Beispiel für den Aufbau der Lüftungstechnik eines Reinraums mit verschiedenen Zonen im Umluftbetrieb

Ferner findet keine Reduktion der erreichbaren Pressung der FFU statt, da der Luftwiderstand des Wärmetauschers vom Ventilator des Zuluftgeräts überwunden wird. Die Kälteerzeugung kann durch ein Kaltwassersystem oder durch ein eigenständiges Split-Kältekompressor-System erfolgen.

Sollen in einem Reinraum sowohl die Temperatur als auch die Luftfeuchtigkeit in definierten Grenzen gehalten werden, ist eine entsprechend aufwendige Zulufttechnik zu installieren. Man spricht hierbei von Voll-Klimatisierung. Solche Systeme müssen in der Lage sein, zusätzlich zur Temperaturregelung sowohl die Luftfeuchtigkeit zu senken, d. h., den Zuluftstrom geregelt zu entfeuchten, als auch im Bedarfsfall die Luftfeuchtigkeit zu erhöhen. Hierfür kommen oft Dampfbefeuchter zum Einsatz, die das Wasser soweit erhitzen, dass es in Dampfform über entsprechende Lanzen in den Zuluftkanal eingespeist werden kann. Solche Systeme werden aus energetischen Gründen im Umluftbetrieb gefahren (Bild 4.11).

Bei Reinräumen mit extrem hohen Luftwechselraten (z. B. in der Halbleiterindustrie) würden die erforderlichen Zu- und Rückluftkanäle bei einem solchen System teuer und voluminös ausfallen. Aus diesem Grund werden Reinräume mit hohen Luftwechselraten meist so aufgebaut, dass der gesamte Bereich über der Reinraumdecke ein abgeschlossenes Volumen (ein Druckplenum) bildet, welches quasi als Zuluftkanal fungiert. Bei Reinräumen mit kleinen Luftwechselraten, wie z. B. in der Kunststoffverarbeitenden Industrie, kann die Zu- und Abluftführung wirtschaftlich mit Lüftungskanälen erfolgen. Bei einer Gegenüberstellung bzw. einem Kostenvergleich der beiden Systeme muss berücksichtigt werden, dass auch bei einer Luftrückführung mittels eines Deckenzwischenraumes nicht komplett auf die Verlegung von Zuluftkanälen verzichtet werden kann. Die Verteilung ist notwendig,

BILD 4.12 Filtereinbau mit Montagewerkzeug vom Reinraum aus
[Bildquelle: C-tec Cleanroom-Technology GmbH]

da bei einer lokal begrenzten Einspeisung der Frischluft nur die FFU in unmittelbarer Umgebung mit der frisch konditionierten Luft versorgt werden würden. Um eine gleichmäßige Verteilung zu erreichen, ist es erforderlich, über Verteilungskanäle die Luft an alle FFU's zu führen.

Sowohl bei Fan-Filter-Units als auch bei Zuluftkästen, die von einem zentralen Zuluftgerät versorgt werden, kann der Filterwechsel durch die Wahl entsprechender Systeme entweder aus dem Inneren des Reinraums oder von außen erfolgen (Bild 4.12). Die Richtung des Filterwechsels wird meist anhand der bestehenden Freiräume bzw. der Reinraumhöhe entschieden. Im Gegensatz zu den vorgeschalteten Filtern, die regelmäßig gewechselt werden müssen, können die Standzeiten der nachgeschalteten Filter durchaus mehrere Jahre betragen.

4.2.3 Schleusen

Grundsätzlich dürfen Material und Personal nicht direkt von der unkontrollierten Umgebung ohne Durchquerung einer Schleuse in den Reinraumbereich gelangen. Ebenfalls darf kein direkter Übergang zwischen Reinräumen unterschiedlicher Klassen möglich sein. Die Reinraumklasse im Schleusenbereich ergibt sich aus der Klasse des Reinraums selbst. Ist der Reinraum z. B. als ISO-Klasse 7 definiert, werden die zugehörigen Schleusen eine Klasse niedriger, d. h., als ISO-Klasse 8 ausgeführt.

Der Überdruck in der Schleuse wird so ausgelegt, dass sich eine Druckdifferenz (Druckkaskade) zum Reinraum ergibt, um Verunreinigungen des Reinraums durch Partikeleintrag auszuschließen. Wird der Reinraum beispielsweise mit 30 Pa Überdruck betrieben, wird der Überdruck in der Schleuse auf 15 Pa eingestellt, wobei der zulässige obere Grenzwert des Überdrucks in der Schleuse immer noch niedriger sein muss als der unterste Grenzwert des Drucks im Reinraum.

Beispiel für eine Druckkaskade:

- Druck im Reinraum: 30 Pa (± 5 Pa)
- Druck in der Schleuse: 15 Pa (± 5 Pa)

Bedingung: Minimaldruck im Reinraum > Maximaldruck in der Schleuse

Bei diesem Beispiel ergeben sich ein minimaler Druck im Reinraum von 25 Pa und ein maximaler Schleusendruck von 20 Pa, womit die Richtlinien erfüllt wären.

Ein weiteres wichtiges Konstruktionsmerkmal von Schleusen ist, dass die beiden Öffnungen bzw. Zugänge nie gleichzeitig offen sein dürfen, um eine direkte lufttechnische Verbindung zwischen dem Reinraum und der Umgebung auszuschließen. Aus diesem Grund sind die beiden Türen z. B. elektromagnetisch gekoppelt, sodass eine Tür nur dann geöffnet werden kann, wenn die gegenüberliegende Türe geschlossen ist. Es kann ferner sinnvoll oder erforderlich sein, eine Spülzeit, d. h. eine Luftwechselzeit in der Schleuse einzuhalten, bevor eine der Türen wieder freigegeben wird. Für die Umsetzung gibt es entsprechende Schleusenlogiken bzw. Steuerungen mit Ampelanzeigen, die das Personal informieren, ob die Schleuse benutzt werden kann bzw. ob diese momentan gesperrt ist. Für Notfälle ist eine Entriegelung an beiden Türen vorzusehen, um den Fluchtweg freizugeben. Diese Entriegelung muss auch bei einem Stromausfall gewährleistet sein. Die Größe und Ausführung der Schleusen richtet sich im Wesentlichen nach der Anzahl der Personen bzw. nach der Art und Menge der Materialbewegungen.

4.2.3.1 Personalschleusen

Die Größe einer Personalschleuse muss so ausgelegt werden, dass die im Reinraum beschäftigten Personen in einer ökonomischen Zeitdauer die Schleuse reinraumgerecht passieren können. Dies richtet sich nach der pro Schicht tätigen Personenzahl Im Mehrschichtbetrieb, somit nach der gesamten im Reinraum tätigen Personenzahl. Diese ergibt sich in der Regel aus der Multiplikation der pro Schicht tätigen Personenzahl mit der Anzahl der gefahrenen Schichten. Die Größe und die Ausstattung der Personalschleuse richtet sich folglich nach allen im Reinraum tätigen Personen, da ausreichend Platz für die benötigte Raumausstattung (z. B. Garderoben für Werks- und Reinraumkleidung, Sitover, Spenderschränke, Handwaschbecken etc.) vorgesehen werden muss. Der Umfang der Raumausstattung hängt sowohl von der Personenzahl als auch von der für die jeweilige Reinraumklasse benötigten Reinraumbekleidung ab. Eine Überschwingbank, auch Sitover genannt, stellt die räumliche Trennung zwischen dem sauberen und unsauberen Bereich der Personalschleuse dar. Personen, die den Reinraum in unregelmäßigen Abständen zeitlich begrenzt betreten (z. B. Service-/Wartungstechniker oder Besucher), benutzen in der Regel Einwegbekleidung. Diese sollte in ausreichender Menge in dafür vorgesehenen Fächern in der Personalschleuse vorhanden sein.

Sind sowohl Frauen als auch Männer in demselben Reinraum tätig, muss bei einer größeren Anzahl von Personen je eine Schleuse pro Geschlecht eingeplant werden. Bei einem kleinen Personenkreis kann gegebenenfalls nur eine Schleuse für beide Geschlechter verwendet werden, wenn in diese Umkleideabteile integriert sind, oder wenn die Schleuse mit einem sogenannten Diskretionsschalter ausgestattet ist. Ein Diskretionsschalter bietet die Möglichkeit für das Personal, die beiden Zugangstüren von innen zu verriegeln, sodass die Schleuse während des Umkleidevorganges bei aktiviertem Schalter nicht von anderen Personen betreten werden kann.

In welchem Ausmaß die Zugangstüren für eine Personalschleuse verglast, d. h. einsehbar ausgeführt werden können oder müssen, hängt von den örtlichen Gegebenheiten bzw. Sicherheitsauflagen ab. Hierbei kommt es aber zu einem Widerspruch bezüglich der Diskretion für die Umkleideprozedur in der Schleuse, gegenüber der Forderung, bei Notfällen von außen sehen zu können, ob sich Personen in der Schleuse befinden, die Hilfe benötigen.

Die Art der Reinraumkleidung und die Ausstattung, die in der Schleuse vorhanden sein muss, hängen von der Klasse des Reinraums ab. Handelt es sich um eine sehr niedrige Reinraum- bzw. Grauraumklasse (ohne medizinische Anforderungen), genügt oft als Reinraumkleidung eine Kopfbedeckung (Kopfhaube), ein sauberer weißer Überziehmantel und Reinraum- bzw. Überschuhe. Für höhere Reinraumklassen sind bei medizinischen Anforderungen oft ein kompletter, geschlossener Overall, der auch den Kopfbereich umschließt, sowie Mundschutz, Handschuhe und Reinraumschuhe erforderlich. Hier empfiehlt es sich, den Rat von Fachfirmen für Reinraumkleidung einzuholen. Diese können Auskünfte darüber geben, in welchem Umfang, bzw. welche Ausführung der Bekleidung für die jeweilige Anwendung die sicherste und gleichzeitig auch die wirtschaftlichste Lösung darstellt (vgl. hierzu auch Abschnitt 9.4.4.2 „Reinraumkleidung").

Eine Personalschleuse für Medizinartikel sollte folgende Ausstattung aufweisen:

- getrennte Garderobe zum Ablegen der unreinen Oberbekleidung/Werkskleidung,
- getrennte Garderobe oder Spenderschrank für die Reinraumkleidung,
- Sitover (Überschwingbank), in der Regel beidseitig mit Fächern für Werks- und Reinraumschuhe ausgerüstet,
- Spender für Kopfhauben, Handschuhe, Mund- bzw. Bartschutz und Überschuhe,
- Handwaschbecken,
- Steriliumspender.

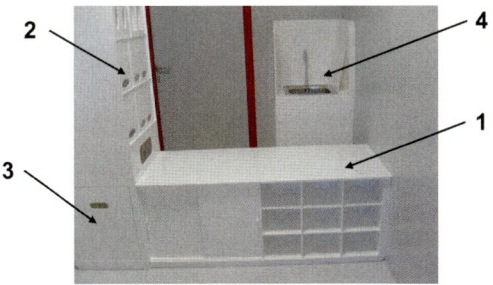

BILD 4.13 Teilansicht einer eingerichteten Personalschleuse, mit Sitover (1), integriertem Spenderschrank (2), Abfallbehälter (3) und Handwaschbecken (4) als Schweißkonstruktion gefertigt aus Polypropylen
[Bildquelle: Max Petek Reinraumtechnik]

4.2.3.2 Materialschleusen

Die Größe, die Anzahl und das Konstruktionsprinzip von Materialschleusen hängt insbesondere von der Menge, der Art, der Verpackung und der Häufigkeit der Materialbewegungen ab, wobei auch die Richtung des Materialflusses berücksichtigt werden muss. Sollen neben dem regelmäßigen Materialfluss auch komplette Anlagen und Maschinen durch die Materialschleuse in den Reinraum gebracht werden, ist diese entsprechend groß auszulegen (Bild 4.14).

Bei verpackten Materialien wird die Umverpackung, z. B. Kartonage, vor der Schleuse entfernt. Gegebenenfalls sollte das Material vor dem Einbringen in die Materialschleuse vorgereinigt werden. Ist die geforderte Sauberkeit nicht gewährleistet, müssen die Materialien und Gebinde in der Materialschleuse reinraumtechnisch gereinigt werden. Gegebenenfalls ist ein Umpacken in der Materialschleuse erforderlich oder logistisch sinnvoll, auch wenn dies einen gewissen zusätzlichen Mehraufwand erfordert. Werden im innerbetrieblichen Transport bzw. in der Pufferlagerung geschlossene Behälter verwendet, kann es oft sinnvoll sein, diese entsprechend

BILD 4.14 Materialschleuse mit Schnelllauftor
[Bildquelle: Helix Medical Europe SE & Co. KG]

vorgereinigt bis in die Materialschleuse zu fahren und den Inhalt in der Schleuse in andere Behälter umzupacken, welche nur zwischen der Materialschleuse und dem Reinraum bewegt werden. Dadurch entfällt die reinraumtechnische Reinigung der für den innerbetrieblichen Transport verwendeten Behälter.

Die Materialschleuse ist in Anlehnung an die Personalschleuse in einen sauberen und einen weniger sauberen Bereich zu trennen. Dies kann z. B. durch eine Markierungslinie auf dem Boden der Schleuse erfolgen, die von den Transportbehältern nicht überquert werden darf, um eine Verschleppung von Partikeln auszuschließen. Werden kontinuierlich größere Materialmengen in gleichen oder ähnlichen Gebinden aus dem Reinraum transportiert, ist eine halb- oder vollautomatische Fördereinrichtung eine gute Lösung. Insbesondere bei höheren Reinraumklassen muss eine reinraumtechnische Schleusenfunktion mit einer entsprechenden Klassifizierung vorhanden sein. Hierfür bieten sich Förderbandstrecken mit Hubtüren oder Klappen an. Ein Beispiel hierfür zeigt Bild 4.15, in welcher eine Förderbandstrecke mit einer der Reinraumklasse gerechten Verkapselung zu sehen ist. Bei diesem Beispiel legt ein Roboter die Bauteile gestapelt auf das im Roboterreinraum beginnende Förderband, welches diese zur ersten Hubtür transportiert. Sobald die Lichtschranke den Stapel erkennt, öffnet sich die erste Hubtür und ein weiteres Förderband transportiert die Bauteile in den Schleusenbereich zwischen den beiden Türen. Nach dem Schließen der Hubtür und einer Spülzeit öffnet sich die Türe im Reinraum und der Bauteilstapel kann weitergeleitet bzw. entnommen werden. Durch das Schließen der Hubtür ist der Schleusenvorgang beendet und bereit für die nächsten Bauteile. Solche Systeme werden durch Lichtschranken mit einer speicherprogrammierbaren Steuerung (SPS) gesteuert, wobei das Startsignal zum Ausschleusen eines Bauteils entweder vollautomatisch (z. B. Lichtschranke) oder manuell (z. B. Taster) vom Bedienpersonal gegeben wird. Durch entsprechende Überströmöffnungen in

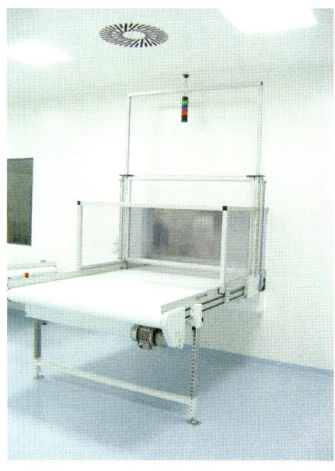

BILD 4.15 Vollautomatische Förderbandmaterialschleuse mit pneumatisch angetriebenen Hubtüren [Bildquelle: Fischer Söhne AG]

den Klappen wird die reinraumtechnische Durchlüftung und die Druckkaskade im Schleusenbereich gewährleistet.

Bei Reinräumen mit niedriger Klassifizierung und geringem Überdruck, können die Werkstücke mittels Rutschen aus dem Reinraum geschleust werden. Bei den Rutschen sollte eine federrückgestellte Klappe die Öffnung verschließen, sofern diese Öffnung nicht als Luftauslass dient. Die Kraft der Federrückstellung muss so gewählt werden, dass der Überdruck im Reinraum die Klappe nicht öffnet aber herabrutschende Teile die Klappe passieren können. Dieses System kann in Ausnahmefällen auch bei Reinräumen mittlerer Klasse für das Ausschleusen von Schlecht-, Anfahr- oder QS-Teilen verwendet werden.

Kunststoffteile, bei denen nur die Herstellung, und nicht die Verpackung, unter kontrollierten Reinraumbedingungen erfolgen müssen (wie z. B. bei Bauteilen mit „In-Mold-Decoration"), stellen eine weitere Ausnahme dar. Um solche Werkstücke aus dem Reinraum zu transportieren, kann auf eine aufwendige Schleusenfunktion verzichtet werden. Hier genügt in der Regel eine zum Teil abgedeckte Förderstrecke (siehe auch Bild 4.7). Die verbleibende Öffnung dient als Luftauslass.

Ist es erforderlich, unsaubere Teile in großer Stückzahl in den Reinraum zu transportieren, kann die Reinigung und Einschleusung, z. B. mittels einer Waschanlage, die direkt in den Reinraum mündet, erfolgen. Nach dem Waschprozess werden die sauberen Teile durch eine idealerweise in die Reinraumwand integrierte Öffnung entnommen (Bild 4.16).

Links im Bild 4.16 sieht man eine Drehschleuse für Klein- bzw. QS-Teile, rechts befindet sich eine kleine begeh- bzw. befahrbare Materialschleuse mit gegeneinander verriegelten Türen. An der Türzarge rechts im Bild ist die zugehörige Ampelanzeige sichtbar. Dazwischen wurde eine spezielle Waschmaschine in die Reinraumwand integriert.

BILD 4.16 Waschanlage und Materialschleuse [Bildquelle: Trelleborg Sealing Solutions Germany GmbH]

4.3 Energie- und Medienversorgung im Reinraum

Grundsätzlich dürfen die im Reinraum verwendeten Medien den Reinraum und das Produkt nicht kontaminieren. Besonders kritisch zu betrachten sind Medien, die direkt oder indirekt mit dem Produkt in Berührung kommen. Es muss absolut sicher gestellt sein, dass keine Kontamination erfolgt. Die Druckluft, die z. B. für das Reinigen von Teilen verwendet wird oder die innerhalb der Reinraumzelle frei ausströmt, muss ölfrei und feinst gefiltert sein. Hierfür stehen am Markt Feinfilterkaskaden zur Verfügung, die die Luft stufenweise von 1 µm, 0,1 µm auf 0,01 µm filtern können. Gleiches gilt auch für sonstige Prozessgase, wie z. B. Stickstoff oder CO_2. Wird z. B. für medizinische Anwendungen zudem Sterilität gefordert, müssen zusätzlich Steril-Filter eingesetzt werden.

Wird Wasser z. B. für Reinigungsprozesse im Reinraum eingesetzt, genügt es nicht, gefiltertes oder entionisiertes Wasser einzusetzen, da in diesem Fremdstoffe wie Partikel oder bakterielle Endotoxine in unzulässiger Menge vorhanden sein können. Die Qualität von Reinstwasser wird beispielsweise in der ISO 3696 und im Europäischen Arzneibuch definiert.

Das häufigste Verfahren zur Herstellung von reinem Wasser ist die Umkehrosmose, seltener die Destillation. Beide Verfahren werden mit weiteren Reinigungsverfahren, wie Ionentauscher, Aktivkohlefilter, Ultrafiltration, Photooxidation, Entgasungsverfahren (Vakuumentgasung, Membranentgasung), Entkeimung durch UV-Bestrahlung oder mit elektrochemischer Deionisation kombiniert. [1]

Generell ist zu überlegen, ob es nicht günstiger ist, die benötigte Menge der Medien chargenweise in der geforderten Reinheit zu beziehen, als diese vor Ort herzustel-

BILD 4.17 Chargenweise Versorgung des Reinraums mit Gasen
Über den linken Flaschen ist eine Feinst-Filter-Kaskade zur Druckluftaufbereitung und Reinigung installiert.
[Bildquelle: Max Petek Reinraumtechnik]

BILD 4.18 Reinraumwand mit integriertem Schaltschrank
[Bildquelle: Karl Leibinger Medizintechnik GmbH & Co.KG]

len oder aufzubereiten. Neben den Investitionskosten für die Herstellungs-/Aufbereitungsanlage, kommen noch die regelmäßigen Aufwendungen für Betrieb und Wartung sowie für regelmäßige Überprüfung und gegebenenfalls Re-Qualifizierung hinzu (Bild 4.17).

Ein Augenmerk sollte hierbei auch die zunächst unkritisch scheinende elektrische Installation gelegt werden. Es besteht hierbei die Gefahr, dass bereits bei minimalen Abbränden an Kontakten Partikel emittiert werden können. Ganz besonders kritisch sind Schaltschränke mit Belüftung, da diese erstens schlecht zu reinigen sind und zweitens den Schmutz in den umgebenden Reinraum fördern und somit eine erhebliche Kontaminationsgefahr darstellen. Die für Schaltschranklüfter standardmäßig verwendeten Filter entsprechen den Filterklassen G2 und G3 nach DIN EN 779, die keiner Reinraumklasse genügen [2] Folglich sollten Schaltschränke möglichst außerhalb des Reinraums aufgestellt werden, oder deren Belüftung bzw. Kühlung so ausgeführt werden, dass eine Kontamination des Reinraums ausgeschlossen ist (Bild 4.18). Rechts im Bild 4.18 ist ein in der Reinraumwand integrierter Schaltschrank zu sehen. Die Bedien- und Anzeigeelemente sind vom Reinraum aus zugänglich, der Schrank selbst befindet sich außerhalb des Reinraums.

Bei der Planung und beim Bau eines Reinraums ist darauf zu achten, dass die Versorgungsleitungen und die Ausführung der Entnahmestellen reinraumgerecht ausgeführt werden. Unter anderem bedeutet dies, dass die Verbindungen zwischen den Aufbereitungs- und der Entnahmestellen kurz gehalten werden müssen, da diese Rohrleitungsabschnitte schwer auf Verschmutzungen zu kontrollieren und schwer zu reinigen sind. Die Entnahmestellen müssen den allgemeinen Regeln der Reinraumtechnik entsprechen, d. h., sie müssen leicht zu reinigen und beständig

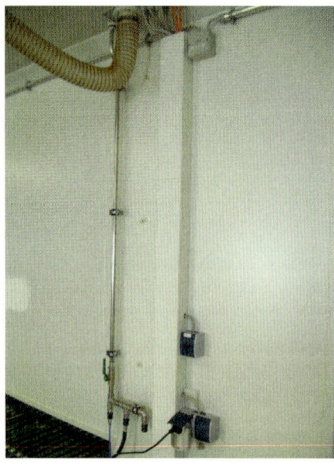

BILD 4.19 Beispiele für eine schlechte und eine reinraumgerechte Installation von Medienleitungen
links: Beispiel für eine schlechte Leitungsinstallation (Verlegung auf Putz, Kabelkanal nicht reinigungsfreundlich bis an die Decke verkleidet)
rechts: Reinraumgerecht gestaltete Entnahmestelle für gasförmige Medien
[Bildquelle: Max Petek Reinraumtechnik]

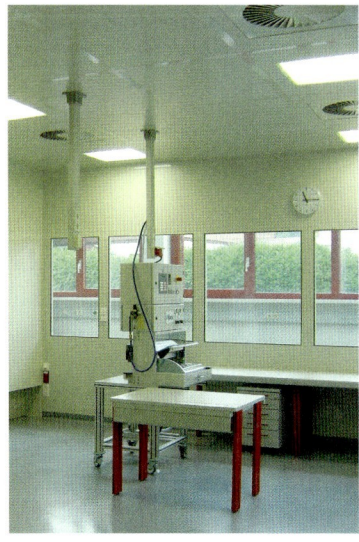
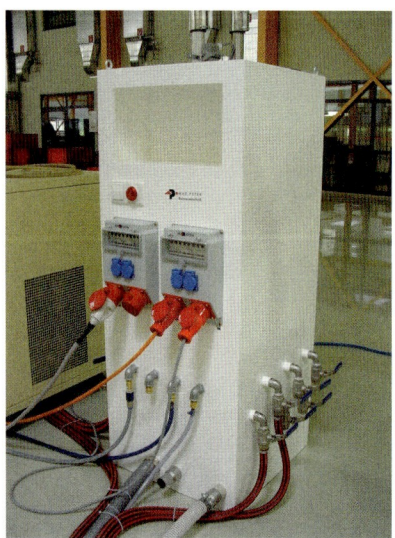

BILD 4.20 Beispiele für Medienversorgungen
links: Medienzuführung von oben mit an der Reinraumdecke befestigten Mediensäulen
rechts: Medienzuführungssäule für Spritzgießmaschinen, Versorgung von unten durch den Hallenboden aus Versorgungsgängen im Untergeschoss
[Bildquelle: links: Karl Leibinger Medizintechnik GmbH & Co. KG,
rechts: Max Petek Reinraumtechnik]

gegen Reinigungs- und Desinfektionsmittel sein. Zudem müssen sie natürlich so ausgeführt werden, dass keine Partikel abgegeben werden und die Abriebfestigkeit gewährleistet ist.

Generell gilt der Grundsatz, dass sich im Reinraum selbst nur die nötigsten Anlagenteile und Zuleitungen befinden sollten. Demzufolge sind, wenn irgend möglich, Filter- und Aufbereitungsanlagen außerhalb des Reinraums aufzustellen. Medientrassen sollten neben dem Reinraum oder oberhalb der Reinraumdecke verlaufen. Zuleitungen und Abzweigungen zu den Entnahmestellen können bei entsprechender Planung in die Reinraumwände integriert werden (Bild 4.19). Für Anschlussstellen, die sich mitten in der Reinraumfläche und nicht im Wandbereich befinden, haben sich Mediensäulen aus dem Boden, oder auch von der Decke, als zentrale Zuleitungsstellen als vorteilhaft erwiesen (Bild 4.20).

Literatur zu Kapitel 4

[1] Bendlin, H.: Reinstwasser: Planung, Qualifizierung und Betrieb von Reinstwassersystemen, Verlag Maas & Peither GMP, ISBN 978-3934971097, 2004

[2] N. N.: Rittal Produktkatalog, Handbuch HB33, Klimatisierung

5 Reinraumspezifische Modifikation von Kunststoffanlagen – Besonderheiten bei Kunststoffmaschinen

Hans Wobbe

5.1 Einführung

Das Produktionskonzept und damit auch die konstruktive Ausgestaltung der dem Produktionskonzept zugrunde liegenden Spritzgießanlage bzw. Spritzgießmaschine werden durch die Anwendung oder besser gesagt durch die Spezifikation des Endproduktes bestimmt. Basis eines solchen Konzeptes ist eine emissionsarme Technik, die raumlufttechnische Eignung sowie eine ausgezeichnete Reinigungs- und Wartungsfähigkeit der Maschinen und Anlagenkomponenten. Dabei spielt es auch erst einmal keine Rolle, ob zwischen Partikeln und Keimen zu unterscheiden ist – wie es für die Medizin- und Lebensmitteltechnik im wahrsten Sinne des Wortes lebenswichtig ist. Auch eine geringfügige Partikelverschmutzung bei technischen Teilen kann schnell zum Ausschusskriterium werden. [1] Als Beispiel sei hier der vor langer Zeit durchgeführte Übergang bei der Streuscheibenfertigung im Automobilbau von Glas auf PC zu sehen. Erst die Streuscheibenfertigung im Reinraum erbrachte die für dieses technische Bauteil nötige Qualität und damit auch den Durchbruch zu einer wirtschaftlichen Fertigung.

5.2 Reinheitsanforderungen

Die Liste der Reinheitsanforderungen ist lang und wurde eingehend in Kapitel 2 „Grundlagen der Reinraumtechnik" dargelegt. Die gespritzten Artikel müssen im Fertigungsprozess von luftgetragenen Verunreinigungen wie Viren und Bakterien, Staub und Pollenkörnern, Abriebpartikeln und Ölnebel oder auch kleinsten Schmierfetttropfen geschützt werden. Dazu müssen die in der Produktion entstehenden

Emissionen begrenzt und vom Spritzgussartikel fern gehalten werden, welches durch entsprechende Lüftungs- und Klimatechnik bzw. Luftführung erreicht wird.

Die dazu die Grundlage bildenden zentralen Regelwerke sind die EN ISO 14644, wozu weitere EN ISO, VDI-, VDA – Normen sowie EU-Richtlinien kommen. Weitere Vorgaben und Richtlinien kommen hierzu insbesondere aus den USA mit der GMP (Good Manufacturing Practice) und weiteren Forderungen der FDA (Federal Drug Administration).

■ 5.3 Dokumentationsanforderungen

Um den umfassenden Dokumentationsanforderungen der aus den Richtlinien und Normen hervorgehenden Flut an Unterlagen gerecht zu werden, ist es empfohlen, bei Maschinen- und Anlageninvestitionen nur mit denjenigen Maschinenlieferanten zusammenzuarbeiten, die bereits seriöse Grundlagen zur Qualifizierung und Validierung geschaffen haben. Dabei ist zu beachten, dass die erforderlichen Dokumente weit über die für den normalen Maschinenbau üblichen technischen Dokumente hinausgehen. Dies gilt nicht allein für die reinraumtechnischen Modifikationen der Maschinen, sondern beinhaltet die komplette Konstruktion der Anlage: Im Detail geht es um die Maschinenkonfiguration, Funktionsbeschreibungen, Reinigungshinweise sowie die üblichen Inhalte einer Betriebsanleitung inklusiv Wartungsintervallen und Ersatzteillisten. Wichtig ist auch der Nachweis der Maschinenfähigkeit, bei der die Einhaltung von Grenzwerten und Toleranzen detailliert geprüft und dokumentiert sind. Dabei ist es vorteilhaft, eine regelmäßige Revalidierung durch den Maschinenhersteller durchführen zu lassen (Bild 5.1).

BILD 5.1 Kennzeichnung der Revalidierung durch den Maschinenhersteller [Bildquelle: ARBURG GmbH + Co KG]

5.4 Kontaminationsfaktoren

Als Kontaminationsfaktoren kommen Konstruktionswerkstoffe, Verschleißpartikel aufgrund von Maschinenbewegungen, luftströmungsungünstige Anlagenkonstruktionen und Effekte aufgrund statischer Aufladung im Produktionsprozess infrage. Zusätzlich sind Verunreinigungen durch Hilfs- und Betriebsstoffe unter Kontrolle zu halten sowie insbesondere der Düsenbereich der Spritzgießmaschine mit seinen verdampfenden Emissionen der heißen Polymerschmelze zu betrachten.

Insbesondere zu den genannten Kontaminationsfaktoren durch die Hilfs- und Betriebsstoffe sowie der verdampfenden Polymerschmelze gibt es vielfache Ingenieurslösungen, wofür beispielhaft die beiden Patentanmeldungen der Bilder 5.2 und 5.3 stehen mögen.

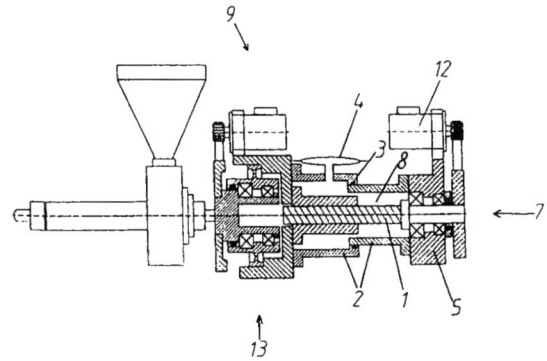

BILD 5.2 Antriebsvorrichtung für eine Spritzgießmaschine mit volumenveränderlichem Schmiermittelbehälter [Bildquelle: Patentanmeldung ENGEL AUSTRIA GmbH]

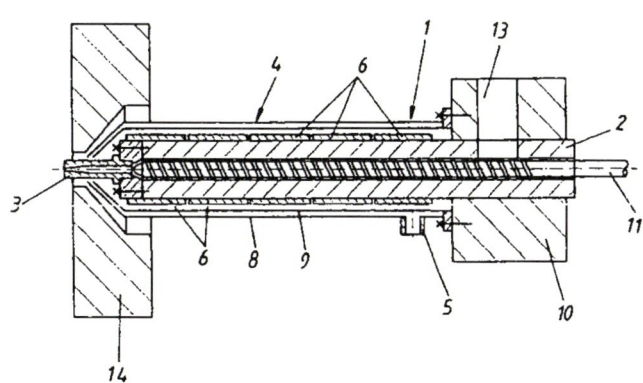

BILD 5.3 Vorrichtung zur Ausbringung von Kunststoffschmelze [Bildquelle: Patentanmeldung ENGEL AUSTRIA GmbH]

5.5 Ziele für den Maschinenkonstrukteur

Zunächst einmal ist es natürlich als triviales Ziel für die Maschinenkonstrukteure zu sehen, die Spritzgießmaschine derart mit konstruktiven Merkmalen auszugestalten, dass Kontamination von der Maschine ausgehend nicht stattfinden kann. Da diese Forderung nicht voll umsetzbar ist, sondern lediglich von einer Minimierung von Kontamination durch die Spritzgießmaschine auszugehen ist, sind Oberflächen derart zu gestalten, dass sie glatt und resistent gegen Reinigungsmittel ausgeführt werden. Dabei sind dann horizontale Flächen zu minimieren, um Partikelablagerungen vorzubeugen, bei gleichzeitiger Optimierung für die Bedingungen einer von der Hallendecke nach unten gerichteten Luftströmung.

Ein besonderer Punkt zur Beachtung durch den Konstrukteur ist zusätzlich die Wärmelast der Spritzgießmaschine sowie die „permanente Beeinträchtigung" der gewünschten laminaren Luftströmung durch die Bewegung der Schließeinheit. Schließlich ist natürlich an eine sichere Bedienung der Anlage durch Automatisierung und Fernbedienung zu denken und in Bezug auf Service und Wartung sollte das Ziel hin zu wartungsfreien Anlagen mit Lebensdauerfüllungen zumindest bei Ölen und Schmierfetten gehen.

5.5.1 Reduzierte Partikelemission

Die Vermeidung von Kontamination durch reduzierte Partikelemission muss natürlich am Anfang aller Lösungsbeiträge stehen. Denn alles, was nicht in den Reinraum emittiert wird, reduziert Anstrengungen und Kosten von Folgeoperationen.

Unumgänglich für den Spritzgießer ist der Prozessschritt des Ausspritzens, der zu hohen Emissionen im Reinraum führt. Maschinenbaulich hat sich hier die Lösung mit einer speziellen Düsenhaube in Verbindung mit einer Ausspritzwanne durchgesetzt (Bild 5.4), die bei den meisten Maschinenherstellern im Optionskatalog angeboten wird. Im Zusammenhang mit einer automatisierten Ansteuerung liegt damit ein bewährtes System vor, das allerdings durch eine Kombination mit einer Massezylinderabsaugung zur zusätzlichen Reduktion des Reinraums durch die Wärmelast des Zylinders perfektioniert werden kann (Bild 5.4).

Eine weitere Quelle von Partikelemission entsteht an Kabeln und Schläuchen, die aufgrund von Maschinenbewegungen aneinander reiben, sodass kleine verschleißende Partikel in die Raumluft emittieren. Generell ist dies natürlich durch eine saubere geometrische Verlegung der Kabel und Schläuche derart zu verhindern, dass sie sich im Laufe der Bewegung nicht kreuzen, übereinander liegen oder berühren. Dennoch ist eine Lösung vorzuziehen (Bild 5.5), die sowohl für die Schließseite der Spritzgießmaschine als auch für die Spritzaggregatseite geschlossene Kabelschlepp-

BILD 5.4 Düsenhaube mit Ausspritzwanne [Bildquelle: Netstal-Machinery Ltd.]

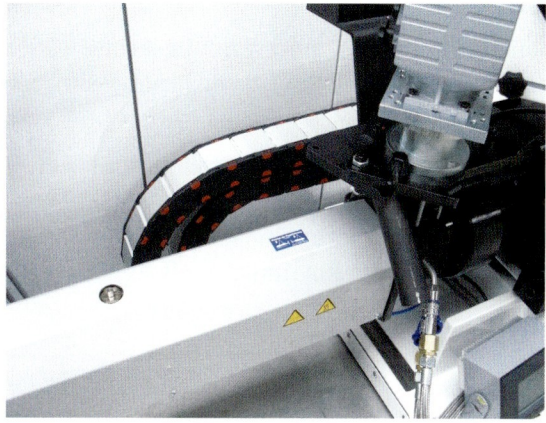

BILD 5.5 Geschlossene Kabelschleppeinheit [Bildquelle: Netstal-Machinery Ltd.]

einheiten vorsieht oder z. B. Kabel oder Schläuche innerhalb eines Schlauches bündelt, sodass eventueller Abrieb in der Gesamtbaugruppe eingeschlossen bleibt.

Der nächste Bereich in dem Abriebpartikel entstehen findet sich an den Antrieben und Führungen. Bei den Antrieben ist dabei als Optimum der gekapselte wassergekühlte Servo-Direktantrieb zu sehen (Bild 5.6).

Dabei gibt es nicht allein den zusätzlichen Vorteil der reduzierten Abwärme der Spritzgießmaschine, man löst mit einem solchen Konzept eine Vielzahl reinraumtechnischer Probleme: Durch die Wahl des Direktantriebs fallen zusätzliche Übertragungselemente wie Keilriemen, Zahnriemen oder auch konventionelle Getriebe weg. Jeder aus diesen Maschinenelementen resultierende Abrieb fällt gar nicht erst an. Alternativ dazu werden auch oft gekapselte Kombinationen aus Antrieb und Zahnriemen angeboten, die aufgrund der Kapselung sicherlich auch überzeugen können.

BILD 5.6 Gekapselte Servo-Direktantriebe [Bildquelle: KraussMaffei Technologies GmbH]

Es sollte jedoch bei den Antrieben immer darauf geachtet werden, dass lüfterlose Motore zum Einsatz kommen, sodass einer zusätzlichen Verwirbelung von Partikeln aufgrund von Antrieben keine Chance gegeben ist.

Eine komplett geschützte Konstruktion der Antriebsachse bietet ein Detail der Firma Engel (ENGEL AUSTRIA GmbH) (Bild 5.7). Um hier die Partikelemissionen aus den offenen Entlüftungen der elektro-mechanischen Achse zu verhindern, wurden Membranbälge vorgesehen, die quasi im Rhythmus der Bewegung ein- und ausatmen. [2]

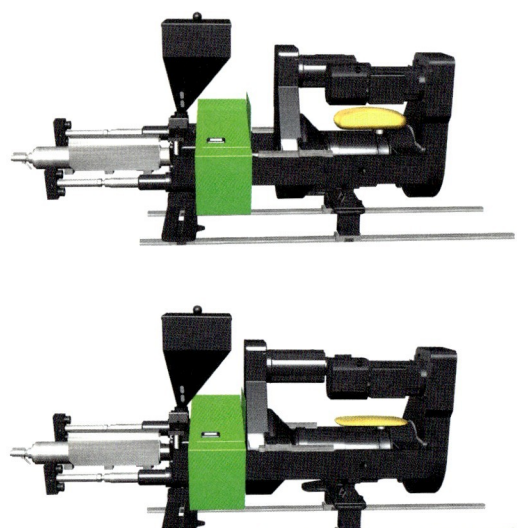

BILD 5.7 Entlüftungen der Antriebsachsen auf der Spritzseite mit Membranbälgen [Bildquelle: ENGEL AUSTRIA GmbH]

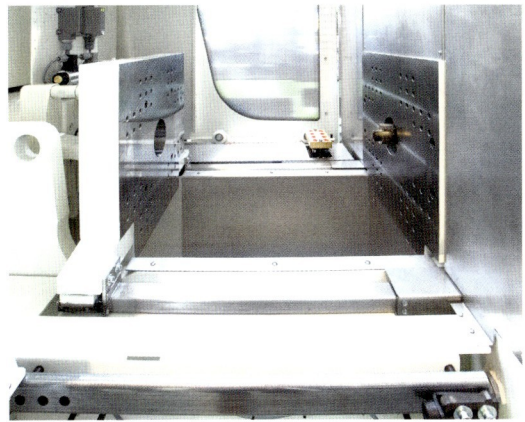

BILD 5.8 Komplett fettfreie Schließeinheit durch abgedeckte Führungen
[Bildquelle: ENGEL AUSTRIA GmbH]

Die konstruktive Ausgestaltung von Führungen sollte fettfrei bzw. fettarm ausgeführt sein. Als vorbildlich ist hier bezüglich des Formaufspannraums die holmlose Konstruktion gemäß Bild 5.8 zu sehen. Die Linearführungen sind durch Abdeckbleche gekapselt, der Abrieb an Holmen ist nicht existent.

Ein weiterer Problembereich von Partikelemission liegt in der Kniehebelkonstruktion der Spritzgießmaschinen begründet. Der Kniehebel ist ein Maschinenelement zur Kraftübertragung, das ohne Schmierung durch Öl oder Fett seiner Lager bzw. Gelenkstellen nicht auskommt. Auch auf Gleitlacken beruhende Konstruktionslösungen führen letztendlich dazu, dass die Raumluft mit emittierten Partikeln kontaminiert wird. Hier gibt es nur eine Lösung: Die Abdichtung aller Gelenkstellen über eine Vollkapselung. Das Bild 5.9 zeigt ein Beispiel eines geschlossenen Schmiersystems mit reduzierten Gelenkpunkten.

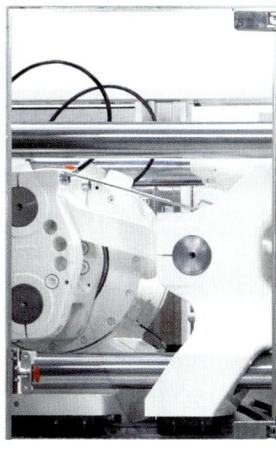

BILD 5.9 Geschlossenes Schmiersystem
[Bildquelle: KraussMaffei Technologies GmbH]

Letztendlich kann die Partikelemission jedoch auch buchstäblich von außen „eingeschleppt" werden. Denken wir hier an die häufig zum Betrieb der Anlage notwendige Pneumatikluft, so kann diese bereits verunreinigt an die Spritzgießmaschine gelangen. Ölfreie Druckluft muss durch Sondermaßnahmen (spezielle, teure Filter) geschaffen werden. Eine andere Möglichkeit für Reinraumanwendungen mit höchsten Anforderungen ist diejenige, die Abluft aller Pneumatikventile zu sammeln und diese Abluft dann gesondert aus dem Reinraum heraus zu entsorgen.

Bei den Konstruktionswerkstoffen hat der Konstrukteur darauf zu achten, dass die Oberflächen glatt und korrosionsgeschützt ausgeführt werden. Dabei sind Konstruktionen aus glatten, bearbeiteten Stahlflächen den raueren Oberflächen der unbearbeiteten Gussbauteile vorzuziehen. Alternativ sind Gussteile mit Abdeckblechen zu versehen. Korrosionsgeschützte Materialien verstehen dabei von selbst, wobei Edelstahl das Optimum darstellt. Als Lackierung sollten nur zugelassene Farben verwendet werden, sehr gut sind kratzfeste Pulverbeschichtungen. Alle verwendeten Lackierungen oder Beschichtungen müssen den Forderungen nach Abriebarmut sowie gegen Reinigungs- und Desinfiziermittel und Chemikalienbeständigkeit genügen. Wird als Konstruktionswerkstoff Glas eingesetzt – wie z. B. bei Schutzeinhausungen der Spritzgießmaschine oder als Abdeckung einer Arbeitslampe im Bereich der Formaufspannplatten – so sind auch hier nur den Reinraumanforderungen konforme Typen erlaubt, worauf unbedingt zu achten ist.

5.5.2 Lufttechnische Eignung

Bei Diskussionen über die lufttechnische Eignung einer Spritzgießmaschine wird diese Frage häufig nur auf den Schließenbereich zwischen den Formaufspannplatten reduziert. Dieses viel zu kurze Denken wird dann noch dahingehend potenziert, dass man schnell auf das vermeintliche Ergebnis stößt, dass mit einer sogenannten Fan-Filter-Unit (FFU) wie es das Bild 5.10 zeigt, ein laminarer Luftstrom erzeugt werden kann und damit der Reinraumanspruch erfüllt wäre.

Es ist sicherlich richtig, dass der Reinraum in Form eines FFU der Spritzgießmaschine als Modul quasi übergestülpt werden kann. Grundlage für eine nach diesem Prinzip funktionierende Reinraum-Produktion ist jedoch eine dafür qualifizierte und validierte Spritzgießmaschine.

Es soll in diesem Kapitel jedoch generell um die stabile, produktionssichere Reinheit durch stabile Strömungseigenschaften gehen. Dabei sind in der Hauptsache drei unterschiedliche Anordnungen zu betrachten. Das Bild 5.11 zeigt die Anordnung, bei der sich lediglich der Schließenbereich im Reinraum befindet, das Bild 5.12 zeigt eine zweite Variante, bei der sich der Werkzeugbereich unter Reinraumbedingungen befindet mit anschließendem reinraumtauglichen Teiletransport in den eigentlichen Reinraum.

5.5 Ziele für den Maschinenkonstrukteur 89

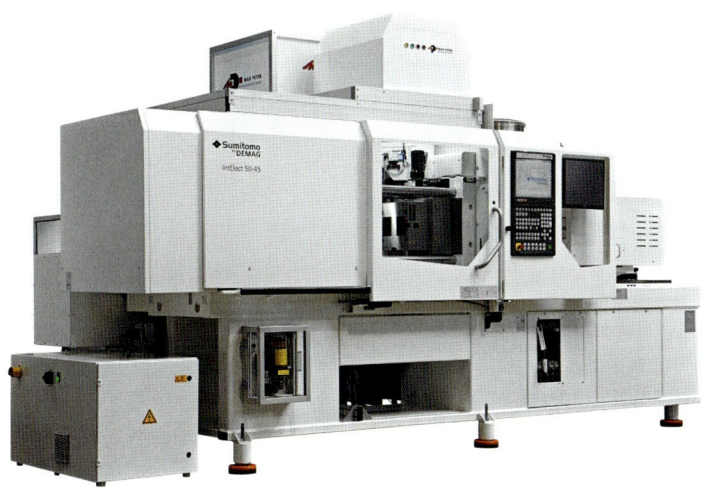

BILD 5.10 Spritzgießmaschine IntElect 50 mit FFU
[Bildquelle: Sumitomo (SHI) Demag Plastics Machinery GmbH]

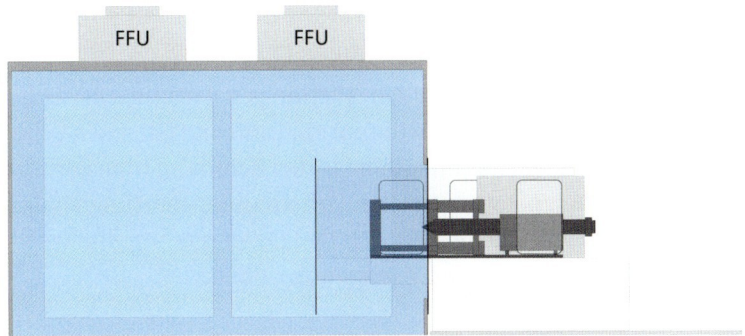

BILD 5.11 Lösung „Room-in-Room" [Bildquelle: KraussMaffei Technologies GmbH]

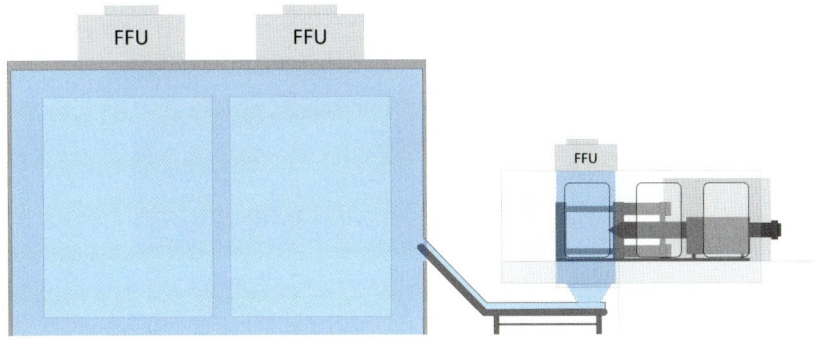

BILD 5.12 Lösung „Outside-Drop" [Bildquelle: KraussMaffei Technologies GmbH]

Bei der dritten Möglichkeit befindet sich die gesamte Maschine im Reinraum. Offensichtlich hat sich für diese Alternativen der Maschinenaufstellung der englische Sprachgebrauch eingebürgert, weshalb man von der

- Room-in-Room-Lösung (Bild 5.11),
- Outside-Drop-Lösung (Bild 5.12),
- Machine-in-Room-Lösung

spricht.

Für den Werkzeugeinbauraum zwischen den Formaufspannplatten ergibt sich natürlich absolut kein Unterschied hinsichtlich der Anforderungen an die lufttechnische Eignung der Maschinen. Gefordert ist eine möglichst parallele Luftströmung, die sich als Laminarströmung über die Reynoldszahl von 0,8 definiert. Dies ist natürlich in einem Bereich, der sich permanent durch die Öffnungs- und Schließbewegung verändert reine Theorie. Mit einer entsprechend ausgelegten hohen Zuluftmenge von der Oberseite der Spritzgießmaschine sowie mit strömungsmäßig optimierten Flächen speziell im Werkzeugeinbauraum – zum Beispiel strömungsgünstige Abdeckungen von Linearführungen oder Strömungsdurchlässen an horizontalen Flächen (Bild 5.13) – kommt man der Theorie des laminaren Luftstroms recht nahe, mit entsprechenden Verwirbelungen im Randbereich.

- Bei der Outside-Drop-Lösung kommt nun allerdings hinsichtlich der Luftströmung eine weitere Fragestellung hinzu, da die auf ein Laufband fallenden Teile über das gekapselte reinraumtaugliche Förderband in den Reinraum transportiert werden. Hinsichtlich einer geeigneten, optimalen Luftströmungsführung an den Koppelstellen mit Anfahrweiche, sollte man sich Gedanken machen. In dieser Hinsicht haben erfahrene Firmen erprobte Lösungen zur Hand.

BILD 5.13 Strömungsdurchlässe [Bildquelle: KraussMaffei Technologies GmbH]

BILD 5.14 Massezylinderabsaugung [Bildquelle: ENGEL AUSTRIA GmbH]

- Die Room-in-Room-Lösung bietet als Besonderheit in vielen Fällen die Möglichkeit, die gesamte Spritzgießmaschine im Service- oder Wartungsfall einfach – zum Beispiel über ein Schienensystem – aus dem Reinraum herauszuziehen. Zum weitergehenden Betrieb muss der Reinraum hierzu mit verschließbaren Andockstationen eingerichtet sein. Der lufttechnische Abschluss der Spritzgießmaschine passiert über eine an der festen Formaufspannplatte verschraubte Abdichtplatte.
- Bei der dritten Möglichkeit, der Machine-in-Room-Lösung, kommt nun ein weiteres Problem hinzu, welches sich speziell aus der Wärmelast der Plastifizierung ergibt. Die Wärme des beheizten Plastifizierzylinders ist aufgrund der Konvektion kontraproduktiv zur laminaren Luftströmung, die ja von der Decke hin zum Boden strömt. Andererseits muss die für den Reinraum ausgelegte Klimaanlage diese Prozesswärme zusätzlich wieder aus dem Raum entsorgen. Dies führt zu erheblichen Zusatzkosten, die sich durch eine Massezylinderabsaugung vermindern lässt (Bild 5.14).

Der Effekt lässt sich deutlich durch Wärmebildanalysen (Bild 5.15) aufzeigen, weshalb diese Option absolut nicht fehlen sollte.

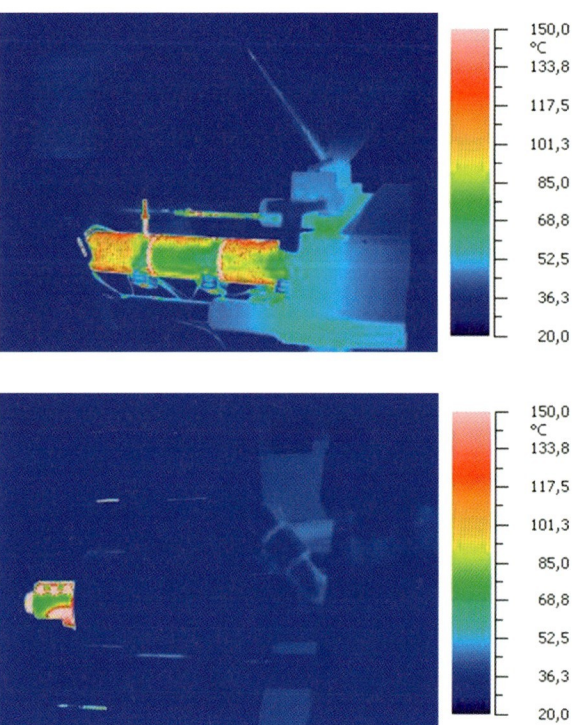

BILD 5.15 Wärmebildanalysen [Bildquelle: ENGEL AUSTRIA GmbH]

5.5 Ziele für den Maschinenkonstrukteur

Weitere wichtige Punkte sind die unter Abschnitt 5.5.1 bereits genannten lüfterlosen, wassergekühlten Antriebe, die sowohl für die Spritzenseite als auch für die Schließenseite der Spritzgießmaschine einzusetzen sind. Zusätzlich wird ein lüfterloser Schaltschrank empfohlen, da im Schaltschrank integrierte Lüfter wiederum störend auf die gezielte Luftströmung im Reinraum wirken.

Als letzter Punkt soll noch einmal auf das Verhindern des Eindringens von Partikeln in den Reinraum mittels ionisierter Reinluft hingewiesen werden. Nicht umsonst wird dieser Hinweis im Abschnitt 5.5.2 „Lufttechnische Eignung" gebracht, da sich die Ionisierung gut in eine FFU integrieren lässt (Bild 5.16).

Den sehr positiven Effekt einer solchen Zusatzeinrichtung zeigt deutlich das Bild 5.17.

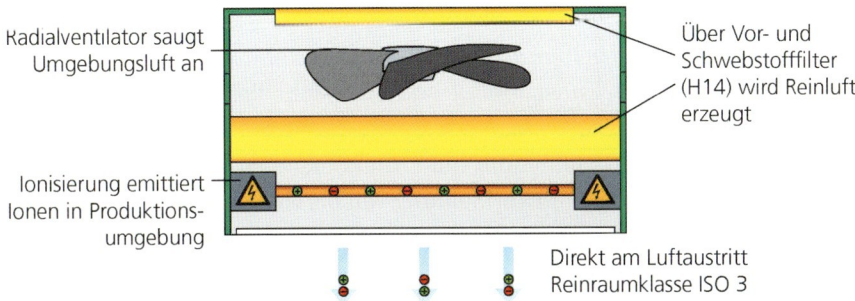

BILD 5.16 FFU mit integrierter Ionisierung [Bildquelle: ARBURG GmbH + Co KG]

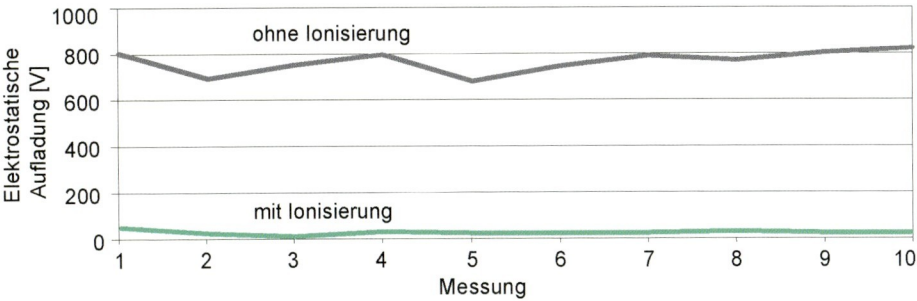

BILD 5.17 Neutralisation der elektrostatischen Aufladung durch Ionisation
[Bildquelle: ARBURG GmbH + Co KG]

5.5.3 Reinigungsfähigkeit

Die Richtlinie für den Konstrukteur zur Umsetzung der für eine reinraumtaugliche Spritzgießmaschine geforderten Reinigungsfähigkeit ist schnell gesagt: Alle Flächen und Anbauten müssen glatt und einfach zu reinigen sein. Hat man bei dieser Aussage eine Spritzgießmaschine vor Augen, so scheint die Umsetzung schwierig. Einfacher wird es, wenn alles, was nicht glatt ist, zum Beispiel mit glatten Blechen abgedeckt oder verkleidet wird, wenn alle „Ecken", in die man zum Reinigen nicht hereinkommt, eliminiert oder verkleidet werden und wenn schwierig zu reinigende Bauteile wie zum Beispiel Kabel in einem verdeckten Kabelschacht gesammelt werden oder in einem Kabelschlauch verschwinden. Soweit nun vereinfacht die Konstrukteursrichtlinie, die lediglich dahingehend zu erweitern ist, dass die Oberflächen reinigungs- und desinfektionsbeständig auszuführen sind. Das Bild 5.18 zeigt eine vollelektrische Spritzgießmaschine in Reinraumausführung.

Gut zu erkennen sind die hellen, glatten Flächen der Verkleidung mit Verscheibungen aus reinigungsfestem Kunststoff. Desweiteren steht die Spritzgießmaschine auf erhöhten Maschinenfüssen, um das Reinigen unter der Maschine zu erleichtern. Die Bilder 5.19 und 5.20 stellen die im vorhergehenden Text formulierten Ziele hinsichtlich der Abdeckung und Verkleidung von Bereichen näher dar. Hier werden Maschinenelemente, die aus Gussmaterial mit rauen Oberflächen urgeformt wurden, mittels Abdeckblechen in einen vorbildlichen Zustand der Reinigbarkeit versetzt.

Als letztes Beispiel zur perfekten Umsetzung der guten Reinigbarkeit durch den Konstrukteur soll ein weiteres Beispiel dienen, welches exemplarisch für den Bereich „reinraumtaugliche Verkabelung" an der Spritzgießmaschine steht: Bild 5.21 zeigt

BILD 5.18 Vollelektrische Spritzgießmaschine in Reinraumausführung
[Bildquelle: ENGEL AUSTRIA GmbH]

einen Schlauch, der als Ummantelung für die einzeln schlecht und schwierig zu reinigen Elektrokabel der Steuerbox eingesetzt wird.

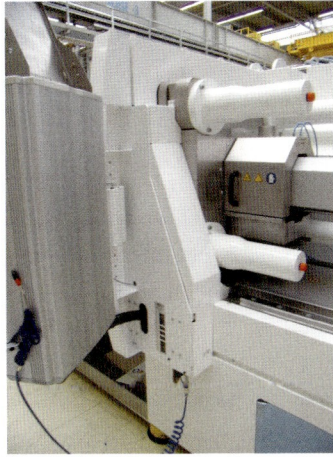

BILD 5.19 Abdeckbleche auf der Spritzseite [Bildquelle: Netstal-Machinery Ltd.]

BILD 5.20 Abdeckplatte um die Formplatten [Bildquelle: Netstal-Machinery Ltd.]

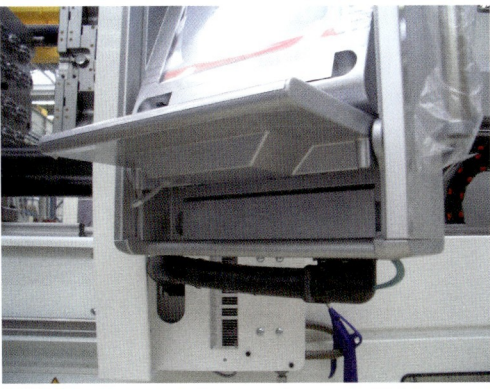

BILD 5.21 Elektroschlauch Steuerbox ummantelt [Bildquelle: Netstal-Machinery Ltd.]

Zusammenfassend sind es immer wieder die ideenreichen Kleinlösungen im Detail, die eine Spritzgießmaschine zu einer reinraumtauglichen Konstruktion transformieren. Dieser Aspekt sollte hier in diesem Abschnitt mit vielen anschaulichen Beispielen verdeutlicht werden.

5.5.4 Bedienungs- und Wartungsfähigkeit

Wir alle wissen, dass der Mensch eine der größten Kontaminationsquellen im Reinraum ist. Es ist bekannt, dass z. B. bis zu 40 % der Kontamination in medizinischen Reinräumen durch das Bedien- und Wartungspersonal verursacht werden, da der Mensch in ungeschütztem Zustand mehr als 100.000 Partikel pro Minute absondert. Ein Reinraum der Isoklasse 5 ist damit bereits nach 6 Sekunden an der Grenzbelastung. Was liegt also näher, als die Automatisierung voranzutreiben, die Bedienung zu verbessern und die Wartungsfähigkeit reinraumtauglich zu gestalten bzw. Wartungsintervalle zu verlängern oder gar zu vermeiden.

Angefangen bei den Wartungsintervallen ist es angeraten, zum Beispiel hinsichtlich Öl und Fettschmierungen Lebensdauerintervalle von mindestens 40.000 Stunden zu verlangen, wobei sogar Permanentschmierungen ohne jeden Servicezyklus möglich sind. Sollten diese nicht im Programm des Maschinenherstellers sein, sollte zumindest eine Zentralschmierung gefordert werden, um die Reinraumtauglichkeit nicht zu sehr zu strapazieren.

Beim Entnahme- und Teiletransport sind manuelle Eingriffe soweit wie möglich zu vermeiden. Das Bild 5.22 zeigt hier eine vollautomatisierte Zelle zur Produktion von sterilen Produkten, ohne anschließende Sterilisation.

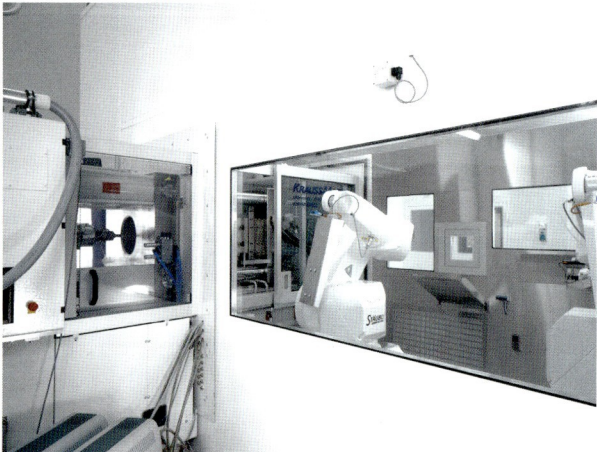

BILD 5.22 Automatische Entnahme mit Fügen von Behälter und Stopfen sowie Primärverpacken im Reinraum Klasse A (GMP) [Bildquelle: KraussMaffei Technologies GmbH]

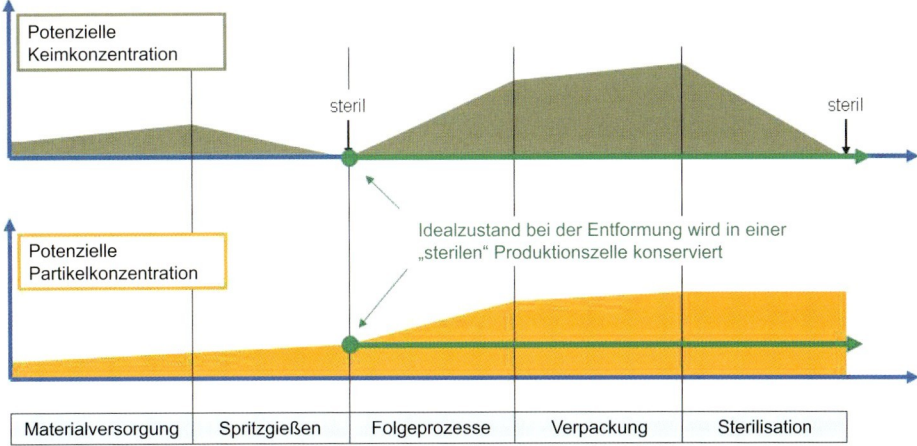

BILD 5.23 Potentielle Kontamination im Herstellungsprozess

Automatisierte Weichen für die Verteilung zur Gutteilverpackung in Ausschussbehälter und zu Prüfzwecken in der Qualitätssicherung sind ein bewährtes Mittel. Ebenso sollte die Peripherie in die gesamte Maschinensteuerung übernommen werden, sodass letztendlich ein komplettes automatisiertes Anlagensystem vorliegt, das zentral auch von außerhalb des Reinraums gesteuert werden kann.

Denkt man an die komplette Automatisierung in einem gesamten Herstellungsprozess zur Produktion steriler Teile, so stößt man immer wieder auf ein bis heute wenig beachtetes Phänomen, das sich erst durch einiges Nachdenken aus dem Bild 5.22 ergibt. In dieser Fertigungszelle werden die Artikel oder Teile in einer Folgeoperation gleichzeitig steril verpackt, da sie ja nach dem Spritzgießprozess steril vorliegen. Das Bild 5.23 veranschaulicht diesen Vorgang.

Aufgrund der physikalischen Randbedingungen im Spritzgießprozess liegt das Polymer wegen der hohen Temperaturen und Drücke steril vor. Erst in den Nachfolgeprozessen findet wiederum eine Kontamination durch Keime statt, die sich aufgrund von Umgebungsbedingungen bilden. Die Folgerung daraus kann nur bedeuten, dass weitere Anstrengungen unternommen werden müssen, um die Sterilität in den dem Spritzgießprozess nachgeordneten Prozessschritten zu erhalten.

5.6 Schlusswort zur elektrischen Maschine

Immer wieder hört man, dass gerade die elektrischen Maschinen „von Haus aus" die besseren Spritzgießmaschinen für den Reinraum seien, da sie ja kein Hydrauliköl zur Bewegung benötigen. Hier soll eine Klarstellung erfolgen: Sowohl hydraulische als auch elektrische Spritzgießmaschinen sind für den Reinraum geeignet. Es kommt allein auf die Qualifizierung und Validierung der Maschinentypen an. Jede Maschine, die diese durchlaufen und bestanden hat, ist für den Einsatz in jedem Fall geeignet.

Entscheidend ist im Endeffekt, welches Bauteil unter den geforderten Reinraumbedingungen auf welcher Spritzgießmaschine am wirtschaftlichsten gefertigt werden kann.

Literatur zu Kapitel 5

[1] Walther, Th.; Müller, R.-U.: Für den richtigen Durchblick, in: Kunststoffe 10/2009, Carl Hanser Verlag

[2] Dimmler, G.; Lhota, Chr.; Korn, B.: Höchstleistung im Reinraum, in: Kunststoffe 7/2012, Carl Hanser Verlag

[3] Gail, L.; Gommel, U.; Hortig, H.-P. (Hrsg.): Reinraumtechnik, 3. Aktualisierte und erweiterte Auflage, Springer Verlag Berlin Heidelberg 2012

[4] Gail, L.; Gommel, U.; Weißsieker, H. (Hrsg.): Projektplanung Reinraumtechnik, Hüthig Verlag Heidelberg 2009

6 Anlagentechnik: Förderung, Trocknung und Dosierung von Rohmaterial in Reinraumumgebung

Christoph Lhota

■ 6.1 Einführung

Die Planung, der Bau und der Betrieb von Produktionssystemen in einer Reinraumumgebung erfordert ein ganzheitliches Denken, das von Beginn an die peripheren Bereiche der Rohmaterialanlieferung, innerbetrieblicher Rohmaterialförderung, Trocknung und die Dosierung mit einbeziehen muss. Es ist wichtig, dass gemeinsam mit den Kernkomponenten der Spritzgießtechnik wie Spritzgießmaschine, Maschinenautomation, Werkzeug und Montagetechnik ein Gesamtkonzept für die Anlagentechnik der Rohmateriallogistik erstellt wird. In der Vergangenheit war oft zwar der Verarbeitungsprozess validiert, nicht aber der Weg des Rohstoffes in die Maschine. Auf dem Weg des Kunststoffgranulates können Verunreinigungen eingebracht werden, aber auch durch Fehlbedienungen grundsätzlich nicht vorgesehene Rohstoffe in den Prozess gelangen, deren spätere Entdeckung schwierig oder unmöglich wird. Zirka zwei Drittel aller Probleme in der Reinraumtechnik resultieren aus der Logistik. Diese Erkenntnis muss die treibende Kraft sein, um der vorgelagerten Rohstofflogistik den Raum in der Planung und Bewertung von Konzepten zu geben, der ihr gebührt, um nicht nur eine belastbare Validierung durchzuführen, sondern etwaige Fehlbedienungen auszuschließen.

6.2 Grundlagen

6.2.1 Zielsetzungen

Die Anlagen zur Förderung, Dosierung und Trocknung von Kunststoffrohmaterialien sind in dauerhafter Berührung mit den Rohstoffen der Medizinprodukten und anspruchsvollen technischen Produkten. Eine grundsätzliche Anforderung ist deshalb die Minimierung von Kontamination mit Fremdstoffen, die beispielsweise durch Abrieb entstehen. Bei Medizinprodukten resultiert dies aus der fehlenden Kenntnis über die Auswirkungen dieser Fremdstoffe auf das Endprodukt. Bei vielen technischen Produkten wird die Reinraumtechnik für die Produktion von optischen Teilen verwendet, um die Eigenschaften der Rohstoffe durch Fremdpartikel nicht zu beeinträchtigen. Das Granulat wird mit hohen Geschwindigkeiten durch die Rohrleitungen und Behältnisse gefördert und ist demnach einer signifikanten Reibbelastung ausgesetzt. Der Abrieb muss nachweislich ausgeschlossen werden können. Eine Kontamination mit Hilfs- und Betriebsstoffen wie Fetten und Ölen muss sicher verhindert werden. Eine weitere wichtige Zielsetzung ist die Vermeidung von Kreuzkontamination, die durch vorher verarbeitete Materialchargen entstehen könnte.

Zusätzlich ist im Gegensatz zur Produktion ohne Reinraumanspruch eine Belastung der Reinraumluft selbst mit Rohmaterialstaub, Abwärme und Feuchtigkeit zu minimieren oder idealerweise zu vermeiden, da die erlaubten Maximalwerte die Summe der Einzelbelastungen sind, die von Maschinen, Werkzeugen, den Anlagen und dem Menschen generiert werden. Weiterhin soll der Luftstrom des Reinraums nur minimal durch Peripheriegeräte gestört werden.

Eine nicht zu vernachlässigende Zielsetzung ist eine möglichst einfache Bedienung der Anlagen und Systeme, um den Fehlerfaktor Mensch zu minimieren. Die lückenlose automatisierte Gegenprüfung der menschlichen Eingriffe mit den Arbeitsvorschriften stellt sicher, dass Fehler vermieden werden.

6.2.2 Ausführungsgrundsätze

Eine konsequente Umsetzung der Zielsetzungen führt zu den heute etablierten Konstruktionsprinzipien. Grundsätzlich werden alle materialberührenden Teile soweit wie möglich aus Edelstahl (1.4301 entspricht V2A), Glas oder Keramik gefertigt. Wenn technisch möglich, werden alle Ventile, Gebläse, Trockner und Trockentrichter außerhalb des Reinraums positioniert und nur die Leitungen zu und von der Maschine im Reinraum verlegt. Verschlauchungen werden GMP-konform ausgeführt. Gebläse müssen ölfrei sein. Als Filter kommen heute HEPA Feinstaub-

BILD 6.1 Rohrleitungen mit Bögen in Reinraumausführung [Bildquelle: Motan GmbH]

filter der Klasse H14 zu Einsatz, die nach DIN EN 1822 eine Abscheidefähigkeit von 99,995 % bei Partikeln > 0,3 µm aufweisen. Anstelle pneumatischer Ventile im Reinraum werden beispielsweise Membranventile eingesetzt.

Rohrleitungen sollten ohne Totstellen und ohne scharfe Kanten bei Übergängen ausgeführt werden. Alle Anlagenteile sollten auf minimale Stauberzeugung und auf maximale Staubdichtheit ausgelegt sein.

6.3 Materiallagerung

6.3.1 Gebindearten

Die Anlieferung des Rohmaterials zum Verarbeiter kann auf verschiedene Weisen geschehen, was vom verarbeiteten Volumen und der lokalen Verfügbarkeit abhängt. Bei allen Systemen ist darauf zu achten, dass einerseits keine Verunreinigungen und Kreuzkontaminationen entstehen, aber auch dass ein stabiles System eine korrekte Zuordnung der Materialien zum vorgesehenen Prozess sicherstellt.

Kunststoffgranulat wird typischerweise in den folgenden vier Formen angeliefert:

- in Kunststoffsäcken à 25 kg Inhalt;
- in großen, reißfesten Säcken (Big-Bags) mit 500 bis 1.000 kg Inhalt;
- in großen 8-eckigen Kartons auf Paletten (Oktabins) mit 500 bis 1.000 kg Inhalt;
- als lose Schüttung in Tanklastzügen, Containern oder Eisenbahnwagons.

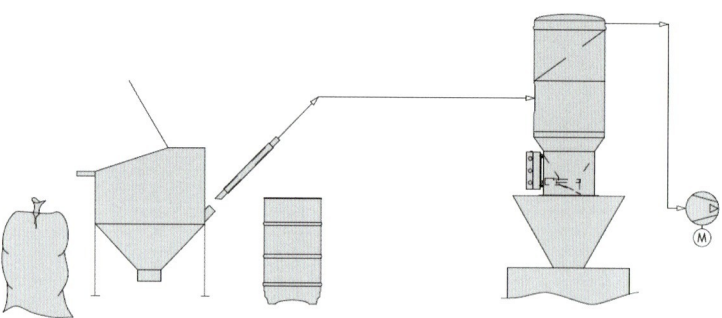

BILD 6.2 Sackanlieferung [Bildquelle: SIMAR GmbH]

Oktabins und Big-Bags sind mit Einlegebeuteln („Inliner") aus Polyethylen versehen, um Verunreinigungen zu vermeiden.

Das Kunststoffgranulat sollte in Lagerhallen bevorratet werden, um Witterungseinflüsse auszuschließen, insbesondere durch beim Handling vorkommende Verletzungen der Gebinde.

Zu den verschiedenen Gebinden gibt es von unterschiedlichen Herstellern jeweils eigene Aufgabestationen, mit deren Hilfe die Produktentnahme vereinfacht bzw. im industriellen Umfeld effizient gestaltet werden kann. Im Wesentlichen bestehen sie aus einer Vorrichtung, um das Gebinde zu entleeren, einem Puffervolumen und einer Absaugmöglichkeit für pneumatische Fördersysteme.

Besondere Aufmerksamkeit erfordert die Verarbeitung von Granulat in Oktabins, da sich das vollständige Entleeren mit Saugrüsseln fast immer als schwierig erweist und das Betriebspersonal den Saugrüssel von Hand führen muss, um den Oktabin vollständig zu entleeren. Automatische Rüsselführungssysteme konnten bis jetzt noch nicht vollständig überzeugen.

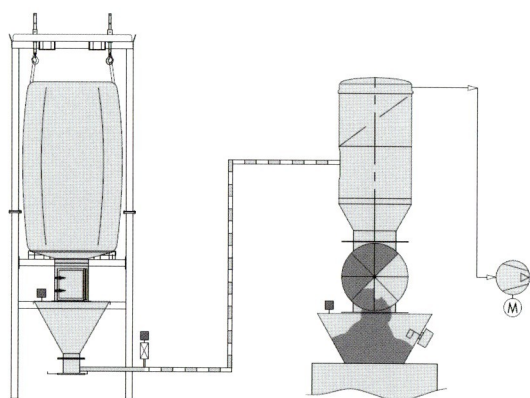

BILD 6.3 Big Bag Anlieferung [Bildquelle: SIMAR GmbH]

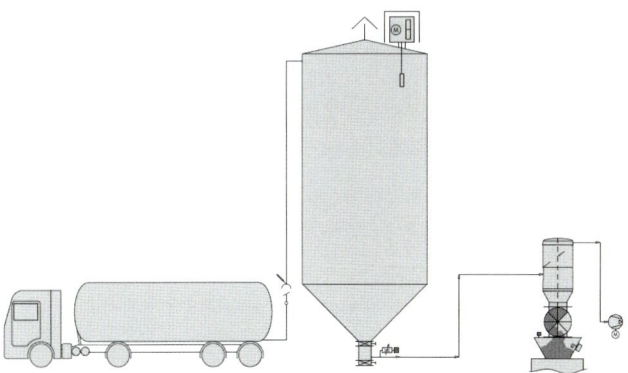

BILD 6.4 Siloförderung mit Anlieferung durch ein Tankfahrzeug [Bildquelle: SIMAR GmbH]

Für größere Verbrauchsmengen sind Lagersilos hervorragend geeignet. Das Granulat wird in loser Schüttung angeliefert. Von den Tanklastzügen wird das Kunststoffgranulat in Lagersilos gefördert. Diese Silos werden je nach Größe und Beschaffenheit innen oder außen aufgestellt. Innensilos aus Aluminium sind typischerweise zwischen 2 und 20 m³ groß, Innensilos aus Gewebe zwischen 4 und 80 m³. Außensilos gibt es in verschiedenen Durchmessern als Ein- oder Mehrkammersilos von 25 bis 300 m³ Aufnahmekapazität.

Bei allen Lagergebinden gilt gleichermaßen, dass ein Wareneingangssystem installiert werden sollte, das die korrekte, spezifizierte Warenanlieferung sicherstellt und gleichzeitig für zukünftige Abfragen dokumentiert.

BILD 6.5 Anlieferung durch Tankfahrzeug [Bildquelle: Piovan S.p.a]

Folgende Einbauten und Vorgaben ergänzen die saubere Lagerung der Materialien:

- Eine berührungslos arbeitende Füllstands-Messtechnik stellt sicher, dass die beweglichen Teile den Rohstoff nicht verunreinigen.
- Eine Ent- und Belüftung der Silos über Filter mit hohem Abscheidegrad.
- Filter der Klasse HEPA oder ULPA am Absaugkasten des Vorratsbehälters verhindern das Ansaugen ungefilterter Luft.
- Chargentrennung in den Außensilos stellt eine Rückverfolgbarkeit und die Vermeidung von Kreuzkontamination sicher.

6.3.2 Logistik

Ein besonders wichtiger Bereich, dem bereits in der Planungsphase eingehend Raum gegeben werden sollte, ist das Logistiksystem vom Lagergebinde zur Spritzgießmaschine. Die Sicherstellung der korrekten Zuweisung des spezifizierten Materials sollte nachweislich belastbar und dokumentierbar sein.

Manuelle Systeme sollten mit einem Dekodierungssystem ausgestattet sein, wobei mittels Transpondern, Barcodesystem oder Ähnlichem eine sichere und fehlerfreie Zuordnung jeder Materialquelle mit der entsprechenden Bestimmung ermöglicht wird.

Bei Zentralförderanlagen mit mehreren Materialtypen werden manuelle Kupplungsbahnhöfe oder automatische Materialleitsysteme verwendet.

Im Fall der manuellen Kupplungsbahnhöfe sind Änderungen in den Zuweisungen händisch auszuführen. Auch hier ist ein Codiersystem empfehlenswert. Die automatischen Materialleitsysteme führen die Zuweisungen automatisch durch.

BILD 6.6 Chargendokumentation an Wechselbehältern mittels Scannen der Barcodes [Bildquelle: Motan GmbH]

BILD 6.7 Manuelles Materiallogistiksystem
[Bildquelle: Piovan S.p.a]

Bei den automatischen Materialleitsystemen wird jedes Material am entsprechenden Materialabscheider gekuppelt.

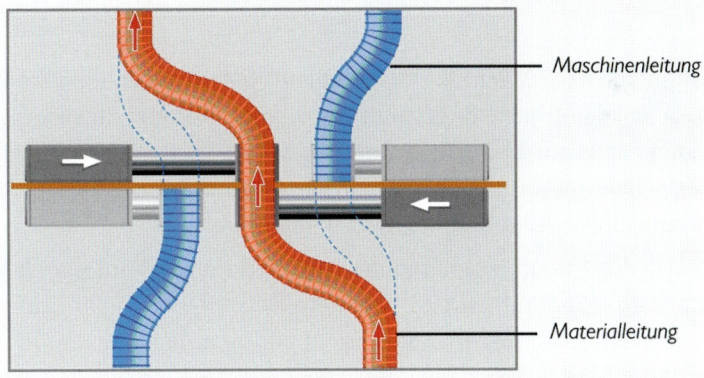

BILD 6.8 Prinzip eines automatischen Materialleitsystems [Bildquelle: Koch-Technik]

Der Vorteil dabei ist, dass die Leitungen bei diesem Vorgang mit keinem anderen Material in Berührung kommen, was Schutz vor möglichen Verunreinigungen oder unerwünschten Kreuzkontaminationen bietet.

BILD 6.9 Automatisches Materialleitsystem [Bildquelle: Werner Koch Maschinentechnik GmbH]

■ 6.4 Anlagenkonzepte für Reinraumkonzept „Machine-Outside-Room"

Beim Reinraumkonzept „Machine-Outside-Room" befindet sich die gesamte Spritzgießmaschine und damit auch die gesamte Anlagentechnik außerhalb des Reinraums. Hier muss kein Fokus auf die Partikel- und Wärmelast des Reinraums gelegt werden, sondern der Schwerpunkt der Ausführungsgrundsätze betrifft die Reduktion der Stauberzeugung, der Kontamination des Rohmaterials.

Auf dem Markt wird heute eine umfangreiche Palette von Fördergeräten angeboten, deren prinzipieller Aufbau und Arbeitsweise weitgehend ähnlich sind. Jedes Fördergerät besteht grundsätzlich aus einem Fördergutbehälter mit eingebautem Förderluftfilter, einem aufgesetzten oder separat aufzustellenden Gebläse, einem Saugschlauch mit einer Sauglanze zum Ansaugen des zu fördernden Gutes und einem entsprechenden Steuergerät. Bei den im Saugbetrieb arbeitenden Fördergeräten wird Fördergut über eine Lanze gesaugt und anschließend durch eine Schlauch- oder Rohrleitung in den von einer gegengewichtsbelasteten Auslaufklappe verschlossenen Fördergutbehälter gefördert. Nach einer zyklischen Förderzeit ist der Fördervorgang beendet und Fördergut öffnet durch sein Eigengewicht die Auslaufklappe und fließt in den Maschinentrichter. Ist der Fördergutbehälter entleert, schließt die Auslaufklappe automatisch und leitet einen neuen Fördervorgang ein.

BILD 6.10 Materialzuführung in einfachster Form außerhalb des Reinraums
[Bildquelle: ENGEL AUSTRIA GmbH]

Die Trennung der Förderluft vom Fördergut erfolgt durch Schwerkraft und mit Hilfe des im Oberteil des Fördergutbehälters eingebauten Filters. Hinsichtlich der einzusetzenden Filter ist grundsätzlich zwischen Fördergeräten zur Förderung von Granulat oder grobem Pulver (dk > 70 µm) und Fördergeräten zur Förderung von grob- bis feinstkörnigem Pulver (dk < 70 µm) zu unterscheiden. Bei den Fördergeräten für Granulat werden in Anbetracht des geringen Staubgehalts der Förderluft in der Regel Filter aus Polyamidgewebe oder Polyesterfilz verwendet.

Reinigung

Ein wichtiger Bestandteil der Materialförderanlagen sind die Rohrreinigungsventile. Ihre Funktion besteht darin, die Materialleitungen durch einen Luftstoß in regelmäßigen Abständen zu reinigen. Obwohl sie nicht bei allen Systemen verwendet werden, sind sie in den folgenden Fällen besonders empfehlenswert:

- wenn die Materialleitungen eine lange und/oder gelenkartige Rohrführung haben,
- wenn das Material pulverig ist,
- bei getrocknetem Material (d. h. in den Materialleitungen zwischen Trocknungstrichtern und Abscheidern).

Zum Reinigen des Filters genügt meistens schon dessen Formveränderung (Umstülpen) am Ende des Förderzyklus. Die Abreinigungswirkung kann durch einen zusätzlichen Druckluftstoß am Ende oder/und zu Beginn des Förderzyklus erheblich verbessert werden. Die zum Reinigen verwendete Druckluft entweicht über den Ausgleichsfilter.

Um Material- und Raumkontaminationen zu vermeiden gilt Folgendes:

- Am Vakuumgebläseluftauslass und/oder im Materialabscheider wird ein Filter mit erhöhtem Abscheidegrad (z. B. HEPA) verbaut.
- Die Materialabscheider werden mit einem gekapselten Filter versehen. Wenn der Filter bei Wartungsarbeiten gereinigt oder ausgetauscht werden muss, werden die Verunreinigungen aufgrund der Kapselung zurückgehalten.
- Die Förderanlage wird als geschlossener Kreislauf ausgeführt.
- Die Klappe der Materialabscheider sollte ohne Elastomerdichtung ausgeführt sein, damit es zu keiner Abrasion des Elastomers durch das Granulat kommt.

Eine Lösung zur Senkung der Stauberzeugung besteht darin, ein Vakuumgebläse mit Inverter-Technik einzusetzen. Damit werden die Förderzyklen und die Fördergeschwindigkeit automatisch der abgefragten Menge angepasst, so dass das Material keiner höheren Friktion als für den Prozess notwendigen unterzogen wird und damit die Stauberzeugung minimiert wird.

Bei höchsten Anforderungen an eine Verhinderung einer Kreuzkontamination empfiehlt es sich, Einzweckleitungen für den Materialtransport zu realisieren. Oft wird dieses Konzept bei der Produktion von optischen Teilen verwendet.

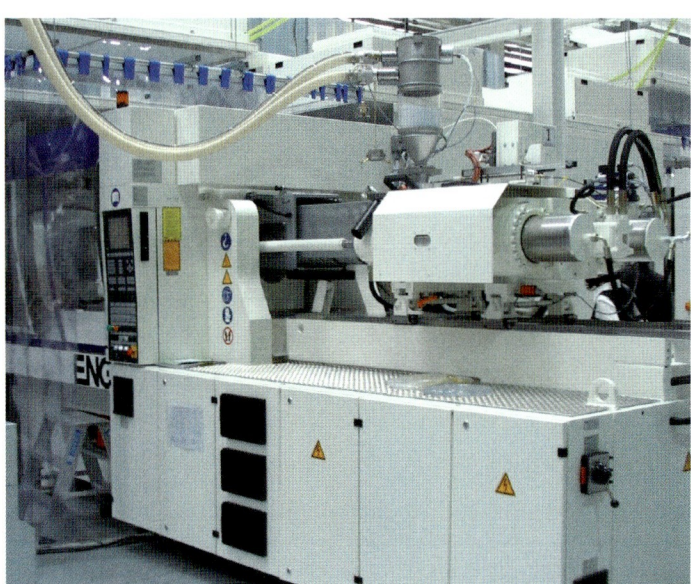

BILD 6.11 Reinraumproduktion optischer Teile mit zwei Materialzuführungen
[Bildquelle: Motan GmbH]

6.5 Anlagenkonzepte für Reinraumkonzept „Machine-Inside-Room"

Beim Reinraumkonzept „Machine-Inside-Room" befindet sich die gesamte Spritzgießmaschine innerhalb des Reinraums. Zusätzlich zur Forderung nach einer Reduktion der Stauberzeugung – wie in Kapitel 5 „Reinraumspezifische Modifikation von Kunststoffanlagen – Besonderheiten bei Kunststoffmaschinen" beschrieben – gilt hier der Grundsatz, dass bei den Reinraum installierten Anlagen die Partikel- und Wärmelast minimiert und kontrolliert werden muss. Es sollte danach gestrebt werden, Wärmequellen und Druckluftquellen wie Motoren, Ventilatoren, Gebläse, Ventile und Ähnliche. innerhalb des Reinraums zu vermeiden.

Außerhalb des Reinraums sind meist positioniert: Trockner und Trocknungstrichter, Schneidmühlen, Vakuumgebläse, Rohmaterialbehälter, Kupplungsbahnhöfe, Werkzeugtrockner; eventuell Temperiergeräte, Kühlgeräte, auf dem Boden stehende Dosiergeräte.

Innerhalb des Reinraums sind meist positioniert: Materialabscheider, unisolierte oder isolierte Massetrichter, auf der Spritzgießmaschine stehende Dosiergeräte.

Förderung

Im Unterschied zu Anlagen für das Konzept „Machine-Outside-Room" sind Fördergeräte mit eingebautem Vakuumgebläse in Reinräumen nicht empfehlenswert. Das Gebläse stellt eine Wärme- und Luftquelle dar und es können Staub, verunreinigende Partikel und Luftturbulenzen emittiert werden. Deshalb werden üblicherweise Lösungen mit getrenntem Vakuumgebläse und Materialabscheider bevorzugt, weil so das Vakuumgebläse außerhalb des Reinraums positioniert werden kann, unabhängig ob es sich um eine Zentral- oder Einzelförderanlage handelt.

Die Vakuumgebläse sind fast immer mit einem Zyklonfilter ausgestattet, womit die in der Luft befindlichen Feststoffpartikeln zurückgehalten werden. Das Vakuumgebläse wird durch flexible Schläuche und gegebenenfalls mit Rohren aus Edelstahl, Keramik oder Glas mit den Materialabscheidern verbunden.

Im Produktionszustand stehen die Abscheider unter Unterdruck und emittieren keinen Staub in den Reinraum. Im Gegensatz dazu ist im Ruhe- oder Auslaufzustand kein Unterdruck vorhanden. Daher sollten die Geräte staubdicht sein und verschmutzungsunempfindliche Oberflächen aufweisen. Bei Reinraumanwendungen werden auch Geräte mit Sichtgläsern eingesetzt, welche Sichtkontrolle des enthaltenen Materials ermöglichen. Unter dem Abscheider wird meist ein Zwischentrichter verbaut, der das geförderte Material bevorratet. Zwischentrichter sind meist isoliert, wenn das empfangene Material getrocknet und daher heiß ist, oder unisoliert, wenn das Material kalt und nicht vorgetrocknet ist.

BILD 6.12 Medienzuleitung von der Decke und Materialabscheider auf der Maschine [Bildquelle: ENGEL AUSTRIA GmbH]

Die Medienzuleitungen (Granulat, Wasser, Strom, Druckluft) erfolgen entweder von der Decke, von der Wand oder vom Boden (siehe auch Abschnitt 4.3 „Energie- und Medienversorgung im Reinraum") Eine Verblendung der Zuleitungen stellt eine gute Reinigbarkeit sicher und ist optisch ansprechender.

Reinigung

In technischer Produktionsumgebung und beim Reinraumkonzept „Machine-Outside-Room" drückt ein Druckluftstoß auf den Filter und damit den darin haftenden Staub nach unten. Diese Methode eignet sich jedoch nicht für das Konzept „Machine-Inside-Room", weswegen man hier Reinigungselemente durch die Leitungen bläst und die Filter nach dem Prinzip der Implosionsabreinigung reinigen kann. Da das System unter Vakuum steht, wird nach einem Fördervorgang ein Ventil geöffnet, sodass schlagartig sehr viel Luft eintritt. Durch die entstehende Druckwelle werden die Filter gereinigt.

Alle Reinraumanwendungen haben hohe Anforderungen an Materialreinheit, wobei beispielsweise Trockenradtrockner mit Molekularsieben diese Forderungen gut erfüllen. Mit solchen Anlagen wird das Material aufgrund der Rotortechnik nicht kontaminiert. Feuchtigkeit absorbierende Molekularsiebe überziehen die Bienenwabenstruktur des Rotors und reduzieren die Stauberzeugung, weil das Rohmaterial einer geringeren Wärmebelastung unterzogen wird. Filter der Klasse HEPA/ULPA übernehmen die Abscheidung von Feinstpartikeln aus dem Molekularmittel zwischen Prozessheizung und Trichter. Wichtig ist, dass sich bei Einsatz eines zentralen Trockenlufterzeugers mit mehreren Trockentrichtern die Materialien nicht gegenseitig kontaminieren.

6.5 Anlagenkonzepte für Reinraumkonzept „Machine-Inside-Room" 111

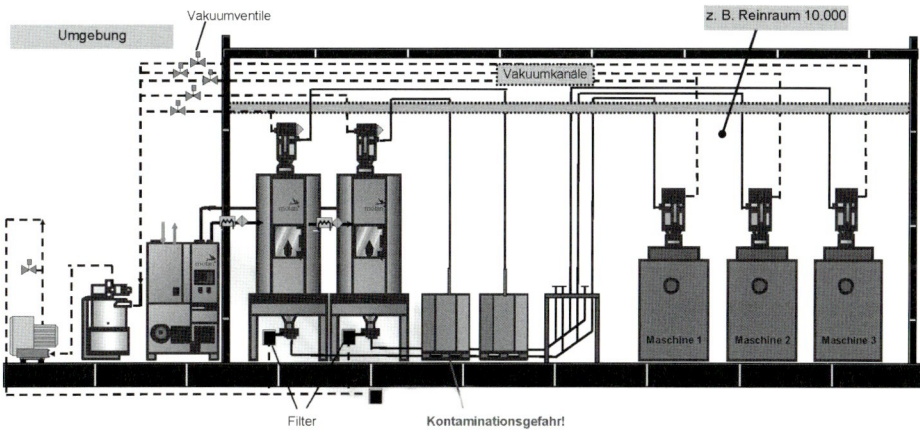

BILD 6.13 Geschlossener Luftkreislauf mit Trocknungsgeräten für große Mengen und Rohmaterial innerhalb des Reinraums [Bildquelle: Motan GmbH]

Wenn der Trockner zwingend innerhalb des Reinraums platziert werden muss, sollte die Abluft durch die Vakuumkanäle aus dem Reinraum geleitet werden. Die in dem Schema dargestellte Lagerung des Rohmateriales innerhalb des Reinraums ist nicht als grundsätzliche Ausführungsrichtlinie zu verstehen, da hier ein hohes Kontaminationsrisiko einerseits beim Einbringen der Gebinde in den Reinraum, als auch ein Kreuzkontaminationsrisiko während der Produktion, durch die Staublast entsteht.

In Fällen von Verarbeitung von Kleinstmengen stark hygroskopischer Materialien, wie sie beispielsweise bei der Implantatfertigung verwendet werden, ist es unumgänglich, den Trockner im Reinraum direkt auf die Spritzgießmaschine aufzusetzen. Hier ist zu beachten, dass das System komplett geschlossen ist und die Abluft aus dem Reinraum verbracht wird.

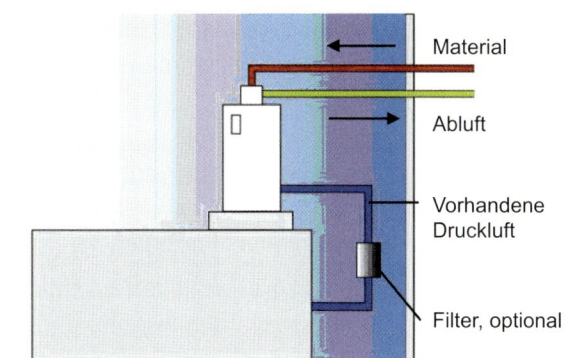

BILD 6.14 Trocknungsgerät innerhalb des Reinraums für Kleinstmengen als Aufsatzgerät [Bildquelle: Werner Koch Maschinentechnik GmbH]

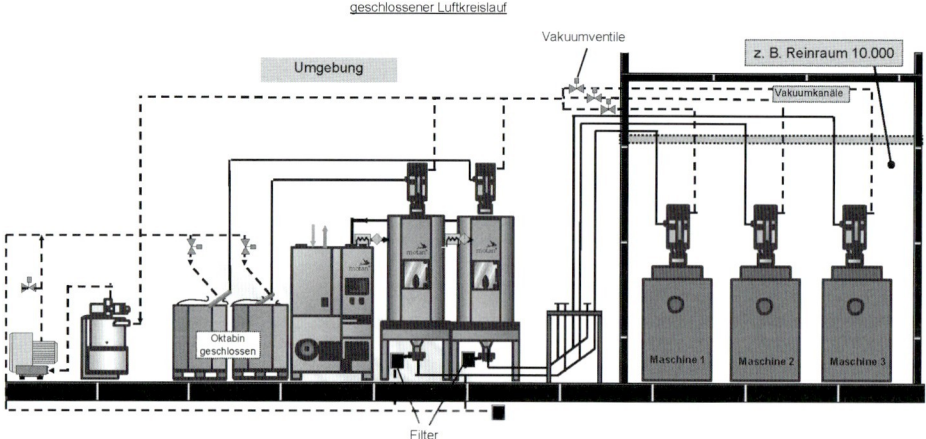

BILD 6.15 Geschlossener Luftkreislauf mit Trocknungsgeräten und Rohmaterial außerhalb des Reinraums [Bildquelle: Motan GmbH]

Besser ist es, den Trockner und den Trocknungstrichter außerhalb des Reinraums zu platzieren. Damit wird vermieden, dass Wärme und Staub in den Reinraum gelangen.

Bei medizinischen Anwendungen ist es besonders wichtig, eine korrekte Trocknung in einem engen Toleranzbereich vorzunehmen. Folglich müssen die passende Trocknungszeit und -temperatur je nach Materialtyp sichergestellt werden. Unter- und Übertrocknung muss vermieden werden.

Da für unterschiedliche Materialien eine ganz bestimmte Menge von Trockenluft spezifiziert wird, ist eine modulierte Luftströmung vorteilhaft, um die Materialdegradation zu reduzieren. Bei Mehrtrichter-Systemen ist das durch ein Nachführventil möglich.

Werkzeugtemperierung und -Kühlung

Bei Reinraumanwendungen gibt es keine Besonderheit im Bereich von Werkzeugtemperierung und -kühlung. Da jedoch solche Geräte eine Wärme- und Luftquelle sind, gilt auch hier, sie möglichst außerhalb des Reinraums zu platzieren. Das Umlaufmedium der Temperiergeräte (üblicherweise Wasser, Druckwasser oder Öl) kann durch eine flexible Verschlauchung an das sich im Reinraum befindende Werkzeug zu- und rückgeleitet werden. Das von den Kühlgeräten erzeugte Kühlwasser kann gleichfalls durch die Wasserleitungen zu den Maschinen geführt werden.

Wichtig ist der Einsatz von glykolfreiem Wasser, damit im Falle einer Leckage der Reinraum und das Endprodukt nicht verunreinigt werden.

Software und Überwachungssysteme

Durch den Einsatz von computergestützten Prozessleit- und Visualisierungssystemen kann die Produktionseffizienz der Anlage gesteigert werden. Von einem übergeordneten Leitstand kann die ganze Peripherieanlage und jede einzelne Prozessphase visualisiert, überwacht, dokumentiert und gesteuert werden. Diese Systeme ermöglichen Verwaltung von Dosierung, Materialförderung, Beschickung und Trocknung und eventuelle Siloanlagen, ohne dass eine Person den Reinraum betreten muss. Sie besteht aus Maschinen- und Betriebsdatenmodulen. Die Betriebsdatenmodule verarbeiten die Arbeitsparameter und liefern folgende Aussagen zum Produktionsbetrieb:

- Analyse der Fertigungslose
- Analyse der Materialvorräte
- Rückverfolgbarkeit des Produkts
- Analyse der Produktivität
- Verwaltung der Wartungsarbeiten

Die Prozessleitsysteme bieten darüber hinaus zwei Vorteile, die bei Medizin- und Reinraumanwendungen sehr bedeutend sind: die Rückverfolgbarkeit und die Wiederholbarkeit (Repetitivität).

Rückverfolgbarkeit bedeutet, dass jeder Steuerbefehl des Bedienpersonals sowie die Ist-Werte der Maschinen aufgezeichnet und in einer Datenbank gespeichert werden, damit sie bei Bedarf abgerufen werden können. Die Repetitivität steht für die Wiederholgenauigkeit bzw. die Prozesssteuerung.

6.6 Statische Aufladung

Grundsätzlich enthalten sämtliche Materialien gleich viele positive und negative Ladungen und sind somit ausgeglichen. Daher ist das Vorhandensein von statischer Elektrizität nicht sichtbar. Statische Aufladung wird in Bereich Materialhandling meist durch Reibung beim Förderprozess oder Mischverfahren erzeugt. In vielen verschiedenen Anwendungsbereichen ist es für die Verarbeitung von Kunststoffgranulaten wichtig, statische Aufladung von Rohmaterial zu verhindern oder zu neutralisieren. Statische Aufladung kann zu Problemen in Förderanlagen, Mischanlagen und Dosiergeräten führen, da Granulat an den Wänden haften bleibt und ein präziser Förder-, Misch- Dosierbetrieb nicht möglich ist. Um dieses Problem zu lösen, sind Kleingeräte am Markt, um ionisierte Luft in den Förderprozess einzubringen und damit die Rohmaterialaufladung zu neutralisieren. Die Granulatkörner werden durch den mit positiven Ionen geladenen Luftstrom geleitet und damit neutralisiert.

Oft wird die Problematik der aufgeladenen Partikel erst nach Anlageninstallation ersichtlich und die Geräte müssen nachgerüstet werden, so dass ein stabiler Förder- und Dosierprozess gewährleistet wird. Die effektivsten Positionen an der Förderstrecke für die Beschleierung der Granulatkörner mit ionisierter Luft werden der Anwendung entsprechend empirisch ermittelt.

■ 6.7 Flüssigsilikonverarbeitung

Spritzgießmaschinen für Flüssigsilikonprodukte werden typischerweise mit zwei Rohstoffkomponenten in viskoser Form beschickt, die kurz vor der eigentlichen Verarbeitung gemischt werden. Aus diesem Grund ist auf der Förderstrecke keine besondere Partikellast zu erwarten. Da aber auch die Anlagenteile in ständigem Kontakt mit dem Rohmaterial stehen, müssen im Besonderen bei Medizinprodukten die berührenden Oberflächen speziellen Anforderungen genügen. Meistens stehen die Dosierpumpen, die als Schöpfkolbenpumpen konzipiert sind, außerhalb des Reinraums. Die silikonberührenden Teile werden aus V2A Edelstahl ausgeführt und die Schläuche sind FDA-zugelassen.

Während bei technischen Anwendungen oftmals eine Schlauchgarnitur für verschiedene Materialien mit absteigender Viskosität verwendet wird, ist dies bei Medizinprodukten nicht möglich. Ein Materialwechsel erfordert zwingend einen Wechsel der Schlauchgarnitur als auch einen Tausch der Mischer. Während der Stand der Technik der Dosiereinheit vielfach noch pneumatische Antriebe sind, werden gerade bei höchsten Anforderungen an die Dosiergenauigkeit servoelektrische Antriebe eingesetzt.

BILD 6.16 Schöpfkolbenpumpe für Zweikomponenten-Flüssigsilikondosierung aus Edelstahl [Bildquelle: 2 Komponenten Maschinenbau GmbH]

BILD 6.17 Servoelektrische Flüssigsilikondosiereinheit in Reinraumausführung
[Bildquelle: ENGEL AUSTRIA GmbH]

Weiterführende Literatur zu Kapitel 6

D. Zagallo: Piovan S. p. A., S. Maria di Sala (VE), Italien, Peripherieanlagen für Reinraumanwendungen, 2011

N. N.: Werner Koch Maschinentechnik, Ispringen, Deutschland, Reinraumgerechte Gesamtlösungen für die Reinraumtechnik, 2011

N. N.: Werner Koch Maschinentechnik, Ispringen, Deutschland, Granulattrocknung mit Koch-Fasti Aufsatztrocknern direkt im Reinraum, 2011

N. N.: Werner Koch Maschinentechnik, Ispringen, Deutschland, Reinraumtechnik aus einer Hand, Kunststoffe 4/2008, Carl Hanser Verlag

G. Feistkorn: Mann+Hummel Protech, GFe Inputs, 2011

C. Wirth, T. Luger, A. Macher: Motan, Isny, Deutschland, Im Zweierpack, Plastverarbeiter Juni 2008

T. Achtmann: Motan Colortronic, Isny, Deutschland, Materialhandling als Gesamtlösung, Kunststoffe 4/2008, Carl Hanser Verlag

R. Wieczorek, D. Bethke: Motan Colortronic, Isny, Deutschland, Qualität beginnt beim Materialhandling, Kunststoffe 4/2005, Carl Hanser Verlag

N. N.: Motan Colortronic, Isny, Deutschland, Elektrostatik, 2011

7 Automatisierung im Reinraum

Christian Boos

Der Automatisierung im Reinraum kommt besondere Bedeutung zu, da sie neben dem Kernprozess des Spritzgießens den Erfolg einer Produktion im Reinraum mitbestimmt. Der Automationsgrad bestimmt einen wesentlichen Anteil der Kosten, da dieser die Höhe des Personaleinsatzes für die Produktion, die Qualitätssicherung sowie der Logistik zur Folge hat. Die reale Belastung der Produkte mit Partikeln oder Mikroorganismen ist abhängig von der Reinraumkategorie, ein weiteres Kriterium, welches die Ausführungsform einer automatisierten Spritzgießfertigung bestimmt.

Da im Reinraum nur noch mit deutlichen Einschränkungen an den Produktionsanlagen gearbeitet werden kann, gilt es, den vorgeschalteten Prozessen für Test, Debugging und Abnahme besondere Aufmerksamkeit zu schenken. Insbesondere bei komplexen Anlagen mit automatisierten Lösungen vor und nach dem Spritzgießprozess, ist eine intensive Projektarbeit aller Partner unumgänglich.

Für die Installation und die Produktionsphase wird der Erfolg einer automatisierten Produktionszeile nur erreichbar sein, wenn qualifiziertes Personal zur Verfügung steht.

Der Einsatz geeigneter Handhabungstechnik an der Spritzgießmaschine verbunden mit Technologien in der Weiterverarbeitung bilden produktive Produktionseinheiten im Reinraum.

7.1 Grundlagen für Automationslösungen im Reinraum

7.1.1 Automatisieren ermöglicht wirtschaftliches Produzieren

Generell ersetzen automatisierte Produktionseinrichtungen die menschliche Arbeitskraft. Dieser Grundsatz gilt unabhängig davon, ob dies unter Reinraumbedingungen stattfindet. Es ist jedoch festzustellen, dass in der Gesamtbilanz nur ein Teil der

Arbeitskraft ersetzt wird. Dieser Anteil wird transformiert auf eine höhere Qualifizierungsebene, die sowohl für die Herstellung der Anlagen, als auch für den Betrieb automatisierter Anlagen erforderlich ist.

Automatisierungslösungen im Reinraum sind besonders wirtschaftlich interessant, da sie einen Personalkostenanteil mit hohen, unproduktiven Nebenzeiten ersetzen. Die unproduktiven Zeiten werden durch die Anforderungen an Sauberkeit, insbesondere durch Kleidungswechsel sowie Zutritt durch Schleusen verursacht. Ein in der Regel mittel- bis langfristiger Liefervertrag bietet damit gute Voraussetzungen, die Vorteile automatisierter Spritzgießanlagen zu nutzen. Es lassen sich unter normalen Rahmenbedingungen gute bis sehr gute Zeiten für die Kapitalrückflüsse erreichen (Return-on-Investment).

Der gesamtheitlich hohe Investitionsbedarf, verbunden mit komplexen Gesamtlösungen und dem Wissen beim Produzenten, sichert die Wettbewerbsfähigkeit eines Spritzgießproduzenten, zumal ein schneller Lieferantenwechsel kaum oder gar nicht möglich ist.

7.1.2 Automatisieren im Reinraum ermöglicht ein „sauberes" Produkt

Abhängig von der jeweiligen Anwendung steht die Kontamination mit Partikeln oder mit Mikroorganismen im Vordergrund.

Generell ist der Mensch ein wesentlicher Faktor bei der Betrachtung schädigender Einflüsse im Reinraum. Insgesamt liegt der prozentuale Anteil bei ca. 35 %. Für automatisierte Anlagen hingegen ergibt sich der niedrigere Wert von ca. 25 %.

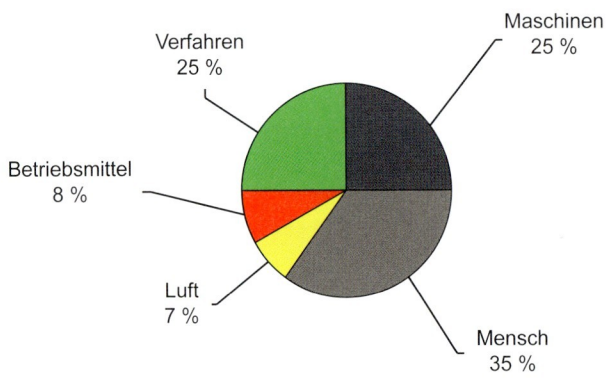

+ Keime, Schadgasmoleküle, Strahlung, Vibration, EMS u.v.a.m.

BILD 7.1 Schädigende Einflüsse (Partikelquellen) im Reinraum
[Bildquelle: DITTEL ENGINEERING]

Aktivität	Partikel ≥ 0,3 µm/min
Stehen, Sitzen	100.000
Leichte Kopf-, Hand-, Vorderarmbewegung	500.000
Körper und Armbewegung mit Fußbewegung	1.000.000
Positionsänderung von Sitzen zu Stehen	2.500.000
Langsames Gehen	5.000.000
Rennen	30.000.000

BILD 7.2 Partikelquelle Mensch, Quellen luftgetragener Verunreinigungen (Richtwerte) [Bildquelle: COFEIY]

Ermöglicht die Automatisierung eine Produktion mit deutlich reduziertem Personalanteil, wird der Vorteil klar erkennbar.

Für den Bereich der Kontamination mit Mikroorganismen ist der Vorteil von automatisierten Lösungen noch signifikanter. Bakterien, Viren, Pilze oder DNA/RNA können nur durch den Menschen eingebracht werden, d. h., die direkte Belastung entfällt ohne menschliche Präsenz gänzlich.

Neben der Reduzierung der Kontamination durch den Menschen gibt es wirksame Ansätze zur Reduzierung der Kontamination innerhalb der Automatisierungsanlagen. Dabei unterscheidet man folgende Maßnahmen:

7.1.2.1 Partikel verhindern

Durch den Einsatz geeigneter Komponenten und Baugruppen können Kontaminationen ausgeschlossen oder zumindest stark reduziert werden. Beispielsweise werden durch den Einsatz von Linearmotoren anstelle von Riemen- oder Spindelantrieben keine Partikel durch Antriebskomponenten generiert.

BILD 7.3 Linearmotor [Bildquelle: Waldorf Technik GmbH & Co. KG]

7.1.2.2 Partikel reduzieren

In dieser Kategorie ist beispielsweise der Einsatz partikelarmer Antriebskomponenten denkbar. Der wesentlich geringere Abrieb bei Rollreibung gegenüber Gleitreibung unterstützt die Bemühungen der Partikelreduzierung.

Eine Kapselung von Komponenten ist ebenfalls möglich. Abhängig von der geforderten Reinraumklasse ist eine Teilkapselung oder Vollkapselung möglich.

Weitere Maßnahmen zur Partikelreduzierung sind der Einsatz entsprechender Materialien mit Produktkontakt.

Alternativ sind Kunststoffe mit geringen Reibwerten und der FDA-Zulassung (Food and Drug Administration) einsetzbar.

BILD 7.4 Rollenritzelantrieb
[Bildquellen: links: Nexus; rechts: Waldorf Technik GmbH & Co. KG]

BILD 7.5 Verkapselter Mehrfachgreifer mit Rotationsfunktion
[Bildquelle: Waldorf Technik GmbH & Co. KG]

BILD 7.6 Polierte Bauteile aus nicht rostendem Stahl [Bildquelle: Waldorf Technik GmbH & Co. KG]

BILD 7.7 Transportgurt mit spezieller Beschichtung [Bildquelle: Waldorf Technik GmbH & Co. KG]

7.1.2.3 Partikel aktiv entfernen

Zur Absaugung werden in der Regel Seitenkanalverdichter eingesetzt, um lose Partikel am Produkt zu entfernen. Dazu wird bei Bedarf zusätzlich ionisierte Luft zur Spülung verwendet (Bild 7.8). Bei stärkerer Verschmutzung und robusteren Produkten werden zusätzliche Bürstenvorrichtungen eingesetzt, die mit der Absaugung parallel bewegt werden (Bild 7.9). Der Nachteil aller Absaugungen ist das nicht messbare Resultat des Ergebnisses im Prozess. Diese sind nur empirisch ermittelbar und mittels IPC messbar.

BILD 7.8 Reinigungsstation für Kontaktlinsen [Bildquelle: Waldorf Technik GmbH & Co. KG]

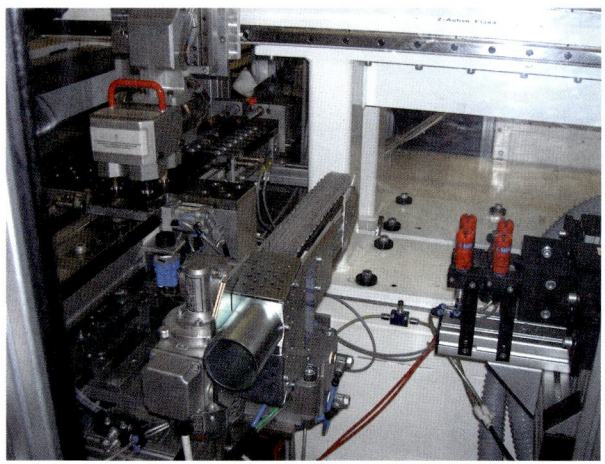

BILD 7.9 Reinigungsstation mit Bürstenvorrichtung [Bildquelle: Waldorf Technik GmbH & Co. KG]

7.1.2.4 Gute Reinigbarkeit

Als Gestaltungsmerkmale sind besonders geschlossene und ebene Oberflächen, abgerundete Kanten und gegen Reinigungsmittel beständige Oberflächen zu nennen. Können Spalte oder Bohrungen nicht vermieden werden, sind diese abzudecken oder für die Reinigung ausreichend groß zu gestalten.

Die anfallenden Partikel sind bei der Reinigung sicher und einfach zu entfernen, wenn Gestaltungsempfehlungen konsequent berücksichtigt werden.

BILD 7.10 Geschraubte Verkleidung mit Abdeckkappen
[Bildquelle: Waldorf Technik GmbH & Co. KG]

BILD 7.11 QS-Tray mit Formeinsätzen
[Bildquelle: Waldorf Technik GmbH & Co. KG]

7.1.2.5 Reduzierter Zutritt zum Reinraum

Wesentlich für den Betrieb von Spritzgießanlagen im Reinraum ist eine hohe Verfügbarkeit bei minimalem Personaleinsatz. Moderne Anlagen auf neuestem technischen Stand verfügen gerade unter solchen Rahmenbedingungen über Zugriffsmöglichkeiten im Wartungs- oder Servicefall, die keinen Zutritt des Technikers im Reinraum erfordern.

Verbindungen mittels Modem, VPN-Tunnel bzw. WLAN helfen Anlagenstillstände außerhalb des Reinraums zu analysieren und bestenfalls sofort zu beheben. Die Ausrüstung an den Anlagen und die erforderliche Infrastruktur beim Betreiber sind daher als Standard zu betrachten, um die Wartungs-/Servicekosten auf niederem Niveau zu halten.

7.1.3 Automatisierung im Reinraum verlangt die Beachtung regulativer Vorschriften

An dieser Stelle ist in der Praxis eine extrem breite Varianz der Umsetzung erkennbar. Neben pragmatischen Lösungen mit einem Minimalaufwand gibt es Produzenten mit extrem hohen Anforderungen. Obwohl die Rahmenbedingungen wie beispielsweise GAMP 5 allgemein gültig sind, ist die Ausgestaltung der Umsetzung je nach Philosophie des Qualitätskonzeptes sehr unterschiedlich.

- Ein zentrales Merkmal bildet die Reinraumklasse. Die Grundlagen für die Kategorisierung der Reinräume bildet der ISO-Standard 14644-1 bis 10.
- Die Anforderungen der Spritzgießproduktion sowie die Konzepte sind in Kapitel 3 „Stand der Normungstechnik in der Kunststoffreinraumtechnik" ausführlich dargestellt. Weitere Normen und Richtlinien sind zu finden unter *www.vdi.de*. Status der VDI 2083 Reinraumtechnik.
- Für Anwendungen im Bereich Pharma und Medical Devices finden die GMP-Standards Anwendung. Dies gilt für Partikelgröße und Keimzahl.
- In der optischen Industrie findet die Kategorisierung nach ISO 14644-1 ebenso Anwendung. Die ISO Klassen 6 und 7 sind meist ausreichend.
- In Bereichen der Halbleitertechnik sind beispielsweise in der Waferfertigung Anwendungen bis ISO-Klasse 1 umgesetzt. Für Spritzgießproduktionen in der Elektroindustrie sind jedoch meist keine bis geringe Anforderungen gegeben.
- Im Bereich der Lebensmitteltechnik findet die VDI-Richtlinie 2083 Reinraumtechnik, Mikroorganismen, Anwendung.

7.1.4 Automatisieren im Reinraum wird erfolgreich durch die optimale Vorbereitung aller Anlagenteile für den Produktionslauf

Im Zusammenhang mit den Themen Partikelbelastung und regulativen Vorschriften kommt dem funktionellen Test eine entscheidende Bedeutung zu. Eine im Reinraum zu installierende Automationslösung darf nur noch marginalen Änderungen unterliegen, da Umbauten oder Anpassungen nur mit erheblichem Aufwand umzusetzen sind. Daraus resultiert eine intensive Vorarbeit mit den Einzelschritten

- Debugging/Test
- Vorabnahme
- Reinigung

7.1.4.1 Debugging/Test

Eine Produktionszelle zum Spritzgießen im Reinraum besteht aus Serienkomponenten oder zumindest serienähnlichen Komponenten wie Spritzgießmaschine, Materialförderung und Aufbereitung sowie den Entnahmegeräten. Diese werden kombiniert mit Komponenten, die produktspezifisch hergestellt sind, wie beispielsweise das Spritzgießwerkzeug oder Prüf- und Montagesysteme mit entsprechender Software. Angepasste, ausreichende Zeiten zur Funktionsprüfung und Optimierung sind vorzusehen, um produktionsbereite Anlagen in den Reinraum einzubringen.

7.1.4.2 Abnahmen

Die Vorabnahme jeder Komponente sowie der kompletten Automatisierungslösung ist bereits in der Entwicklungs- und Bauphase zu definieren, um diese noch außerhalb des Reinraums effizient mit gegebenenfalls erforderlichen nachfolgenden Änderungen umsetzen zu können. Protokolle und Prüfvorschriften sind abzustimmen und konsequent umzusetzen. Die Endabnahme im Reinraum sollte keine Änderungsanforderungen mehr zur Folge haben.

7.1.4.3 Reinigung

Um die Belastung des Reinraums so gering wie möglich zu halten, ist eine Reinigung der einzubringenden Komponenten unerlässlich. Der Aufwand hierfür kann bereits in der Bauphase wesentlich beeinflusst werden. Die Beachtung der Empfehlungen aus Abschnitt 7.1.2 „Automatisieren im Reinraum ermöglicht ein „sauberes" Produkt" wird den entscheidenden Beitrag leisten, die Erstreinigung sowie auch spätere Reinigungen erfolgreich und wirksam durchführen zu können.

7.1.5 Automatisierung im Reinraum erfordert intensive Zusammenarbeit mit Projektpartnern

Dass intensive Zusammenarbeit in Projekten den Erfolg wahrscheinlich macht, ist augenscheinlich. Spritzgießprojekte im Reinraum sind dabei keine Ausnahme, da sie eine hohe Integrationstiefe besitzen. Spritzgießmaschine, Spritzgießwerkzeug und die automatisierten Nachfolgeprozesse bilden dabei den Kern. Gemeinsam mit dem Produzenten sind regelmäßige Gespräche aller Projektpartner mit strukturierten Abläufen ein Garant für zielführende Arbeit.

In Erweiterung dazu sind Projektpartner im Bereich der Infrastruktur von Bedeutung. Reinraumbau und -ausrüstung, Materialzuführung und -aufbereitung sowie Logistik der Fertigteile tragen ebenso zum Erfolg bei und können bei rechtzeitiger Einbindung in das Projekt entscheidende Impulse einbringen.

7.1.6 Automatisierung im Reinraum gelingt mit qualifiziertem Personal

Was zunächst als Widerspruch erscheint ist doch richtig. Automatisierung reduziert das Personal (Abschnitt 7.2.1 „Automatisieren im Reinraum ermöglicht ein „sauberes" Produkt") und dennoch wird qualifiziertes Personal benötigt.

Mit dem Automationsgrad wird der Bedarf an Personal definiert. Je höher der Automationsgrad, desto stärker kann das Bedienpersonal für mehrere, vielleicht unterschiedliche Anlagen eingesetzt werden. Bereits dieser Schritt verlangt Flexibilität des Bedienpersonals und die Fähigkeit, sich auf unterschiedliche Aufgaben einzustellen.

Im Hinblick auf das erforderliche technische Personal kommt der Qualifizierung eine entscheidende Bedeutung zu. Um die Zutrittszeiten im Reinraum zu minimieren, werden Mitarbeiter mit möglichst breiter Ausbildung und Erfahrung benötigt. Wer in den Bereichen Mechanik, Pneumatik, Elektrik/Elektronik und Programmierung auf Erfahrung zurückgreifen kann, ist optimal geeignet, im Reinraumbereich anfallende Wartungen oder Störungen zu bearbeiten. Für den Aufbau einer Spritzgießproduktion im Reinraum ist deshalb eine weitsichtige Personalplanung und -entwicklung erforderlich.

7.2 Handhabungsgeräte

7.2.1 3-Achs-Standardgeräte

Geräte dieser Bauart finden ihren Einsatz im Wesentlichen bei einfachen Entnahmevorgängen, die jedoch flexibel für unterschiedliche Produkte realisiert werden müssen. Die Produktionsmengen entsprechen kleinen oder mittleren Stückzahlen. Die Zykluszeiten liegen meist im mittleren und höheren Bereich (10 bis 30 Sekunden).

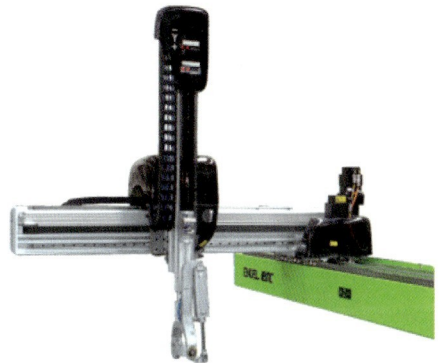

BILD 7.12 3-Achs-Standardgerät [Bildquelle: ENGEL AUSTRIA GmbH]

7.2.2 Side-Entry-Entnahme

Die Side-Entry-Technik ist speziell für kurze Zykluszeiten entwickelt, da eine Konzentration auf den Entnahmevorgang erfolgt. Minimale Zyklusbeeinflussung und eine Übergabe aus dem Entnahmegreifer an die Produktionsanlage sind die wesentlichen Merkmale. Die Anforderungen von hohen Kavitätenzahlen verknüpft mit Zykluszeiten im Bereich von 2 bis 8 Sekunden sind für Lösungen in dieser Bauart ideal.

Im Hinblick auf Partikelbelastung bieten Lösungen mit liegender Hauptachse zusätzliche Vorteile, da eine Partikelemission unterhalb der Produktebene erfolgt und die Luftströmung ein Aufsteigen in den Produktbereich verhindert.

Generell sind Side-Entry-Entnahmen mit weiteren Funktionalitäten kombiniert. Von der kavitätensortierten Ablage bis zur komplexen Anlage mit Prüf-, Montage- und Verpackungskomponenten sind alle Ausbaustufen in der Praxis zu finden.

BILD 7.13 Direct 2 mit Linearmotor [Bildquelle: Waldorf Technik GmbH & Co. KG]

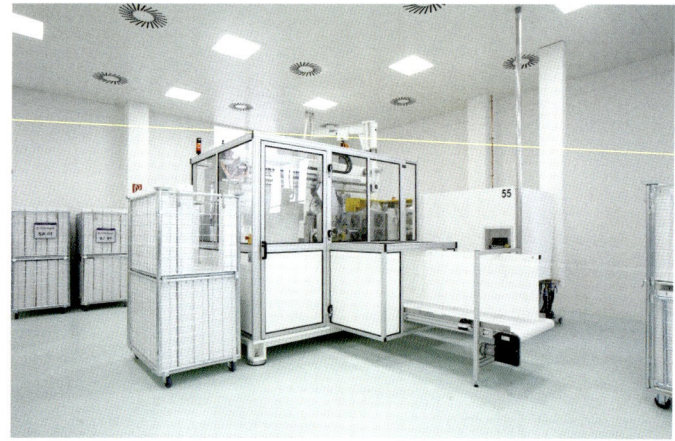

BILD 7.14 Produktionszelle für Pipettentrays [Bildquelle: ENGEL AUSTRIA GmbH]

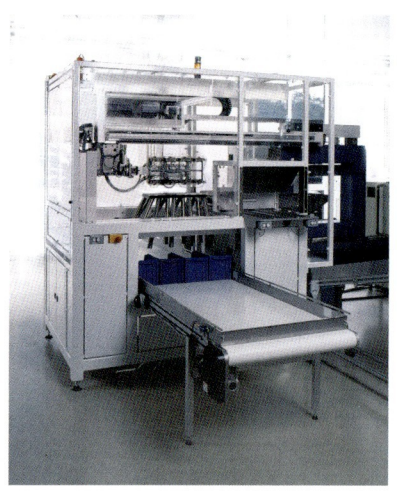

BILD 7.15 Produktionszelle für Küvetten [Bildquelle: Waldorf Technik GmbH & Co. KG]

BILD 7.16 Produktionszelle für Pipetten [Bildquelle: ENGEL AUSTRIA GmbH]

7.2.3 6-Achs-Roboter

Sind hohe Anforderungen in Hinblick auf variable Positionen gestellt, sind 6-Achs-Roboter ein adäquates Konzept. Bei Anlagenkonzepten mit Greiferpositionen im Arbeitsraum, die unter Umständen variabel auf Produktvarianten und unterschiedliche Funktionsbaugruppen neben der Spritzgießmaschine einzurichten sind, ist der Einsatz solcher Geräte sinnvoll. In der Regel stehen dabei nicht die Zykluszeit bzw. die Eingriffszeiten ins Spritzgießwerkzeug im Vordergrund.

Verwendung finden 6-Achs-Roboter auch im Rahmen weiterer Technologien im Automationsprozess (Abschnitt 7.3 „Technologien zur Weiterverarbeitung im Automationsprozess").

BILD 7.17 6-Achs-Roboter in Reinraumausführung [Bildquelle: Stäubli GmbH]

7.2.4 Top-Entry mit Verfahr-Achse über der Spritzgießmaschine

Bei spezieller Anforderung zum Gesamtflächenbedarf einer Produktionszelle kann diese Technik Vorteile bieten. Der Arbeitsraum ist auf die Grundfläche der Spritzgießmaschine beschränkt, lediglich der Ablage- oder Übergabepunkt ist hinter der Schließseite der Spritzgießmaschine angeordnet.

BILD 7.18 Entnahmegerät mit Ausschraubgreifer
[Bildquelle: Waldorf Technik GmbH & Co. KG]

■ 7.3 Technologien zur Weiterverarbeitung im Automatisierungsprozess

Vorgestellt werden die Basistechnologien mit deren breiten Einsatzgebieten.

7.3.1 Prüfen

Ursächlich begründet durch möglichst geringen Personaleinsatz im Reinraum, sind automatisierte Prüfvorgänge eine häufige Anforderung. Die Präsentation der Teile in der Prüfposition sowie automatische Ausschleusung von möglichen Schlechtteilen sind dabei die Herausforderung an die Automationsanlage.

Neben dem Einsatz von komplexen Kamerasystemen, sind Bild- oder Farbsensoren, Taststifte und berührungslose Lasersensoren sowie Leak-Test-Geräte häufige Prüfmittel für 100 %-Kontrollen. Bei Stichprobenprüfungen kommen neben den o. g. Lösungen auch Waagen für die Einzelkontrolle oder als Zählkontrolle zum Einsatz.

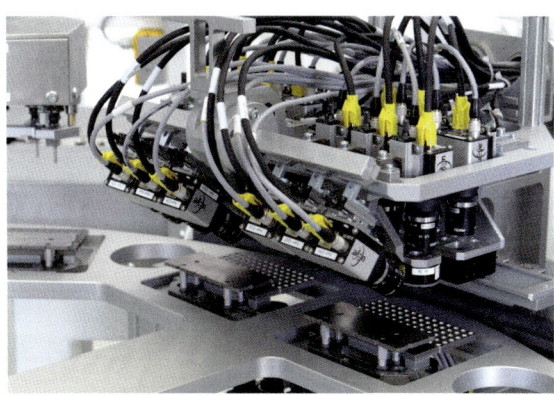 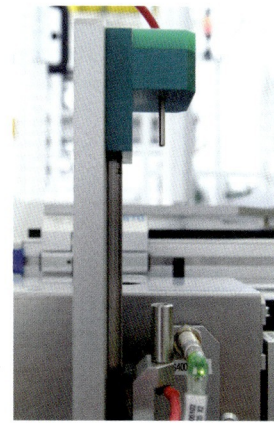

BILD 7.19 Kameraprüfung und Dichtigkeitseinzelprüfung [Bildquelle: Waldorf Technik GmbH & Co. KG]

7.3.2 Montieren

Montageaufgaben im Reinraum können als Inline-Lösungen in direkter Verknüpfung mit dem Spritzgießprozess erfolgen. Dieser Ansatz wird in der Regel bei kleinen bis mittleren Montageleistungen von 10 bis 100 Teilen gewählt und mittels Rundtakttisch oder Werkstückträgertransportsystem realisiert.

Für Hochleistungsanwendungen ab 150 Teile/Minute werden die Produkte meist gepuffert, um dann über kontinuierliche Montageautomaten verarbeitet zu werden. Damit wird eine Entkoppelung vom Spritzgieß- und Montageprozess erreicht.

BILD 7.20 Produktionszelle für Dialyseadapter [Bildquelle: Waldorf Technik GmbH & Co. KG]

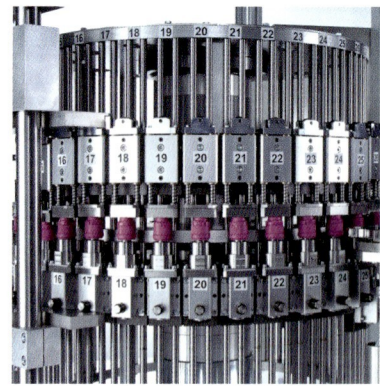

BILD 7.21 Montageautomat für Verschlüsse [Bildquelle: Contexo GmbH]

7.3.3 Schweißen

Die gängigen Schweißverfahren für Kunststoffe sind generell auch im Reinraum einsetzbar. Hierbei sind jedoch Absaugungen oder Reinigungsstationen erforderlich, um die Partikelbelastung in den erlaubten Grenzen zu halten.

7.3.4 Bedrucken/Kennzeichen

Verfahren wie Inkjet, Tampondruck, Heißprägen oder Etikettierung mit integriertem Druckermodul finden auch im Reinraum regelmäßig Anwendung. Dabei ist, ähnlich wie beim Schweißverfahren, der Partikelemission besondere Aufmerksamkeit zu schenken. Gekapselte Farbreservoirs, Absaugungen und reinraumgerechte Auslegung der Funktionskomponenten, sind angepasst an die Reinraumanforderungen umzusetzen.

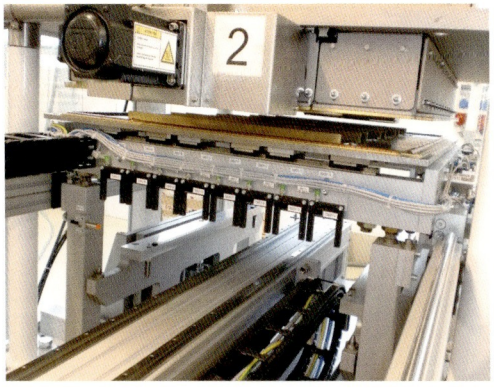

BILD 7.22 Siegelmodul für Verschlüsse und Schweißmodul für Dialyseadapter
[Bildquelle: Waldorf Technik GmbH & Co. KG]

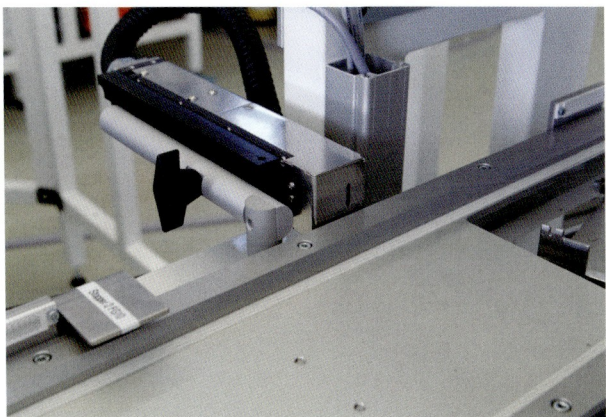

BILD 7.23 Inkjet-Modul zur Beschriftung von Pipettentrays
[Bildquelle: Waldorf Technik GmbH & Co. KG]

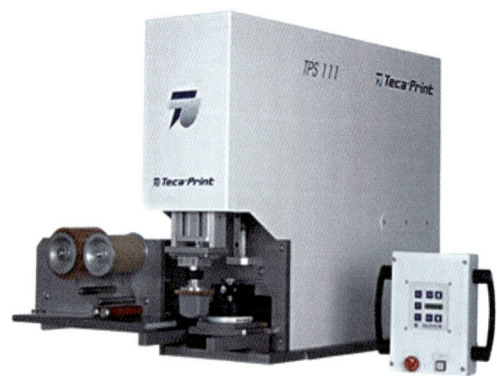

BILD 7.24 Standardtampondruckmaschine [Bildquelle: Teca Print AG]

7.3.5 Beschichten/Lackieren

Da diese Verfahren generell Partikel generieren, sind sie in der Regel nur mit gekapselten Modulen, oft kombiniert mit Schleusen zur Prozesseinheit, realisierbar.

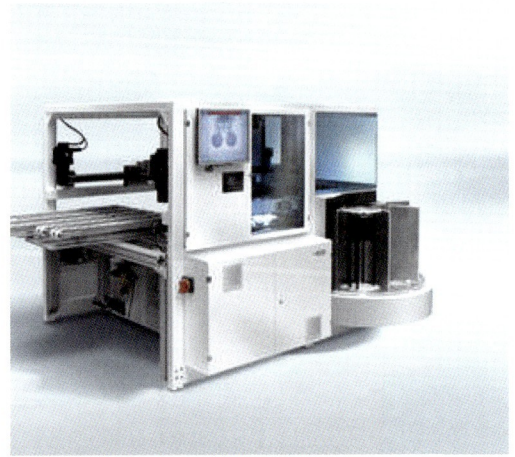

BILD 7.25 Sputteranlage für Datenträger [Bildquelle: Singulus]

7.3.6 Verpacken/Konfektionieren

Um die manuellen Tätigkeiten im Reinraum zu reduzieren, sind automatisierte Lösungen in diesem Bereich besonders effizient. Die Integration von Verpackungsmaschinen für Einzelteile oder komplette Verpackungseinheiten sind deshalb in vielen Anlagen der Abschluss der Automations-Prozess-Kette.

BILD 7.26 Traybeladung von Reaktionsgefäßen
[Bildquelle: Waldorf Technik GmbH & Co. KG]

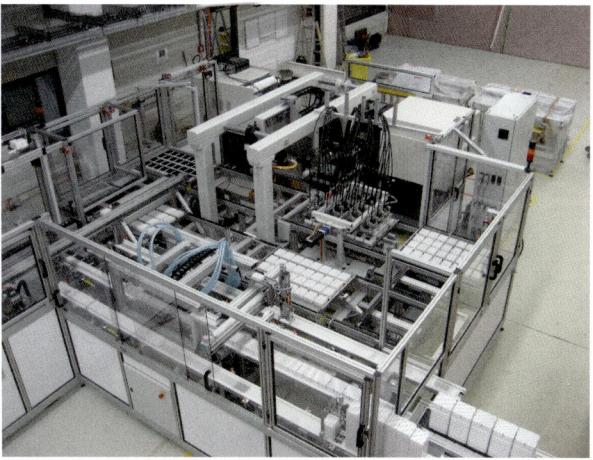

BILD 7.27 Kavitätenbezogene Traybeladung von Pipetten
[Bildquelle: Waldorf Technik GmbH & Co. KG]

Neben standardisierten Verpackungsmaschinen kommen auch Lösungen für Traybestückung, Palettiermodule oder Sonderlösungen, wie beispielsweise Boxenbeladung mit Deckelmontage, zum Einsatz.

Zusammenfassung

Neben den Grundlagen für Automationslösungen wurden in diesem Kapitel Handhabungsgeräte und Technologien zur Weiterverarbeitung nach dem Spritzgießprozess dargestellt. Dabei wurden Schwerpunkte aufgezeigt. Anwendungsbeispiele werden in Kapitel 11 dargestellt.

8 Sterilisation

Michael Späth

8.1 Einführung

Produkte, die in der Lebensmittel-, Medizin- oder Pharmaindustrie zum Einsatz kommen, müssen die Anforderungen der jeweiligen Branchen in Bezug auf Sterilität oder Keimfreiheit erfüllen. Generell wird der Vorgang, der das Produkt sterilisiert, als Sterilisation bzw. Sterilisierung bezeichnet.

Der Begriff „keimfrei" wird oft als Synonym von „steril" verwendet. Diese beiden Begriffe haben jedoch bei genauerer Betrachtung unterschiedliche Bedeutungen. Unter „steril" versteht man, dass sich keine Mikroorganismen, egal in welchem Entwicklungsstadium, auf dem Objekt befinden. „Keimfrei" hingegen bedeutet nur, dass keine Mikroorganismen in dem Keimstadium auf dem Gegenstand zu finden sind.

Definition Sterilisation und Desinfektion

Bei der *Sterilisation* werden pathogene (krankheitserregende) und apathogene (oberflächenanlagernde) Mikroorganismen (inklusive deren Sporen – evolutionäre Dauerformen der Bakterien), Endosporen (bei widrigen Umständen gebildete Überdauerungsformen der Bakterien), Pilzsporen (Fungien), Viren und DNA-Fragmente abgetötet. Ein Problem stellt die Eliminierung aller Sporen dar, da sich diese bei besseren Bedingungen wieder zu vegetativen Bakterien zurück entwickeln.

Die Abtötung bzw. Denaturierung der Bakterien erfolgt nicht linear, sondern logarithmisch, ähnlich wie der Zerfall radioaktiver Elemente. In jeder Zeiteinheit stirbt der gleiche Prozentsatz an Mikroorganismen. Somit kann gefolgert werden, dass eine vollständige Abtötung nie zu erreichen ist, da die Abtötungskurve asymptotisch gegen Null läuft. Es kann also nur eine gewisse Wahrscheinlichkeit der Sterilität erreicht werden. Deshalb wird das Sterilisationsziel immer in Bezug auf die Anzahl der nicht sterilen Objekte zur Gesamtanzahl der sterilisierten Objekte gesetzt. In einigen Normen (z. B. der DIN EN ISO 17665) ist Sterilität mit der Wahrscheinlichkeit definiert, dass eines von einer Million Produkten einen vermehrungsfähigen Keim aufweist (SAL = Sterility Assurance level = 10^{-6}). Bei der *Desinfektion* bzw. Teilentkeimung hingegen werden nur bestimmte Keime nahezu vollständig, manchmal auch nur zu einem gewissen Prozentsatz, abgetötet. [1]

Für die Sterilisation von Kunststoffen gibt es grundsätzlich mehrere Verfahren, wobei nicht jedes für jeden Kunststoff zum gewünschten Erfolg führt bzw. geeignet ist.

Die Sterilisation, z. B. in der Lebensmittelindustrie, ist für die Gesundheit des heutigen Menschen essentiell. Dies liegt an dem Wandel der Ernährung durch die Industrialisierung und Globalisierung, d. h. weg von der Selbstversorger-Ernährung. Die Lebensmittelindustrie übernimmt in der heutigen Gesellschaft zu einem großen Teil die Herstellung, Verarbeitung und Konservierung unserer Nahrung. Das Ergebnis bzw. die Effizienz der Sterilisation muss somit den Anforderungen stets entsprechen, da sich die Bakterien extrem schnell vermehren. Ein einziges Escherichia coli-Bakterium (Darmbakterium) oder eine einzelne Salmonelle beispielsweise verdoppeln sich bei optimalen Bedingungen alle 20 bis 30 Minuten. Aus einem solchen Bakterium entstehen somit innerhalb von drei Stunden 512 Bakterien (bei 20-minütiger Verdoppelung).

■ 8.2 Grundlagen

Wichtig bei der Sterilisation ist zu wissen, welche Keime vorhanden sein können und welche nach der Sterilisation abgetötet sein müssen. Für die Abtötung muss eine bestimmte Temperatur über eine gewisse Dauer gehalten werden. Die folgende Tabelle 8.1 zeigt die Übersicht einiger Mikroorganismen mit deren Abtötungstemperaturen und der erforderlichen Zeit.

TABELLE 8.1 Abtötungstemperaturen von Mikroorganismen und deren Wirkdauer [2]

Resistenzstufe	Organismus	Temperatur in °C	Zeit in min
I	Pathogene Streptokokken, Listerien, Polioviren	61,5	30
II	die meisten vegetativen Bakterien, Hefen, Schimmelpilze, alle Viren außer Hepatitis-B	80	30
III	Hepatitis-B-Viren, die meisten Pilzsporen	100	5 bis 30
IV	Bacillus anthracis-Sporen	105	5
V	Bacillus stearothermophilus-Sporen, Tod aller Mikroorganismen und Sporen (außer Bakterium „Stamm 121")	121	15
VI	Prionen	132	60

Neben einer Zeit-Temperaturbelastung bieten auch Chemikalien und Strahlen eine Möglichkeit zur Abtötung von Mikroorganismen. Bei allen Sterilisationsverfahren müssen der Werkstoff und die Bauteilgeometrie für das gewählte Verfahren geeignet sein. Hierzu zählen Aspekte wie Transparenz bzw. Opazität, Durchlässigkeit von Strahlung oder Korrosionseigenschaften auf Seiten des Werkstoffs. Zusammenfassend sind die mikrobielle Kontamination und die Eigenschaften des Sterilisierguts für die Wahl der Sterilisationsmethode ausschlaggebend.

Nach der Wahl eines entsprechenden Sterilisationsverfahrens muss dieses auf das neue Produkt validiert werden. In diesem Zusammenhang ist das Verfahren selbst zu prüfen sowie der Nachweis einer erfolgreichen Sterilisierung des Produkts zu erbringen. Für diesen Nachweis müssen die Mikroorganismen (auch Bioburden genannt) auf dem zu sterilisierenden Bauteil vor der Sterilisation bestimmt und quantifiziert werden, um definierte Ausgangsbedingungen zu haben, und somit den Sterilisations-Prozess einstellen zu können. Insbesondere Kunststoffe verhalten sich unter den Bedingungen der Sterilisation, d. h. Temperatur-, Chemikalien- oder Strahlungseinfluss sehr unterschiedlich, und es kann zu mechanischen und optischen Einbußen kommen.

Der Bioburden-Test – die Quantifizierung der sich auf dem Produkt befindenden Mikroorganismen – hat eine Inkubationszeit von 2 bis 5 Tagen bei Bakterien, und 2 bis 7 Tagen bei Pilzen (Fungien). Das Ergebnis wird in Kolonie bildende Einheiten pro Produkt (KBE) angegeben. Der Sterilisations-Test hingegen ist entweder negativ oder positiv, da nur bestimmt wird, ob sich lebensfähige Mikroorganismen auf dem Produkt befinden oder nicht. Beide Tests sind durch die Norm ISO 11737 geregelt.

Zusammenfassend sind die mikrobielle Kontamination und die Eigenschaften des Sterilisierguts für die Wahl der Sterilisationsmethode ausschlaggebend.

8.3 Sterilisationsverfahren

Generell gibt es unterschiedliche Methoden für die Sterilisation. Die Wahl ist, wie oben beschrieben, von dem Werkstoff, der Größe und der Geometrie des Sterilguts abhängig.

Die Sterilisationsverfahren lassen sich wie folgt gliedern:

- **Hitzesterilisationsverfahren (physikalisch thermisch)**
  - Dampfsterilisation bzw. Sterilisation mit feuchter Hitze
  - Heißluftsterilisation bzw. Sterilisation mit trockener Hitze

- **Niedertemperatur-Gas-Verfahren (chemisch-physikalisch)**
  - Ethylenoxid (EO)-Sterilisation
  - Formaldehyd (FO)-Sterilisation (Verfahren: NTDF (Niedertemperatur Dampf und Formaldehyd)-Sterilisation)
  - Plasma-Sterilisation (mit Wasserstoffperoxid) – (Verfahren: NTP (Niedrigtemperatur-Plasma)-Sterilisation)
  - Ozon-Sterilisation
- **Sterilisation mit ionisierender Strahlung (physikalisch nichtthermisch)**
  - Alphastrahlen-Sterilisation
  - Betastrahlen-Sterilisation (durch beschleunigte Elektronen)
  - Gammastrahlen-Sterilisation
  - Röntgenstrahlen (X-Ray)-Sterilisation
  - UV-Sterilisation

Prinzipiell werden temperaturempfindliche Bauteile, wie z. B. Teile aus Kunststoff, mittels Wasserdampf unter Druck im Autoklaven, mittels chemischen Substanzen (Formaldehyd oder Ethylenoxid) oder mittels Strahlung (UV-, Gamma- oder Röntgenstrahlung) sterilisiert. Die Sterilisation von temperaturbeständigen Bauteilen erfolgt meist mittels trockener Luft in Sterilisationsschränken oder -tunneln bei relativ hohen Temperaturen.

Wärmeempfindliche Fluide bzw. Lösungen lassen sich durch Filtration, bei der die Poren der Filter so klein sind, dass sie keine Bakterien durchlassen, sterilisieren.

Im Folgenden wird auf die in der Kunststoffverarbeitung häufig eingesetzten Sterilisationsverfahren näher eingegangen.

8.3.1 Dampfsterilisation bzw. Autoklavieren – Sterilisation mit feuchter Hitze

Die Dampfsterilisation bzw. die Sterilisation mit feuchter Hitze (auch Autoklavieren genannt), wurde von Charles Chamberland im Jahr 1879 entwickelt und funktioniert prinzipiell wie ein Dampfkochtopf. Dementsprechend besteht ein Autoklav aus einem massiven Gehäuse mit einer verriegelbaren Öffnung, um dem inneren Druck entgegenzuwirken. Durch den Druckaufbau im Inneren können Wassertemperaturen von über 100 °C (gesättigter Wasserdampf) realisiert werden. Dies ist erforderlich, um die Dauerformen (sogenannte Sporen) der Bakterien zuverlässig zu beseitigen. Hierbei liegt die Temperatur bei 121 °C, die unter 2 bar für mindestens 20 Minuten gehalten werden muss. Derselbe Effekt wird auch bei 134 °C unter 3 bar Druck und einer Dauer von mindestens 5 Minuten erzielt [3].

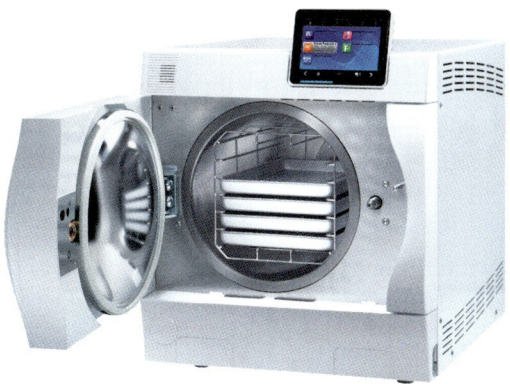

BILD 8.1 Dampfsterilisation im Vakuumautoklaven
[Bildquelle: MELAG Medizintechnik oHG/MELAG Medical Technology]

Die Sterilisationszeit setzt sich zusammen aus der Zeit für die Entlüftung, der Ausgleichszeit (bis die Homogenität der Temperaturverteilung in Inneren gegeben ist), der Abtötungszeit und dem Sicherheitszuschlag, der vom Hersteller in Zusammenarbeit mit dem Kunden festgelegt wird. Werden höhere Anforderungen an die Sterilität der Teile gestellt, z. B. bei der Sterilisation von Laborabfällen oder der Abtötung von Prionen (134 °C), müssen die Temperatur und die Dauer entsprechend angepasst werden.

Ein wichtiger Punkt ist die Entlüftung bzw. Vakuumierung des Autoklaven, da nur so eine vollständige Inaktivierung der Keime gewährleistet werden kann. Nach der Sterilisation werden die Teile meist unter Vakuum bis zu einer Restfeuchte von, je nach Produkt, weniger als 1,2 % des ursprünglichen Nettogewichts getrocknet. Die Trocknungszeit wird vom Hersteller in Zusammenarbeit mit dem Kunden festgelegt und hängt in der Regel auch vom verwendeten Kunststoff und dessen Restfeuchte ab.

Die Eignung der Dampfsterilisation bezogen auf den zu sterilisierenden Kunststoff muss vorab geklärt sein. Polycarbonat (PC) und Polysulfon (PSU) beispielsweise sind prinzipiell mittels Dampfsterilisation sterilisierbar, jedoch muss in Betracht gezogen werden, dass die mechanischen Festigkeitskennwerte abfallen, was bei hoch beanspruchten Teilen zu Materialversagen führen kann. Bei mehrfachem Autoklavieren muss die Eignung ebenfalls sichergestellt sein, da manche Kunststoffe in diesem Fall zum Degradieren neigen. Geeignete Kunststoffe für die Dampfsterilisation sind ETFE, PFA, PTFE, FEP und PVDF. Überprüfende Tests sind jedoch sinnvoll, um auf der sicheren Seite zu sein.

8.3.2 Gassterilisation mit Ethylenoxid (EO-Verfahren)

Die Sterilisation mittels Ethylenoxid (EO) gibt es seit ca. 50 Jahren. Dieses Verfahren ist aufgrund der hohen Zuverlässigkeit vor allem in der Medizintechnik weit verbreitet. Ethylenoxid (C_2H_4O) ist ein farbloses, hochentzündliches, kanzerogenes (krebserregendes) und toxisches Gas. In Kombination mit Luft ergibt sich ein hochexplosives Gemisch. Aus diesem Grund, und wegen der Toxizität, darf die Sterilisation seit 1995 (TRGS 513) nur noch in validierten und vollautomatisierten Sterilisatoren (sog. Vollautomaten) und nur durch geschultes Personal durchgeführt werden. [4]

Bei dem Umgang mit Ethylenoxid muss darauf geachtet werden, dass die Akzeptanzkonzentration von 0,2 mg/m^3 bzw. mindestens die Toleranzkonzentration von 2,0 mg/m^3 eingehalten wird. Unterhalb der Akzeptanzkonzentration herrscht ein niedriges Risiko, bis 2,0 mg/m^3 ein mittleres, und über der Toleranzkonzentration ein hohes Risiko für das Personal. Ein Ausströmen von Ethylenoxid wird erst bei einer Konzentration von 1,8 mg/m^3 in der Luft (Geruchsschwelle) durch einen süßlichen Geruch merkbar. [4]

Der Sterilisationsprozess wird wie bei der Dampfsterilisation in einem Autoklaven durchgeführt. Prinzipiell gibt es drei Varianten der Sterilisation mittels Ethylenoxid. Die Temperaturen liegen, je nach gewünschtem Ziel, zwischen 20 bis 60 °C und die relative Luftfeuchtigkeit zwischen 40 bis 90 %. Sobald sich diese beiden Werte eingestellt haben, wird die Sterilisationskammer mit dem Ethylenoxid befüllt. Das Gas bleibt zwischen einigen Minuten bis zu wenigen Stunden in dem Autoklaven, was eine Absorption von Ethylenoxid-Molekülen durch das Sterilisationsgut zur Folge hat. Ethylenoxid ist zudem in der Lage, durch bestimmte Kunststoffe zu diffundieren und zu desorbieren. Aufgrund der Toxizität des Gases muss die Desorption nach

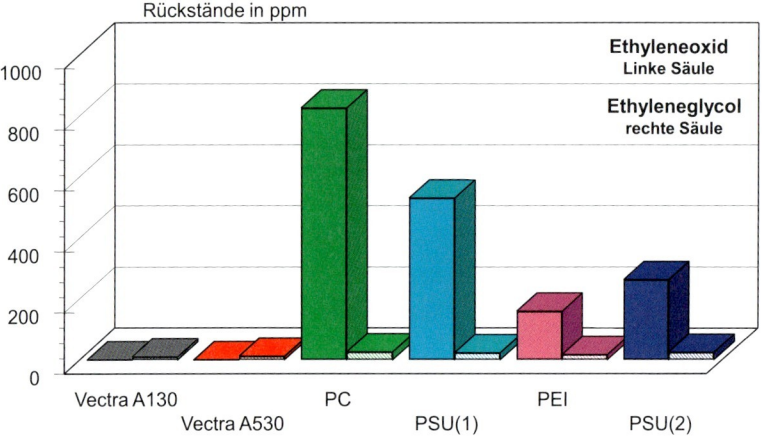

BILD 8.2 Rückstände auf einem Probekörper nach einer EO-Sterilisation [Bildquelle: Ticona GmbH] [5]

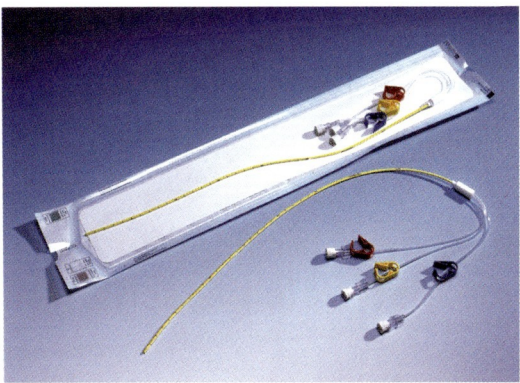

BILD 8.3 Sterilbeutel für die Gas- oder Strahlensterilisation [Bildquelle: RAUMEDIC AG]

der Sterilisation im Sterilisator erfolgen. Die Desorptionszeit ist von Temperatur, Material, Druck und den technischen Bedingungen abhängig und erfolgt durch definierte Spülzyklen, um das EO vollständig aus dem Autoklaven zu entfernen. Bei PVC beispielsweise dauert die Desorption extrem lange, ca. zwölf Stunden.

Dieses Verfahren ist wegen der Diffusion des EO durch bestimmte Kunststoffe in der Lage, bereits verpackte Gegenstände, wie z. B. Katheter, Spritzen oder Verbandsmaterial, zu sterilisieren (Bild 8.3). Es sollte aufgrund der Toxizität von Ethylenoxid allerdings nur angewandt werden, wenn andere Sterilisationsverfahren aus diversen Gründen nicht in Frage kommen.

8.3.3 Gammastrahlensterilisation

Die Gammasterilisation gibt es seit ca. 30 Jahren und findet bei der Sterilisation von Produkten mit hoher Dichte und großem Volumen Verwendung, da Gammastrahlen (γ-Strahlen) ein sehr gutes Durchdringungsverhalten sowie eine sehr hohe Dosishomogenität aufweisen. Somit können bereits mit der Endverpackung verpackte Produkte (insbesondere Einwegartikel) ohne wesentliche Temperatur- und Chemikalienbelastung sterilisiert werden. Selbst die Innenseiten von geometrisch komplexen Strukturen werden von den kurzwelligen elektromagnetischen γ-Strahlen erfolgreich sterilisiert. Es muss beachtet werden, dass die Intensität bei zunehmender Eindringtiefe, mit der sogenannten Halbwertsdicke, die von der Wellenlänge und dem zu durchdringenden Material abhängt, exponentiell abnimmt. Die energiereiche Gamma-Strahlung hat den Nachteil, dass das Sterilisationsgut physikalisch oder auch chemisch verändert werden kann (z. B. Nachvernetzung von Kunststoffen). Manchmal ist die Gammasterilisation jedoch die einzige Möglichkeit für die notwendige Sterilisation, weshalb die Nachteile und hohen Prozesskosten in Kauf genommen werden. Das Verfahren arbeitet sehr effektiv, hat eine hohe Prozesssicherheit, hinterlässt keine Rückstände oder Radioaktivität und wird großtechnisch eingesetzt (z. B. Sterilisation von endverpackten Europaletten). [6]

■ 8.4 Einfluss der Sterilisation auf die Materialeigenschaften

Wie bereits in Abschnitt 8.3.3 „Gammastrahlensterilisation" erwähnt, können sich die Eigenschaften gerade bei den Kunststoffen durch die Sterilisation ändern. Leider gibt es keine allgemeingültigen Aussagen über die Art und die Stärke des Einflusses. Die folgenden Eigenschaftsveränderungen sollen als Sensibilisierung dienen und haben keinen Anspruch auf Vollständigkeit:

- Veränderung der mechanischen Eigenschaften (Festigkeiten, Bruchdehnung, usw.)
- Versprödung der Materialen und Spannungsrissbildung
- Veränderung der Transparenz
- Verfärbungen

Meist werden die Eigenschaften negativ beeinflusst. Dies muss bereits bei der Auslegung bzw. Konstruktion der Produkte berücksichtigt werden. Eine positive Beeinflussung, wie bei dem Werkstoff EVA (Ethylen/Vmylacetat), bei dem die Sterilisation eine Quervernetzung erzeugt, wodurch sich die Temperatureinsatzgrenze erhöht, ist eher selten zu beobachten.

Neben der chemischen Struktur des Polymeren haben auch die Herstellprozesse und deren Prozessparameter einen Einfluss auf die Beständigkeit gegen die Sterilisation. Hier zwei Beispiele:

- Der Kristallisationsgrad, welcher von der Werkzeug- und Massetemperatur beim Spritzgießen abhängig ist, beeinflusst die Beständigkeit gegen das jeweilige Sterilisationsverfahren.
- Eigenspannungen aufgrund des Abkühlvorgangs im Spritzgießwerkzeug oder durch Nachfolgeprozesse wie Schweißen oder Kleben nehmen Einfluss auf die Eigenschaftsveränderung durch die Sterilisation.

Kunststoffbauteile bieten hohe geometrische und gestalterische Designmöglichkeiten und können beliebig eingefärbt werden. Besonders der Farbechtheit kommt eine hohe Bedeutung zu – Stichwort color matching. Der Einfluss der Sterilisation ist hier noch wenig erforscht und nur an einigen Beispielen dokumentiert. Die Farbe kann sich nach der Sterilisation, abhängig vom Polymer als auch von den Pigmenten,

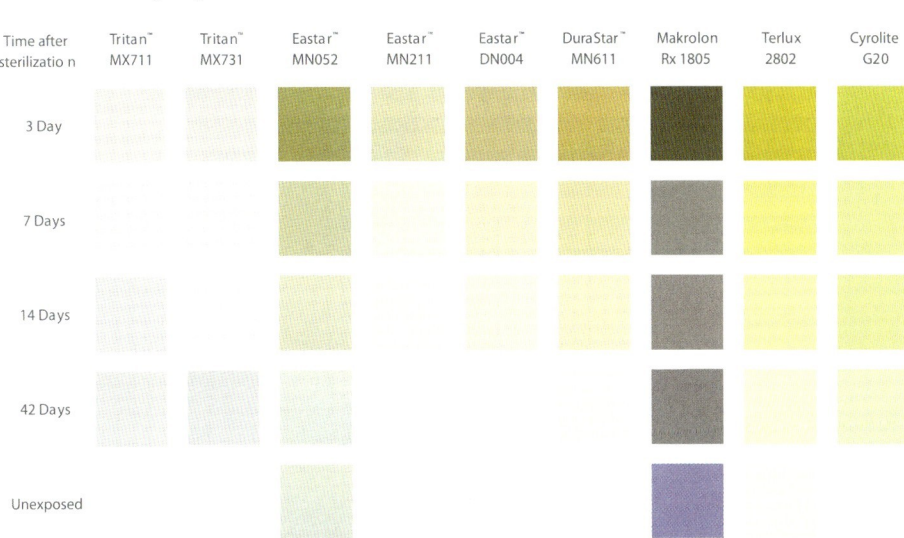

BILD 8.4 Farbveränderungen nach einer Gammasterilisation mit 50 kGy bei verschiedenen Polymeren [Bildquelle: Eastman Chemical Company]

unterschiedlich stark verändern (Bild 8.4). Neben den genannten Veränderungen der Kunststoffe kommt es bei der Sterilisation mittels Strahlung zusätzlich zu einem unterschiedlichen Zeitstandverhalten, d. h. die Lichtechtheit oder auch die UV-Beständigkeit verändert sich mit der Lebensdauer des Produkts. [6]

Kunststoffe zeichnen sich in der Regel durch hohe Dehnungen und Zähigkeit aus. Gerade bei den Polypropylenen und den Polyoxymethylenen, die oft wegen dieser Eigenschaft eingesetzt werden, kann es durch die üblichen Dosen bei der Strahlensterilisation zu einer Reduzierung der Dehnung kommen (Bild 8.5). Bei den meisten Polymeren ist für denselben Effekt eine deutlich höhere Dosis erforderlich, als sie bei der Strahlensterilisation dieser Kunststoffe aufgebracht wird. [7]

Während bei einmaliger Anwendung einer Sterilisation oft keine Veränderungen des Werkstoffs festgestellt werden, ist bei Produkten, die sich in der Mehrfachanwendung befinden und vor jedem Einsatz sterilisiert werden, die Veränderung der mechanischen Eigenschaften gesondert zu prüfen. Die Verschlechterung der Werkstoffeigenschaften durch wiederholte Sterilisation ist somit zu beachten. Das Maß der Veränderung hängt von der eingesetzten Sterilisationsmethode und dem zu sterilisierenden Kunststoff ab. Untersuchungen haben gezeigt, dass die Höhe der Veränderung auch von der Anzahl der Sterilisationszyklen abhängt (Bild 8.6). Besonders kritisch anzusehen ist die Mehrfachsterilisation von Polycarbonat mittels Dampfsterilisation. [8]

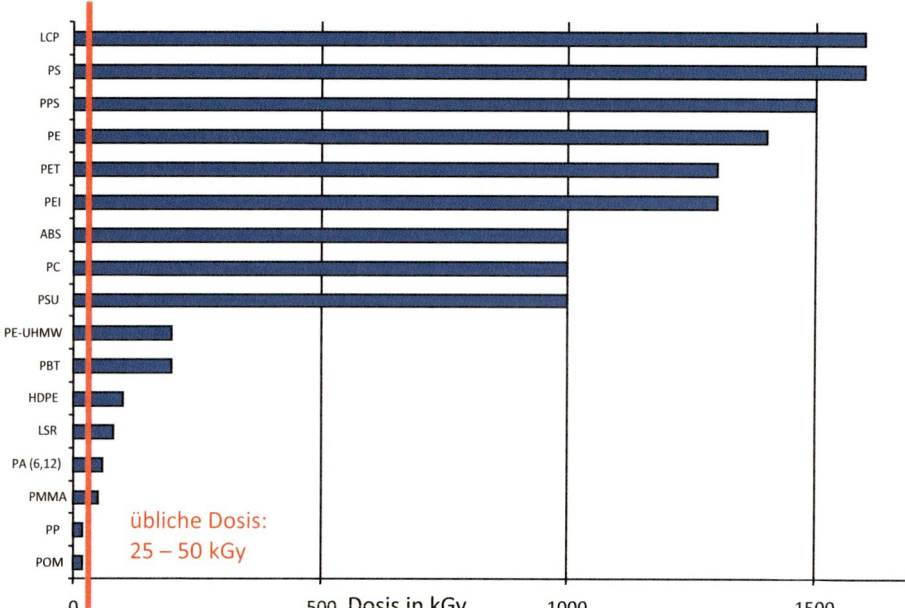

BILD 8.5 Strahlungsdosis (kGy), die eine 25%ige Verringerung der Dehnung verursacht [Bildquelle: Ticona GmbH]

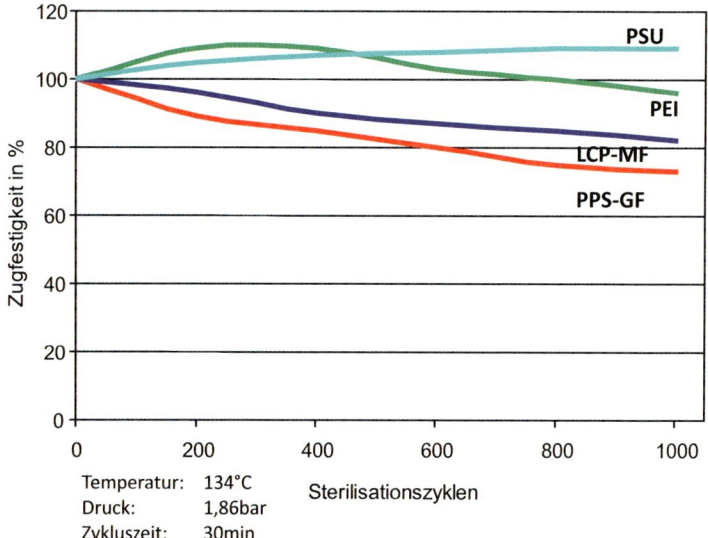

BILD 8.6 Änderung der Zugfestigkeit bei verschiedenen Polymeren durch mehrfache Sterilisation mittels Heißdampf [Bildquelle: Ticona GmbH] [5]

8.5 Zusammenfassung

Sterilisationsverfahren arbeiten mit Hitze, Chemikalien oder Strahlung. Jedes der heute vorwiegend eingesetzten Verfahren – Dampf-, Gas- und Strahlensterilisation – hat einen unterschiedlich starken Einfluss auf die Eigenschaften des Kunststoffs und deren Veränderung. Insbesondere die Verfahren mit großen Temperaturen (höher als 180 °C) sind für Kunststoffe wegen Ihrer geringeren Temperaturstabilität ungeeignet. Bei der Wahl des Verfahrens muss der Werkstoff, die Bauteilgeometrie, die Bakterienkontamination und der Anwendungsfall berücksichtigt werden. Bei mehrfacher Sterilisation eines Gegenstandes kann es zu Veränderung der mechanischen Eigenschaften, des Zeitstandverhaltens oder zu einem Farbumschlag kommen.

Literatur zu Kapitel 8

[1] N. N.: DIN EN ISO 17665-1, Beuth-Verlag

[2] Groettrup, P.: Sterilisation und Desinfektion, Universität Konstanz, 2012

[3] Miorini, T.: Österreichische Gesellschaft für Sterilgutversorgung – ÖGSV, Validierung von Sterilisationsverfahren – Was erwartet den Betreiber?

[4] TRGS (Technische Regelung für Gefahrstoffe) 513, Oktober 2011, GMBI 2011, S. 993–1018 [Nr. 49–51]

[5] Behrens, D.: Vortrag „Anforderungen an Medizintechnik-Kunststoffe", Benediktbeurer Reinraumtage 2008

[6] Heilmann, A.: Vortrag „Strahlensterilisation von Medizinprodukten aus Kunststoff", Benediktbeurer Reinraumtage 2011

[7] Massey, L.: „The Effect of Sterilization Methods on Plastics and Elastomers", Andrew Inc., 2004

[8] Haerst, M.; Wintermantel, E.; Krampe, E.; Schönberger, M.; Engelsing, K.; Heidemeyer, P.: Auswirkung der Mehrfachsterilisation, Kunststoffe 2/2013, S. 82–85, Carl Hanser Verlag

9 Qualifizierung und Validierung

9.1 Einführung
Hans Wobbe

Die Begriffe Qualifizierung und Validierung wurden mehr oder weniger aus dem englischen Sprachraum übernommen (qualification, validation) und erst durch die Regelwerke eindeutig definiert. Kurz gesagt handelt es sich bei der Qualifizierung um den Nachweis, dass die eingesetzten Maschinen, Anlagen und Materialien zum spezifizierten Ergebnis führen, hingegen die Validierung die geforderte Qualität der Endprodukte aufgrund der eingesetzten Prozesse produktionssicher und nachhaltig beschreibt. Als Merksatz kann hier die einfache Aussage hilfreich sein: „Man kann nur das validieren, was bereits qualifiziert worden ist."

Dabei stellt der erste *Abschnitt 9.2 „Dokumentation und Qualitätssicherung im Reinraum"* den derzeitigen Stand im medizinisch/pharmazeutischen Umfeld dar, kann aber ohne Weiteres verallgemeinert werden. Eine dabei immer wieder genutzte Form der tabellarischen Darstellung ist praktikabel für den schnellen Einstieg mit dennoch kompletter Übersicht. Auch wird spätestens in diesem Abschnitt deutlich, dass die Reinraumtechnik ohne umfangreiche und umfassende Dokumentation, Kontrolle und Schulung nicht existent wäre.

Im anschließenden *Abschnitt 9.3 „Qualifizierung von Spritzgießmaschinen und Automationssystemen"* wird diese mehr oder weniger „theoretische" Basis auf die Praxis, in unserem Fall auf Spritzgießmaschinen und -Anlagen angewandt, und aus Sicht eines Maschinenbauers beschrieben. Dabei liegt der Fokus auf dem Ablauf des Verfahrens, wobei sich naturgemäß einige inhaltliche Überschneidungen nicht vermeiden lassen.

Der letzte *Abschnitt 9.4 „Personal und Personalhygiene"* geht auf den wichtigen Bereich Personal und Personalhygiene ein. Auch wenn man bestrebt ist, den Faktor „Mensch" in diesem Arbeitsbereich so gering wie möglich zu halten, kann man im Reinraum auf die menschliche Arbeitskraft nicht gänzlich verzichten. Es wird klar herausgearbeitet und aufgezeigt, dass im reinen Raum andere Gesetzmäßigkeiten herrschen, als an „normalen" Arbeitsplätzen: Die Arbeitskleidung schützt hier zum Beispiel den Reinraum vor dem Menschen und nicht, wie in normalen Arbeitsumgebungen, den Menschen vor der Umwelt. Auch werden praxisbezogene Informationen zu Verhaltensweisen im Reinraum gegeben, bis hin zu Profilen für den idealen Mitarbeiter im Reinraum.

■ 9.2 Dokumentation und Qualitätssicherung im Reinraum

Gertraud Rieger

9.2.1 Einführung und regulatorisches Umfeld

Das Streben nach ständig verbesserter Qualität und die Entwicklung von Hochtechnologieprodukten erfordern hohe Ansprüche im Hinblick auf die Keim- und Partikelbelastung der Herstellungsumgebung. Reinräume werden zur Erfüllung dieser Anforderungen vorwiegend in den Bereichen Elektronik, Optik, Mikrosystem- und Oberflächentechnik sowie bei der Herstellung im pharmazeutischen Umfeld (Arzneimittel, Medizinprodukte, medizinische Packmittel) eingesetzt.

Die Dokumentation ist ein essentieller Bestandteil der Qualitätssicherung. Schriftliche Nachweise über die Einhaltung von gesetzlichen Bestimmungen, Normen oder internen und externen Vorgaben sind unabdingbar, um der Nachweispflicht gegenüber Kunden, Behörden sowie weiterer interessierter Parteien nachzukommen. Das Prinzip der Schriftform gilt dabei sowohl für Vorgabe- wie auch für Nachweisdokumente.

Unter Vorgabedokumenten versteht man beispielsweise Qualitätshandbücher, Standard-Operating Procedures (SOPs), Verfahrens- und Arbeitsanweisungen, Herstellungs- oder Prüfvorgaben sowie Formblätter mit Anweisungen. Wesentliches Merkmal der Vorgabendokumente ist, dass diese im Gegensatz zu den Nachweisdokumenten einem Änderungsmanagement unterliegen. Hier greifen Verfahren zur Lenkung von Dokumenten.

Durch dokumentierte Vorgaben werden Abläufe festgelegt, Prozesse gesteuert, Anforderungen definiert und somit letztendlich die Qualität eines Produktes oder Prozesses gewährleistet. Die Dokumentation dient zur Sicherung der Rückverfolgbarkeit bei Reklamationen, Inspektionen oder zur Nachweisführung im Schadensfall sowie als Datenbasis für die kontinuierliche Verbesserung.

Für externe Institutionen bedeutet die Dokumentation eine schriftliche Beweisführung („written evidence") über betriebliche Vorgänge, von der eine Übereinstimmung mit den realen Gegebenheiten zwingend erwartet wird. Die Bedeutung der Dokumentation zeigt sich vor allem auch bei Audits und Inspektionen. Behörden im pharmazeutischen und medizintechnischen Bereich können ein Fehlen von schriftlichen Vorgaben und Nachweisen als „nicht durchgeführt" interpretieren und sogar als versuchten Betrug auffassen.

Die Vorgaben an die Dokumentation und die Qualitätssicherung der Reinraumfertigung variieren je nach Produkt und Herstellungsverfahren. Werden für manche Produkte interne Standards oder die Vorgaben eines Qualitätsmanagementsystems, z. B. nach der Normenfamilie ISO 9000, als ausreichend erachtet, so gelten weitere Forderungen für Produkte, deren Verunreinigung ein erhöhtes Gefahrenpotenzial für das Produkt selbst oder für Personen erwarten lassen.

Die Qualitätsmanagementsysteme für die Herstellung pharmazeutischer Produkte beziehen sich auf die Regeln der Guten Herstellungspraxis (Good Manufacturing Practice, GMP), die in Gesetzen und Verordnungen gesetzlich bindend niedergelegt sind. Die Grundlagen einer GMP-konformen Dokumentation für Arzneimittel sind unter anderem im EG-Leitfaden einer Guten Herstellungspraxis für Arzneimittel (EU) oder im Code of Federal Regulations, 21 CFR 210/211 (USA) sowie den ergänzenden Leitfäden beschrieben. Für Medizinprodukte gründen sich die Vorgaben für Dokumentation und Qualitätsmanagement auf die internationale harmonisierte Norm ISO 13485 oder das Regelwerk 21 CFR 820 (USA), für medizinische Packmittel gilt die Norm ISO 15378.

Ziel dieses Kapitels ist es, den Stand der Technik im pharmazeutischen Umfeld (Arzneimittel, Medizinprodukte, Packmittel) vorzustellen, da diese Produkte häufig in Reinräumen gefertigt werden. Die Festlegungen können jedoch auch in anderen Branchen sinnvoll und nutzbringend umgesetzt werden.

Eine Beschränkung der Inhalte dieses Kapitels auf die spezifischen Forderungen bei der Fertigung im Reinraum wäre nicht sinnvoll, sind doch viele Dokumentations- und Qualitätsanforderungen für bestimmte Produktgruppen allgemein gültig, unabhängig davon, ob ein Produkt im Reinraum gefertigt wird oder in konventionellen Herstellungsbereichen. Diese allgemeinen Forderungen müssen folglich auch bei der Fertigung in Reinräumen berücksichtigt werden.

Selbstverständlich müssen auch die besonderen Anforderungen an die reinraumtechnische Fertigung in das betriebliche Qualitätsmanagementsystem eingebunden werden. Diese sind unter anderem in der Normenfamilie ISO 14644 dargestellt. Die Normenteile regeln Themenbereiche wie Klassifizierung der Luftreinheit und Kontamination, Prüfung und Überwachung, Messtechnik und Prüfverfahren, Planung, Ausführung, Erstinbetriebnahme, Betrieb sowie Einrichtung zur Trennung von Raumbereichen. Die VDI-Richtlinien 2083 lehnen sich an die ISO 14644 an und ergänzen sie. Für die pharmazeutische Fertigung sind reinraumbezogene Vorgaben im Anhang I des EG-GMP-Leitfadens „Mikrobiologische Anforderungen" niedergelegt. Den amerikanischen Markt betreffend regeln derzeit die Pharmakopoe (USP 25) sowie die Leitlinie „Guidance for Industry: Sterile Drug Products Produced by Aseptic Processing – Current Good Manufacturing Practice" die Anforderungen.

9.2.2 Dokumentation und Qualitätssicherung im Reinraum

Die Umsetzung von Vorgaben sollte nach dem Motto „so wenig wie möglich, aber so viel wie nötig" erstellt werden. Dies erweist sich in der Praxis oft als schwierig, weil meist klare und detaillierte Vorgaben seitens der Gesetze, Richtlinien oder Normen fehlen. Die nachfolgenden Inhalte sollen Anhaltspunkte geben, die Interpretation und Auslegung in der Reinraumfertigung praxisorientiert umzusetzen, erheben aber keinen Anspruch auf Vollständigkeit. Die internen, gesetzlichen und Kundenanforderungen unter Einbeziehung der Marktausrichtung und branchenspezifischen Vorgaben müssen jeweils individuell ermittelt werden, um das Dokumentations- und Qualitätssicherungssystem auf die Gegebenheiten abstimmen zu können.

Nur eine Dokumentation, die bestimmten Kriterien unterliegt, erlaubt eine Rückverfolgbarkeit des Handelns, der Prozesse und Abläufe, sowie der eingesetzten Materialien. In vielen normativen oder gesetzlichen Vorgaben sind die Anforderungen zur Dokumentation jedoch sehr allgemein formuliert, sodass die in der Praxis umzusetzenden Forderungen nur schwer daraus zu ermitteln sind. Dennoch herrschen unabhängig von Art und Umfang der unternehmensspezifischen Dokumente allgemein gültige und konkrete Erwartungen vor, welche die Vorgabedokumentation erfüllen sollte.

Zu den Nachweisdokumenten zählen beispielsweise handschriftliche Aufzeichnungen, Protokolle, Prüfdaten, Ausdrucke oder sonstige Rohdaten. Diese müssen so angefertigt oder vervollständigt werden, dass sich die Tätigkeiten und Abläufe lückenlos rückverfolgen lassen. Im Gegensatz zu Vorgabedokumenten, welche nicht handschriftlich erstellt werden sollten, dürfen Aufzeichnungen handgeschrieben geführt werden. Rohdaten (Primärdaten) müssen aufbewahrt werden, denn diese sind von größerer Bedeutung als deren Auswertungen und Zusammenfassungen.

Bei der Erstellung von Rohdaten und Aufzeichnungen sind mehrere Kriterien zu beachten. Ziel ist es, die Nachvollziehbarkeit über das tatsächliche Handeln zu gewährleisten. Selbst nach einem längeren Zeitraum muss erkenntlich sein, wer welche Tätigkeiten durchgeführt oder Entscheidungen auf welcher Grundlage getroffen hat.

Eine Gegenüberstellung der Anforderungen an Vorgabedokumente und Nachweisdokumente ist in der nachfolgenden Tabelle 9.1 dargestellt.

Um den besonderen Ansprüchen an Technik, Hygiene oder Ausrüstung beim Betrieb von Reinräumen gerecht zu werden, ist die Regelung der im folgenden beschriebenen Belange in Vorgabedokumenten sowie gegebenenfalls das Führen von den zugehörigen Nachweisdokumenten sinnvoll (Tabelle 9.2).

TABELLE 9.1 Anforderungen an Vorgabedokumente und Nachweisdokumente

Vorgabedokumente	Nachweisdokumente
Schriftlich fixiert	Zeitnah erstellt
Lesbar (über die definierte Archivierungsfrist)	Wahrheitsgemäß
Konform zu geltenden externen Vorgaben	Im Einklang mit Vorgabedokumenten
Gelenkt (Änderungskontrolle, Freigabeprocedere)	Vollständig
Vollständig	Übersichtlich
Eindeutig (kein Interpretationsspielraum)	Keine Möglichkeit der Löschung
Verständlich tur den Anwender	Eindeutig
Geschult	Wiederauffindbar
Aktuell	Lesbar über die Aufbewahrungsfrist
Zugänglich	Glaubwürdig (nachvollziehbare Korrekturen)
Strukturiert	Kontrolliert (4-Augen-Prinzip)
Konsistent	Vorgaben für elektronische Aufzeichnungen

TABELLE 9.2 Zu führende Vorgabedokumente für die Bereiche Hygiene, Betrieb und Technik

Hygiene	Raumkonzept (Hygieneplan)
	Vorgaben zur Betriebshygiene (Reinigung/Desinfektion)
	Vorgaben zur Personalhygiene
Betrieb	Verhaltenshaltensregeln im Reinraum
	Umkleideprocedere und Schleusen
	Qualifizierung/Requalifizierung
	Validierung/Revalidierung
	Verhalten/Aktivitäten im Falle von „Out-of-specification"-Ereignissen
	Vorgaben zum Change-Control-Prozess
	Notfallpläne
	Schulungsvorgaben
	Zugangsregelung
	Nachweis der Reinraumklasse (regelmäßiges mikrobiologisches Monitoring, Partikelmonitoring)
Technik	Störmeldesysteme
	Kontinuierliches Monitoring (z. B. Temperatur, Druck, Feuchtigkeit)
	Instandhaltung (Instandsetzung, Wartung, Inspektion)
	Kalibrierungsvorgaben für relevante Messstellen (Temperatur, Druck, Feuchte, Partikel)

9.2.2.1 Dokumentations- und Qualitätsvorgaben für den Bereich Hygiene

Raumkonzept (Hygieneplan)

Die Erstellung eines übergeordneten Dokuments zur Betriebs- und Personalhygiene hat sich in der Praxis als hilfreich erwiesen, vor allem zur Darstellung bei Inspektionen oder zu Schulungszwecken. Dies kann beispielsweise in Form eines Hygieneplans erfolgen, in dem das Raumkonzept und die Raumklassifizierung festgelegt werden, d. h. die Zuordnung der Räume zu einer definierten Reinheitsklasse entsprechend der Raumnutzung (Zonenkonzept).

Reinheitsklassen sind beispielsweise in der Norm ISO 14644-1 (ISO 1 bis 9) oder im Anhang I des EG-Leitfadens (Hygienezonen A bis D) sowie im US FDA Guidance for Industry „Sterile Drug Products Produced by Aseptic Processing – Current Good Manufacturing Practice" (Klasse „100" bis „100 000", als Äquivalent für die Klassen ISO 5 bis 8) festgelegt. Mikrobiologische Anforderungen an Reinräume finden sich auch im US-Pharmakopoe Kapitel <1116> „Microbiological Control and Monitoring of aseptic Processing Environments" sowie im Anhang I des EG-GMP-Leitfadens. Für Medizinprodukte oder pharmazeutische Packmittel sind keine spezifischen Forderungen niedergelegt, daher orientieren sich die Vorgaben meist an einem der vorstehend genannten Dokumente. Wo keine gesetzlichen oder kundenbezogenen Forderungen bestehen, können unternehmensspezifische Vorgaben definiert werden.

Ein Hygieneplan enthält alle Anforderungen an einen Produktionsbereich und beschreibt die Aktivitäten, welche die Einhaltung der vorgegebenen Akzeptanzkriterien sichern. Der Detaillierungsgrad des Hygieneplans kann variieren. Üblicherweise beschreibt der Hygieneplan die Anforderungen und die Umsetzung zusammenfassend und enthält Verweise auf mitgeltende Unterlagen wie Verfahrens- und Arbeitsbeschreibungen, sowie Reinigungs- und Desinfektionspläne. Diese wiederum müssen dann aber die Vorgaben vollständig und detailgetreu beschreiben, damit bei der Umsetzung kein Handlungsspielraum für das ausführende Personal besteht und die Nachvollziehbarkeit gewährleistet ist.

Der Hygieneplan beinhaltet Informationen zu allen Maßnahmen zur Aufrechterhaltung der Betriebshygiene, welche häufig in Aktivitäten zur Produktions- und Personalhygiene unterteilt werden.

In Tabelle 9.3 sind mögliche Inhalte eines Hygieneplans aufgeführt.

Vorgaben zur Betriebshygiene (Reinigung und Desinfektion)

Da die Vorgaben zur Personalhygiene ausführlich in Abschnitt 9.4 „Personal und Personalhygiene" von Dr. Rudolf Hüster beschrieben sind, liegt der Fokus der folgenden Ausführungen auf dem Thema Produktionshygiene, wobei Anforderungen an die Reinigung und Desinfektion von Räumen und Produktionsanlagen beschrieben werden.

TABELLE 9.3 Mögliche Inhalte eines Hygieneplans

Allgemeine Festlegungen	
Zielsetzung	
Geltungsbereich	
Verantwortlichkeiten	
Normative und gesetzliche Grundlagen	
Hygienezonen	
Zuordnung der Räume	Zuordnung der einzelnen Räume zu einer Hygienezone einschließlich einer Rationale
Definition von Akzeptanzkriterien	In Bezug auf Partikel, mikrobiologische Anforderungen oder interne Forderungen z. B. bezüglich Temperatur, Feuchte, Druck
Anforderung an Räume	
Anforderungen an Partikel und Mikrobiologische Anforderungen	Externe oder interne Vorgaben, Grenzwerte, Warnlimits
Schleusenkonzept	Materialschleuse, Personalschleuse, Abläufe,
Qualifizierung	Vorgaben zur Erst- und Requalifizierung (Umfang, Intervalle etc.)
Zugangsregelungen	Voraussetzungen an Ausbildung, Schulung oder Überwachung des Personals, Umgang mit betriebsfremden Personen oder Besuchern
Personalhygiene	
Arbeitskleidung	Definition der Kleidung in Bezug zu einer Hygienezone, Vorgaben zu Reinigung und Wechselfrequenz, Anforderungen bezüglich Material, Farbe, Beschaffenheit
Gesundheitsanforderungen	Ärztliche Überwachung, Meldepflicht bei bestimmten Erkrankungen, gegebenenfalls Definition von Gesundheitsanforderungen
Hygieneanforderungen der Mitarbeiter in den einzelnen Hygienezonen	Körperhygiene, Reinigung und Desinfektion der Hände
Verhaltensregeln	Bezüglich Essen/Trinken/Rauchen, Tragen von Schmuck, Kosmetik, Betreten/Verlassen einer Zone, Bewegen innerhalb einer Zone
Schulung	Schulungsmatrix (welche Funktion erfordert welche Fähigkeiten/Kenntnisse), externes und Reinigungspersonal ist ebenfalls einzubeziehen
Überprüfung des Hygienestatus des Personals (wenn gefordert)	Abklatschtests, Handschuh-Monitoring
Produktionshygiene (Räume, Oberflächen, Betriebsmittel, Ausrüstung)	
Reinigungspläne Desinfektionspläne	Detaillierte Beschreibung der Aktivitäten, Intervalle, Methoden, Definition von Reinigungs- und Desinfektionsmitteln, gegebenenfalls Statuskennzeichnung
Monitoring, Routineüberwachung Umgebungskontrollen	Monitoring in Bezug auf Partikel und mikrobiologische Kontamination, gegebenenfalls mikrobiologische Kontrolle der Reinigungs- und Desinfektionsmittel (geöffnete Gebinde, gebrauchsfertige Lösungen)
Lagerung	Reinigungshilfsmittel, Reinigungsmittel
Abfallbeseitigung	Regelung der Sammlung und Entsorgung
Schädlingsbekämpfung	Detaillierte Beschreibung der Aktivitäten, Intervalle, Methoden, Definition der einzusetzenden Präparate
Hygienestatus	Abklatschtests

Der Auswahl von geeigneten Reinigungs- und Desinfektionsmitteln kommt eine große Bedeutung zu. Hierbei müssen sowohl die Art der Verunreinigung, das mikrobiologische Keimspektrum sowie die Robustheit der zu behandelnden Oberflächen berücksichtigt werden. Bei der Auswahl von Desinfektionsmitteln können die Empfehlungen des Verbundes für angewandte Hygiene (VAH, vormals DGHM) und des Robert-Koch-Instituts herangezogen werden.

Vorgaben für die Betriebshygiene sind in Reinigungs- und Desinfektionsanweisungen enthalten, die detaillierte Angaben für die zu reinigenden Räume, technischen Anlagen und Oberflächen enthalten sollten. Reinigungs- und Desinfektionsanweisungen müssen präzise und eindeutig die auszuführenden Schritte beschreiben. In der nachfolgendenden Box ist ein Negativbeispiel aufgeführt.

Negativbeispiel:
Reinigungsanweisung mit erheblichem Interpretationsspielraum

Bei Verschmutzung ist die Montageanlage zu reinigen. Das Reinigungsmittel wird verdünnt und gegebenenfalls ist ein Desinfektionsschritt durchzuführen. Das Desinfektionsmittel muss eine gewisse Zeit einwirken, um einen entsprechenden Effekt zu erzielen. Verdünnte Reinigungs- und Desinfektionsmittel dürfen nicht zu lange aufbewahrt werden, weil es sonst zu einer Verkeimung kommt.

Die Anweisungen für die Produktionshygiene müssen also detailliert und ausführlich sein und sollten folgende Punkte beinhalten:

- Verantwortlichkeiten bei der Reinigung/Desinfektion müssen festgelegt werden.
- Detaillierte Beschreibung der Durchführung ist notwendig.
  - Festlegung der Reinigungs-/Desinfektionsintervalle
  - Festlegung der zu reinigenden Gegenstände oder Anlagen/teile (auch: Definition kritischer Bereiche, gegebenenfalls Vorgabe von Demontageschritten)
  - Festlegung der zu verwendenden Reinigungs-/Desinfektionsmittel (gegebenenfalls alternierende Verwendung von Mitteln mit verschiedenen Wirkstoffen)
  - Beschreibung der durchzuführenden Reinigungs-/Desinfektionsschritte
  - Festlegung von Hilfsmitteln (Bürsten, Lappen, Tücher, Leitern etc.)
  - Gegebenenfalls Festlegung der Konzentration der Präparate, der Temperatur, von Einwirk- oder Trocknungszeiten
  - Gegebenenfalls Vorgaben zur Spülung.
  - Gegebenenfalls Festlegung der Reinigungsmethode (z. B. Fußbodenreinigung mit Ein-/Zwei-Eimerwischmethode mit/ohne Mopwechsel)
- Definition des Anwendungsbereichs, wenn unterschiedliche Mittel eingesetzt werden.

- Vorgaben zur Reinigung/Desinfektion der Hilfsmittel (z. B. Wischmopps).
- Vorgaben zur Dokumentation und gegebenenfalls Kontrolle der Reinigung/Desinfektion.

Von großer Bedeutung sind Festlegungen zur Reinigung bzw. Desinfektion von Reinigungshilfsmitteln, wie Eimer, Bürsten, Lappen, Tücher oder Wischmopps. Wenn die Reinigungshilfsmittel durch Schmutz, Partikel oder Mikroorganismen kontaminiert sind, ist eine gründliche Reinigung nicht gewährleistet, selbst wenn alle sonstigen Vorgaben eingehalten werden. Beim Einsatz von wiederverwendbaren Reinigungshilfsmitteln sollten die Vorgaben eine zuverlässige Kennzeichnung („gereinigt", „desinfiziert") und Erhaltung des Hygienestatus gewährleisten.

Mit Reinigungs-/Desinfektionsnachweisen wird die Durchführung jeder Reinigung bzw. Desinfektion schriftlich bestätigt. Dies kann mithilfe von Formblättern erfolgen, auf denen die Art der Reinigung/Desinfektion, das Datum und die Identität der durchführenden Person sowie der Gegenstand der Reinigung/Desinfektion hervorgeht. Die Raumreinigung kann auch in einem Raum- oder Logbuch dokumentiert werden. Zumindest stichprobenartig sollte der Erfolg der Reinigung/Desinfektion und die Vollständigkeit der Dokumentation durch eine zweite Person kontrolliert werden.

9.2.2.2 Dokumentations- und Qualitätsvorgaben für Reinraumbetrieb und Technik

Risikoanalyse

Im Rahmen einer Risikoanalyse werden die potenziellen Risiken einer Ausrüstung oder eines Prozesses hinsichtlich der Beeinflussung qualitäts- oder sicherheitsrelevanter Funktionen ermittelt, die möglichen Ursachen untersucht und geeignete Maßnahmen zur Risikominimierung festgelegt.

Risikoanalysen sind beispielsweise im Rahmen der Erstellung eines Hygienekonzeptes erforderlich, um die Rationalen für die Zuordnung eines Raums zu einer Raumklasse zu ermitteln. Weiterhin werden Risikoanalysen im Rahmen der Qualifizierung sowohl für Reinräume wie auch für die Prozessausrüstung durchgeführt.

Risikoanalysen sollten zu einem möglichst frühen Zeitpunkt erstellt werden, um rechtzeitig den potenziellen Risiken durch eine entsprechende Ausführung bzw. Ausrüstung entgegenzuwirken.

In Tabelle 9.4 sind mögliche Inhalte einer Risikoanalyse im Zusammenhang mit einem Reinraum zusammengefasst.

Das Ergebnis der Risikoanalyse muss bei der Raum-, Prozess- und Prüfplanung berücksichtigt werden, z. B. bei der Festlegung von Warn- und Aktionslimits oder Akzeptanzkriterien sowie bei Vorgaben für Prüf- und Kontrollaktivitäten, Kalibrierung, Wartung, Schulung, Reinigung oder Monitoring.

TABELLE 9.4 Inhalte einer Risikoanalyse

Zu betrachtende Einheit	Mögliche Inhalte
Reinraumhülle	Boden, Wände, Türen, Fenster, Decke, Schleusen für Personal und Material etc.
Raumlufttechnische Anlage	Klimageräte, Lüftungsleitungen mit Einbauteilen, Umluftkühlgeräte, Filter-Fan-Units, Reinraumabluftgitter etc.
Monitoring	Hardware, Software, Auswahl der Probenahmestellen
Medien	Sterildruckluft, Stromversorgung, Wasserzugang etc.
Gesamtsystem	Personal, Material, Maschinen und Anlagen, Betriebsmittel, Ersatzteile, Beschädigung, Reinigung, Verschmutzung etc.

Die Risikoanalyse ist ein „lebendes Dokument" und muss in regelmäßigen Abständen überarbeitet und auf Aktualität geprüft werden.

Meist werden folgende Formen der Risikoanalyse eingesetzt:

- Fehlermöglichkeits- und Einflussanalyse (FMEA)
- Fehlerbaumanalyse
- Fischgrätdiagramm (Ishikawa-Diagramm)
- HACCP
- Unternehmensspezifische Form der Risikoanalyse

Risikoanalysen empfehlen sich auch, um die Auswirkungen von Änderungen z. B. bezüglich räumlicher Ausstattung, technischer Ausrüstung oder von Verfahren, Prüfungen, Kalibrierungs- oder Wartungsaktivitäten abzuschätzen und gegebenenfalls entsprechende Maßnahmen zur Risikominimierung einzuleiten.

Nachweis der Reinheitsklasse

Auch bei Reinräumen, in welchen ein kontinuierliches Monitoring technischer Parameter (z. B. Partikel, Druckdifferenz etc.) etabliert ist, muss in regelmäßigen Abständen eine Überprüfung stattfinden, ob die Vorgaben der festgelegten Reinheitsklassen eingehalten werden. Dieser Nachweis bezieht sich auf Partikel und/oder die mikrobiologische Belastung. Hierbei sollten Monitoringpläne vorhanden sein, in denen Verantwortlichkeiten festgelegt sowie Probennahmeverfahren, Messstellen, Prüfintervalle und Akzeptanzkriterien definiert werden. Maßnahmen bei Ergebnissen außerhalb der Spezifikation sind festzulegen.

Beim mikrobiologischen Monitoring wird je nach Reinheitsklasse die Keimzahl der Luft oder von Oberflächen ermittelt. Neben den vorstehend genannten Inhalten sollten beim mikrobiologischen Monitoring zusätzlich die verwendeten Geräte, Nährmedien, Testmethoden, Inkubationsbedingungen, sowie die Methoden der Auswertung der Ergebnisse, beschrieben werden. Angaben zur Validierung der Testmethoden können ebenfalls sinnvoll sein.

Bereits im Vorfeld des Monitoring sollten Grenzwerte gesetzt und Maßnahmen im Falle von Warn- und Grenzwertüberschreitungen definiert werden. Je nach Ausmaß und Bedeutung können folgende Aktionen sinnvoll sein:

- Überprüfung der technischen Parameter (Differenzdruck, Temperatur, rel. Luftfeuchtigkeit, Luftwechsel).
- Überprüfung der durchgeführten Reinigungs- und Desinfektionsaktivitäten, gegebenenfalls erneute Reinigung, Desinfektion.
- Überprüfung der Filtersysteme.
- Überprüfung der Anzahl der anwesenden Personen zum Zeitpunkt der Messung.
- Prüfung des Raumbuchs auf Ereignisse (Wartungsarbeiten, sonstige Arbeiten).
- Überprüfung Vorgaben bzw. den Grad der Umsetzung durch die Mitarbeiter, gegebenenfalls Schulung.
- Überprüfung der Effektivität der Reinigungs- und Desinfektionsverfahren, bzw. -mittel (Mikrobiologische Untersuchungen gegebenenfalls Wechsel des Desinfektionsmittels).
- Erhöhung der Anzahl der Messstellen, gegebenenfalls befristet.
- Verkürzung der Messintervalle, gegebenenfalls befristet.
- Beurteilung der Auswirkung auf die Qualität der Produkte und Einleitung von Korrektur- und Vorbeugemaßnahmen.

Das Ergebnis des Monitoring muss vorliegen. Die Aufzeichnungen müssen von einem verantwortlichen Personenkreis freigegeben werden.

Schulung

Die Schulung von Vorgaben speziell für den Reinraumbetrieb ist unerlässlich. Voraussetzung für die Schulung ist, dass die Inhalte in Form von Vorgabedokumenten schriftlich fixiert sind.

In der Praxis ist es oft nicht ausreichend, die entsprechenden Vorgabedokumente zu verteilen. Die Inhalte sollten daher im Rahmen einer Schulung vermittelt werden, wobei auftretende Fragen unmittelbar geklärt und Vorurteile gegenüber Neuerungen durch Überzeugungsarbeit abgebaut werden können. Unter Umständen müssen auch praktische Schulungsinhalte vermittelt werden (z. B. Umkleideprocedere, Schleusenprozess). Hier bietet es sich an, korrekte Abläufe mithilfe von Fotos oder Videoaufnahmen festzulegen und durch praktisches Üben zu vertiefen.

Grundsätzlich gilt, dass alle Schulungsmaßnahmen zu dokumentieren sind. Dabei sollten Schulungsinhalte, Datum, Ort, Referent und die Namen der Teilnehmer aufgezeichnet werden. Für alle Mitarbeiter im Reinraum muss ein Schulungsplan erstellt werden. Das Anlegen einer Trainingsmatrix, in der für jede Tätigkeit die erforderlichen Fertigkeiten und Kenntnisse definiert werden, ist empfehlenswert. Der Schulungsbedarf ergibt sich dann durch Vergleich der Trainingsmatrix mit der tatsächlichen Qualifikation eines Mitarbeiters. Weiterer Schulungsbedarf ergibt sich individuell, beispielsweise durch neue Vorgaben oder bei Regelverstößen.

Das Schulungskonzept muss aus einer Erstschulung für neue Mitarbeiter und regelmäßigen Wiederholungsschulungen bestehen. Dabei ist gegebenenfalls auch externes Personal (Reinigungskräfte) einzubeziehen. Es wird empfohlen, für Mitarbeiter im Reinraum mindestens folgende Schulungen durchzuführen:

- Mikrobiologische Grundschulung (z. B. typische Erreger, Übertragungswege von Krankheiten, Prinzip von Abklatschtests etc.)
- Regeln zur Personalhygiene
- Regeln zur Produktionshygiene
- Spezielles Verhalten im Reinraum
- Reinigungs- und Desinfektionstechniken
- Praktische Fertigkeiten: Umkleideprocedere, Schleusen, Reinigen, Händedesinfektion, Dokumentation etc.

Schulungen sind auf ihre Wirksamkeit zu prüfen. Das Ergebnis der Bewertung sollte dokumentiert werden. Übliche Formen der Bewertung sind Selbstbewertung des Teilnehmers oder Bewertung durch Vorgesetzte, die sich beispielsweise auf die Diskussion von Inhalten oder Umsetzung von Lerninhalten in der täglichen Praxis stützen kann.

Logbücher

Logbücher werden für kritische Ausrüstung erstellt, in dem in chronologischer Reihenfolge alle wichtigen Daten eingetragen werden. Das Logbuch ist vor Ort aufzubewahren und muss so gekennzeichnet sein, dass es einer Anlage eindeutig zugeordnet werden kann. Für GMP-pflichtige Ausrüstung sollte eine Nummerierung der Seiten (Paginierung), am besten bereits als Vordruck, vorhanden sein. Im Reinraum werden Logbücher beispielsweise für lufttechnische Anlagen, Kälteanlagen oder technische Ausrüstung angelegt.

Folgende Vorgänge sollten in einem Logbuch dokumentiert werden:

- Inbetriebnahme
- Austausch von Ersatzteilen
- Änderung technischer Parameter
- Reinigung und Desinfektion
- Instandhaltung (Reparatur, Wartung, Inspektion)
- Qualifizierung/Requalifizierung

- Kalibrierung, Justierung, Eichung
- Nutzung (bei Herstellungsausrüstung)

Aus dem Logbuch sollten Informationen wie Datum/Uhrzeit, Beschreibung und Ergebnis der Aktivität, Identifikation der durchführenden Person sowie gegebenenfalls Ursachen oder weitere Maßnahmen hervorgehen.

Auch für Räume kann ein Logbuch erstellt werden. Hier kann z. B. der Zutritt und das Verlassen überwacht werden, sofern kein elektronisches Erfassungssystem eingerichtet ist. Auch für den Zugang von Personen, die nur gelegentlich im Reinraum tätig sind oder für Besucher empfiehlt sich das Führen eines Logbuches (Besucherbuch) zur Nachweisführung, da Personen, die mit den Vorgaben in einem Reinraum nicht so vertraut sind, sich unwissentlich falsch verhalten können, was zu Störungen führen kann.

Instandhaltung

Gemäß DIN 31051 versteht man unter dem Begriff „Instandhaltung" die Gesamtheit aller Maßnahmen zur Bewahrung und Wiederherstellung des Sollzustandes sowie zur Feststellung und Beurteilung des Ist-Zustandes. Zur Instandhaltung gehören Inspektion, Instandsetzung (Reparatur) und Wartung.

Die vorbeugende Instandhaltung, zu der man Wartung und Inspektion zählt, muss in einem Vorgabedokument beschrieben sein. Neben Angaben zum Gerät bzw. der Anlage sind hier die durchzuführenden Arbeiten und die Intervalle festzulegen. Auch die Betriebs- oder Hilfsstoffe, sowie Hilfsmittel sind zu definieren. Die Aufzeichnungen zur Instandhaltung sollten neben Datum und Identität des Durchführenden auch einen Freigabevermerk für den weiteren Betrieb der Anlagen beinhalten sowie gegebenenfalls Informationen über eingeleitete Maßnahmen. Vorgaben und Aufzeichnung können in einem Dokument geführt werden (z. B. Formblatt mit Anweisung und Eintragungen).

Kalibrierung

Qualitätsrelevante, sicherheitsrelevante oder zur Anlagensteuerung notwendige Messstellen müssen kalibriert werden. Im Reinraumbetrieb werden üblicherweise Messgeräte für Temperatur, Druck, Feuchte, Partikel oder Luftgeschwindigkeit kalibriert. Auch die Sensoren und Messstellen von Prozessanlagen sind zu kalibrieren.

Bei der Kalibrierung wird der Ist-Wert der Messstelle mit einem Sollwert abgeglichen. Hierbei muss eine Rückführbarkeit auf ein (inter-)nationales Normal gewährleistet sein. Das genaue Vorgehen sollte in einem Vorgabedokument beschrieben werden, in dem auch der jeweilige Messbereich und die zulässigen Toleranzen für die Kalibrierung zu definieren sind. Die Festlegung der Kalibrierintervalle erfolgt risikobasiert, wobei gegebenenfalls eine zeitliche Toleranz definiert werden kann.

Alle Messstellen sollten gekennzeichnet und in einer Liste geführt werden. Zweckmäßig ist es, in dieser neben dem Intervall auch den aktuellen Kalibrierstatus („kalibriert", „nicht kalibriert") zu nennen.

Das Ergebnis der Kalibrierung muss aus einem Kalibrierbericht hervorgehen, der eine Bewertung enthält, ob das Gerät betriebsbereit ist (Freigabe). Die Kalibrierung von Messstellen wird üblicherweise auch im Betriebsbuch vermerkt.

Häufig werden Kalibrierungsaktivitäten an externe Unternehmen ausgelagert. Hierbei muss sichergestellt werden, dass das beauftragte Unternehmen befugt ist, die geforderten Kalibrierungsleistungen durchzuführen. Die Kalibrierung wird durch Zertifikate bestätigt. Die Zertifikate sollten folgende Informationen beinhalten.

- Eine eindeutige Zuordnung des Zertifikates zum Messgerät oder der Messstelle.
- Die Nennung des verwendeten Normals (Referenz-, Bezugs- oder inter-/nationales Normal).
- Die zugrunde liegende Norm für die Durchführung oder Verweis auf hausinterne Richtlinien.
- Ergebnisse (auch jene außerhalb der Spezifikation), oder zumindest deren Zusammenfassung.
- Die Bewertung der Kalibrierung (z. B. „Spezifikation erfüllt", „Kalibrierung erfolgreich").
- Den Gültigkeitszeitraum (Fälligkeit der nächsten Kalibrierung).

Auch das Justieren (hierbei wird ein Messgerät verändert, sodass eine Abweichung vom Sollwert korrigiert wird) und das Eichen von Messgeräten ist zu dokumentieren. Für das Justieren sollte eine Arbeitsbeschreibung vorliegen, die Durchführung und das Ergebnis des Justierens sollten ebenfalls dokumentiert werden.

Umgang mit Änderungen

Um auch alle Änderungen im betrieblichen Ablauf nachverfolgen zu können, ist die Einführung eines Verfahrens zur Prüfung, Genehmigung und Dokumentation von Änderungen von großer Bedeutung. Eine Änderung ist eine geplante und dauerhafte Veränderung eines vorgegebenen Standards.

Im Zuge eines solchen Change-Control-Verfahrens werden Änderungen von Produkten, Räumen, Prozessen, technischer Ausrüstung, Spezifikationen, Prüfungen und der Dokumentation nach einem festgelegten Verfahren systematisch und strukturiert abgearbeitet.

Alle Änderungen sind zu dokumentieren, ihre Auswirkungen zu bewerten und vor der Einführung zu genehmigen.

Die Dokumentation von Änderungen sollte folgende Inhalte erfassen:
- Informationen zur Änderung (Beschreibung, Begründung)
- Prüfung der Auswirkungen der Änderung (Risikobewertung)
- Prüfung, ob eine Informations- oder Genehmigungspflicht gegenüber Dritten besteht (z. B. Behörden, Kunden, Lieferanten)
- Gegebenenfalls Klassifizierung der Änderung (z. B. minor/major/critical)
- Definition von Folgemaßnahmen, (z. B. Requalifizierung von Ausrüstung, Änderung von Vorgabedokumenten, Schulung etc.)
- Genehmigung des Änderungsantrages, möglichst durch ein interdisziplinäres Gremium
- Dokumentation der Einführung der Änderung im Produktionsablauf

Umgang mit Abweichungen

Im Gegensatz zu Änderungen sind Abweichungen kurzfristig und meist ungeplant. Unter einer Abweichung versteht man die Nichteinhaltung von festgelegten Abläufen, Verfahren, Spezifikationen, Vorgaben oder Dokumentationsanforderungen. Dies kann im Reinraumbetrieb nicht ausgeschlossen werden. Deshalb sollte auch hier eine systematische und strukturierte Vorgehensweise bei der Erfassung und Beurteilung von Abweichungen eingeführt werden. Die Ursachen, Entscheidungen und eingeleiteten Maßnahmen sind nachvollziehbar zu dokumentieren.

Die vollständige Dokumentation von Abweichungen, z. B. in Form eines Abweichungsprotokolls sollte Folgendes beinhalten:
- Beschreibung der Abweichung
- Meldung der Abweichung an die zuständigen Stellen (Kenntnisnahme durch Unterschrift z. B. Bereichsleiter, Mitarbeiter der Qualitätssicherung)
- Ermittlung der Ursachen
- Bewertung der Abweichung durch die verantwortliche Stelle
- Definition erforderlicher Korrektur- und Vorbeugemaßnahmen
- Durchführung von weiterführenden Untersuchungen, wenn:
  - die Ursache der Abweichung nicht mit Sicherheit bekannt ist.
  - die Abweichung wiederholt auftritt.

9.2.2.3 Dokumentations- und Qualitätsvorgaben für Qualifizierung und Validierung

Einführung und regulatorisches Umfeld

In der Medizintechnik sowie in der pharmazeutischen Industrie ist die Qualifizierung der verwendeten technischen Ausrüstung sowie die Validierung von Prozessen von großer Bedeutung. Damit wird der Nachweis geführt, dass die verwendeten Geräte und Anlagen sowie die Prozesse für den jeweiligen Zweck geeignet sind und festgelegte Spezifikationen erfüllt werden.

Die GHTF (Global Harmonization Task Force) hat harmonisierte Empfehlungen erarbeitet, wie die Qualifizierung und Validierung bei Medizinprodukten durchgeführt werden kann (Quality Management Systems – Process Validation Guidance, GHTF/SG3/N99-10:2004, Edition 2). Mittlerweile wurde die GHTF aufgelöst und Anfang 2011 die Nachfolgeorganisation International Medical Device Regulators Forum (IMDRF) gegründet, welche die bereits erarbeiteten Leitfäden übernommen hat. Dem Dokument zufolge sollten alle Prozesse validiert werden, deren Ergebnis nicht durch nachfolgende Monitoringaktivitäten oder Prüfungen (100 % Kontrolle) verifiziert werden können. In diesem Dokument wird explizit empfohlen, Kunststoff-Spritzgieß-Prozesse einer Validierung zu unterziehen.

Auch die geltenden Regularien für die Herstellung von Arzneimitteln, die unter anderem in den Good Manufacturing Practices niedergeschrieben sind, fordern den Einsatz von qualifizierter Ausrüstung für die Herstellung von Arzneimitteln und deren Verpackung sowie den Nachweis validierter Herstellprozesse. Da Arzneimittelhersteller ihre gesetzlichen Anforderungen auch an ihre Lieferanten aus der Medizintechnik- und Packmittelbranche weitergeben, ist die Qualifizierung der Ausrüstung und die Validierung auch von Herstellprozessen in den medizintechnischen Branchen mittlerweile Standard.

Im Zuge der Qualifizierung wird belegt, dass die im Reinraum eingesetzten Anlagen und Geräte innerhalb definierter Grenzen (Akzeptanzkriterien) für ihre Zwecke geeignet sind und dass die hergestellten Produkte die erforderliche Qualität aufweisen. Die Qualifizierung ist somit eine anlagenorientierte Betrachtung. Im Gegensatz dazu soll die die Prozessvalidierung Aufschluss geben, ob die zur Herstellung eingesetzten Verfahren und Prozesse geeignet sind und die Produkte festgelegte Qualitätsvorgaben erfüllen.

Qualifizierungsaktivitäten können bereits während der Konstruktions- oder Installationsphase beim Auftragnehmer durchgeführt werden. In diesem Fall spricht man von einem Factory-Acceptance-Test, bei dem vor Ort bereits die Anforderungen des Lastenhefts geprüft oder erste Testläufe durchgeführt werden. Prüfungen im Hause des Auftraggebers nennt man Site-Acceptance-Test.

Im Zuge von Qualifizierungs- und Validierungsaktivitäten sind Risikoanalysen hilfreich. Bereits in der Designphase sollten potenzielle Risiken ermittelt werden, um noch vor der Konstruktion oder Beschaffung mögliche Maßnahmen einleiten zu können. Auch der Qualifizierungs- und Validierungsumfang sollte risikobasiert festgelegt werden.

In der Regel werden Qualifizierung und Validierung prospektiv durchgeführt, d. h. die Aktivitäten sind vor der erstmaligen Herstellung von Produkten abgeschlossen.

Bei bereits in Betrieb befindlichen Anlagen oder neuen regulatorischen Forderungen kann auch eine retrospektive Qualifizierung/Validierung durchgeführt werden, bei der auf vorliegende Daten und Dokumente zurückgegriffen wird. Bei der retrospektiven Betrachtung besteht jedoch die Gefahr, dass die erforderlichen Dokumente, welche die Erfüllung der Anforderungen belegen, nicht (mehr) vollständig vorhanden sind oder die Daten nicht die gesamten geforderten Parameter abdecken. Aus diesem Grund entspricht dieses Vorgehen mittlerweile nicht mehr dem Stand der Technik. Validierungsaktivitäten können zudem begleitend durchgeführt werden („concurrent"). Hierbei erfolgen die Aktivitäten begleitend im Rahmen der Routineherstellung. Der Einsatz von qualifizierter Ausrüstung ist hier obligatorisch.

Bei kritischen Änderungen an Prozessen oder der Ausrüstung ist eine Revalidierung oder Requalifizierung durchzuführen, um zu zeigen, dass die Änderung keinen negativen Einfluss auf die Produkt- und Prozessqualität hat. Notwendigkeit und Umfang der Aktivitäten sollte risikobasiert festgelegt werden, wobei die Entscheidungsgrundlagen zu dokumentieren sind.

Im Rahmen von periodischen Reviews wird in regelmäßigen Abständen geprüft, ob der qualifizierte und validierte Zustand aufrecht erhalten ist. Hier werden die Betriebsbücher, die Dokumentation umgesetzter Änderungen und die letzte Qualifizierungs-/Validierungsdokumentation zur Bewertung herangezogen.

Erstellung von Plänen und Berichten für die Qualifizierung und Validierung

Welche Qualifizierungs-/Validierungsdokumente erforderlich sind, ist für jede technische Ausrüstung und jeden Prozess einzeln festzulegen. Der Einfluss auf die Qualität der Endprodukte und Standardisierung des Systems sind jeweilig zu berücksichtigen.

Folgende Dokumente werden im Zuge der Qualifizierung und Prozessvalidierung erstellt.

- Qualifizierungs-/Validierungs(master)plan
- Plan/Bericht zur Designqualifizierung (DQ)
- Plan/Bericht zur Installationsqualifizierung (IQ)
- Plan/Bericht zur Funktionsqualifizierung (OQ)
- Plan/Bericht zur Leistungsqualifizierung (PQ)
- Qualifizierungsbericht
- Gegebenenfalls Plan/Bericht zur Prozessvalidierung
- Gegebenenfalls Pläne/Berichte zur Requalifizierung -validierung
- Masterliste, in der die jeweiligen qualifizierten Ausrüstungen und deren Qualifizierungsstatus aufgelistet sind. Zusätzlich können mit geltende Qualifizierungsdokumente, Aufbewahrungsort, hier geregelt werden.

Um einen einheitlichen Aufbau der Dokumente zu erlangen, können diese gegliedert werden, z. B. in:
- Einleitung/Ziel der Qualifizierung/Validierung
- Systembeschreibung
- Verantwortlichkeiten
- Beschreibung der Durchführung inkl. Akzeptanzkriterien
- Unterschriftennachweis
- Mängelliste
- Abschlussprüfung mit Bewertung

Bei allen Dokumenten, auch den Anhängen, müssen Lenkungsinformationen enthalten sein (z. B. Ersteller, Version, Erstellungsdatum etc.).

Der Masterplan ist ein zusammenfassendes Dokument, welches bei größeren Projekten die Strategie, den Umfang der Qualifizierungs- und Validierungsaktivitäten, die Verantwortlichkeiten, und die erforderlichen Ressourcen beschreibt. Im Masterplan werden außerdem die einzelnen Schritte sowie die einzelnen Qualifizierungsobjekte sowie Prozesse definiert, sowie die erforderlichen Einzeldokumente definiert. Zudem enthält der Masterplan einen Verweis auf die Arbeitsgrundlagen (Richtlinien, Normen, Gesetze, Arbeitsbeschreibungen etc.).

Der Qualifizierungs- oder Validierungsplan beschreibt die Vorgehensweise detailliert und ist vor der Ausführung von einem festgelegten Personenkreis zu genehmigen. Im Plan sind durchzuführenden Aktivitäten (z. B. DQ, IQ, OQ, PQ), Vorgehensweisen, Methoden, die Akzeptanzkriterien und die Verantwortlichkeiten aller Mitwirkenden festzulegen. Systembeschreibungen oder die Definitionen von Meilensteinen können ebenfalls eingebracht werden. Zudem sind oft Vorgaben zur Berichterstellung, zur Abarbeitung von Mängeln, sowie die Dokumentation von anzuwendenden Testverfahren enthalten.

Akzeptanzkriterien müssen genau definiert sein. Im Falle von quantitativen Messungen sind ein Sollwert und die Toleranzgrenzen festzulegen. Bei Attributivprüfungen sind die Parameter, die zur Annahme führen, exakt zu beschreiben.

In Tabelle 9.5 sind Prüfpunkte aufgeführt, wie sie typischerweise in einem Plan zur Installationsqualifizierung zu finden sind. Das Beispiel zeigt jedoch, dass die Akzeptanzkriterien ungenau definiert sind, dem durchführenden Prüfer ein Interpretationsspielraum gewährt wird und daher keine exakte Nachvollziehbarkeit gegeben ist.

Nach Durchführung aller im Plan zur Qualifizierung/Validierung geforderten Prüfungen wird ein Bericht erstellt. Hier sind die während der Versuchsdurchführung angefallenen Ergebnisse zusammengefasst. Rohdaten und mitgeltende Unterlagen sind aufzubewahren und können mit entsprechenden Verweisen im Anhang abgelegt werden. Auch bei allen Anhängen müssen der Ersteller und das Erstellungsdatum bzw. der Revisionsstand ersichtlich sein.

TABELLE 9.5 Prüfpunkte

Drucksensoren:			
Anforderung	Anforderung erfüllt? ja/nein	Datum	Unterschrift
Installation entspricht Bestandsdokumentation, insbesondere:			
Richtige Sensoren eingebaut:			
An richtiger Position installiert:			
Exakt, sauber und gut reinigbar montiert:			
Reinigungs- und desinfektionsmittelbeständig:			

In Tabelle 9.6 sind die oben genannten Akzeptanzkriterien modifiziert und erlauben nun eine sichere Ausführung durch den Prüfer sowie eine nachvollziehbare Dokumentation.

TABELLE 9.6 Modifizierte Akzeptanzkriterien

Drucksensoren:				
Anforderung	Art der Prüfung	Anforderung erfüllt? ja/nein	Datum	Unterschrift
Installation entspricht Spezifikation in Bestandsdokumentation Nr. RR-1.145/04 Version a, insbesondere:	Visuell, Abgleich mit Bestandsdokumentation			
Drucksensoren gemäß Anlagenbeschreibung im Pflichtenheft Vers. 3 vom 23.04.2011:	Dokumentenabgleich			
Position gemäß Anforderung in Grundriss und Wandansicht Reinraum 1, Version 01:	Visuelle Inspektion und Dokumentenabgleich			
• Exakte, totraumarme Montage, die eine gute Zugänglichkeit bei der Reinigung ermöglicht • keine Spaltbildung zwischen den Einzelteilen • keine Hinterschneidungen	Visuelle Prüfung			
Oberflächenmaterialien beständig gegenüber in Reinigungs- und Desinfektionsmitteln verwendeten Chemikalien, mindestens • Organische Lösungsmittel, Laugen, • Säuren, (Chlor-) Kohlenwasserstoffe, Tenside, Seifen, Aldehyde, Alkohole	Prüfung des Materialzertifikats des Herstellers			

Mängel können mit den zutreffenden Maßnahmen über eine Mängelliste verwaltet werden. In den Plänen zur Qualifizierung/Validierung sollte festgelegt sein, welche Mängel abgearbeitet sein müssen, bevor weitere Schritte durchgeführt werden können. Spätestens zum Abschluss einer Qualifizierung/Validierung müssen alle kritischen Mängel abgestellt sein. Unkritische Mängel können im Qualifizierungs-/Validierungsbericht bewertet und gegebenenfalls ins Betriebsbuch übernommen werden.

Alle an der Qualifizierung oder Validierung beteiligten Personen müssen identifizierbar sein. Dies kann durch Anlegen einer Unterschriftenliste sichergestellt werden. Der Bericht muss die in den Plänen fixierten Vorgaben wiederspiegeln Abweichungen gegenüber den Plänen werden beschrieben, begründet und hinsichtlich ihrer Auswirkungen auf das Qualifizierungsergebnis bewertet.

Im Bericht wird die korrekte und vollständige Durchführung bestätigt und eine abschließende Beurteilung/Bewertung vorgenommen. Das Dokument ist per Unterschrift zu genehmigen, wobei üblicherweise der gleiche Personenkreis gewählt wird, der bereits den Plan genehmigt hat. Der genehmigte Bericht bestätigt den erfolgreichen Abschluss der Qualifizierung oder Validierung.

Bei sehr umfangreichen Qualifizierungs-/Validierungsprojekten kann ein übergreifender Abschlussbericht hilfreich sein, in dem die Ergebnisse der Einzelberichte zusammengefasst sind.

In einer Qualifizierungs-/Validierungshistorie wird jede Änderung nach der Erstqualifizierung/-validierung mit Datum und Autor festgehalten. Die Historie ist laufend zu aktualisieren, sodass Änderungen sicher rückverfolgt werden können.

Nachfolgend werden die Inhalte der Qualifizierungsschritte sowie der Validierung näher erläutert. Da die Qualifizierung von Räumen und sog. Nebenanlagen (z. B. Raumlufttechnische Anlagen, Medien) meist durch externe Dienstleister im Auftrag durchgeführt wird, liegt der Fokus der folgenden Ausführungen auf der Qualifizierung von Prozessanlagen.

Designqualifizierung (Design Qualification)

Im Gegensatz zu Arzneimitteln wird für Medizinprodukte eine Designqualifizierung (DQ) nicht explizit gefordert (siehe GHTF Leitfaden). Diese kann dennoch sinnvoll sein, um die Erfüllung der Anforderungen für die technische Ausrüstung bereits in der Planungsphase systematisch zu prüfen. Die Designqualifizierung ist eine dokumentierte Verifizierung, dass das für Einrichtungen, Anlagen und Ausrüstung vorgesehene Design für den entsprechenden Verwendungszweck geeignet ist.

Idealerweise wird bereits im Rahmen der Designqualifizierung eine Risikoanalyse durchgeführt, um mögliche Risiken frühzeitig zu identifizieren. So können Maßnahmen zur Risikominimierung bereits bei der Festlegung des Designs berücksichtigt werden.

Die Designqualifizierung ist die formale Genehmigung zur Beschaffung oder zur Konstruktion eines Gerätes oder einer Anlage. Sie gliedert sich in folgende Elemente:

- Schriftliche Formulierung von Forderungen an das Gerät oder die Anlage (z. B. in Form eines Lastenhefts). Die Forderungen ergeben sich aus Produkteigenschaften, Herstellverfahren, unternehmensspezifischen Besonderheiten oder normativen bzw. gesetzlichen Vorgaben.
- Dokumentation der sich aus dem Lastenheft ergebenden technischen Spezifikation bzw. geplanten praktischen Umsetzung (z. B. in Form eines Pflichtenhefts).
- Abgleich zwischen Anforderungen und geplanter Umsetzung (z. B. Pflichtenheft gegen Lastenheft) und schriftliche Bestätigung der Übereinstimmung.

Die Designqualifizierung für Anlagen kann folgende Inhalte einbeziehen:

- Beschreibung des Zwecks der Anlage/des Gerätes
- Beschreibung des Designs, z. B.
  - Flächenbedarf
  - Qualität der einzusetzenden Materialien (vor allem produktberührende Teile)
  - Lüftungstechnik, gegebenenfalls Laminar-Flow
  - Elektrotechnik, Datentechnik
  - Anschlusswerte von Anlagen
  - Wärmeabgabe, Feuchte
  - Art und Qualität von Medien und Wasser
  - Erforderliche MSR-Geräte (Steuerung, Regelung, Messung)
  - Materialfluss
  - Personalfluss
- Technische und Leistungsdaten der Prozessanlagen
- Forderungen bezüglich des Reinraumdesigns der Prozessanlagen, z. B.
  - Materialeigenschaften (Abriebfestigkeit, Beständigkeit gegenüber Reinigungs- und Desinfektionsmittel)
  - Reinigungs- und Desinfektionsfreundlichkeit von Oberflächen
  - Anforderungen in Bezug auf die Einhaltung der Umgebungsbedingungen
- Informationen zum benötigten Zubehör
- Vorgaben zur Anlagensicherheit
- Forderungen an die einzusetzende Software
- Dokumentationsanforderungen
- Anforderungen an Wartung, Instandhaltung, Reinigung

- Lieferumfang an Ersatzteilen
- Anforderungen an den Lieferanten (Qualitätsmanagementsystem)
- Zeitvorgaben
- Abnahmekriterien (durchzuführende Tests einschließlich Akzeptanzkriterien)

Bei Spritzgießwerkzeugen fließen neben oben genannten Inhalten in der Regel folgende Angaben in die Designqualifizierung ein:

- Angaben zum geplanten Werkzeug (Anzahl der Kavitäten, Aufspannmaße, Zykluszeit etc.)
- Angaben zur verwendeten Spritzgießmaschine
- Informationen zum zu fertigenden Spritzgießteil
- Vorgaben zur Werkzeugausführung
- Werkzeugtyp
- Angusssystem
- Entformung
- Werkzeugaufbau
- Zentrierung
- Anschlüsse
- Werkzeugführung
- Materialien für die einzelnen Werkzeugkomponenten
- Materialbearbeitung
- Kennzeichnung
- Werkzeugaufhängung, Bohrungen, Gewinde, Abstellleisten
- Aufspannung
- Temperierung
- Entlüftung
- Hydraulik, Elektrik, Pneumatik
- Konstruktionsvorgaben
- Vorgaben zur Abmusterung

Bei serienmäßig produzierten Anlagen („off the shelf") (z. B. Spritzgießmaschinen) kann eine ausführliche Produktbeschreibung oder ein detailliertes Angebot die Erstellung eines separaten Pflichtenhefts ersetzen.

Installationsqualifzierung (Installation Qualification)

Ziel der Installationsqualifizierung (IQ) ist der formale und systematische Nachweis, dass die Installation der technischen Ausrüstung den genehmigten Anforderungen und Empfehlungen des Herstellers entspricht.

Hierbei wird der formale und systematische Nachweis erbracht, dass die Ausrüstung in allen Punkten den an sie gestellten Forderungen entspricht. Hierbei können Sichtprüfungen, Dokumentenprüfungen oder Maßprüfungen durchgeführt werden. Die IQ kann parallel zur Installation/Montage erfolgen oder nach Auslieferung der Anlage.

Inhalt der Installationsqualifizierung kann sein:

- Umsetzung der Designforderungen
- Überprüfung der Montage und Bestätigung der korrekten Durchführung
- Bestandsaufnahme der gelieferten Komponenten
- Überprüfung der Installation der einzelnen Komponenten
- Vorhandensein der Sicherheitseinrichtungen
- Überprüfung der Energie- und Medienversorgung
- Überprüfung der Soft- und Hardwarekomponenten, sowie Schnittstellen
- Prüfung der Dokumentation (Bedienungsanleitungen, Funktionsschemata, Schaltpläne, Materialprüfzeugnisse, Stücklisten, MSR-Liste etc.)
- Ersatzteilliste

Nach Abnahme muss die technische Dokumentation dem Ist-Zustand entsprechen. Etwaige Abweichungen müssen mit Begründung und einer Bewertung dokumentiert sein.

Funktionsqualifizierung (Operation Qualification)

Ziel der Operationsqualifizierung (OQ) ist der dokumentierte Nachweis, dass die installierten Anlagen im Rahmen von definierten Betriebsgrenzen zu einem Produkt führen, das alle Vorgaben erfüllt.

Die Operationsqualifizierung stellt sicher, dass die Ausrüstung wie geplant arbeitet und die ordnungsgemäße Funktion der Einzelkomponenten auf Basis festgelegter Parameter innerhalb definierter Grenzen gegeben ist. Hierzu werden geeignete Testläufe durchgeführt und bezüglich zuvor festgelegter Kriterien, die im Qualifizierungsplan definiert sind, bewertet. Hierbei sollten auch Worst-Case-Bedingungen definiert und simuliert werden, um möglichst realitätsnahe Ergebnisse zu generieren.

Die OQ erfolgt immer in einer Kombination eines Spritzgießwerkzeugs mit einer spezifischen Spritzgießmaschine. Bei Wechsel des Werkzeugs auf einen anderen Typ einer Spritzgießmaschine sollten zumindest Teile der OQ im Rahmen einer Requalifizierung wiederholt werden.

Der Inhalt der Operationsqualifizierung von Geräten und Anlagen kann sein:
- Nachweis der im Anforderungsprofil genannten Vorgaben oder Funktionsparameter.
- Durchführung von Funktionsprüfungen von Einzelbauteilen (z. B. Ventilatoren, Filter, Wärmetauscher, Stromversorgung etc.).
- Ermittlung von Prozessgrenzen (Aktions-/Warngrenzen und Worst-Case-Bedingungen).
- Definition von Rohmaterialspezifikationen.
- Prüfung von Sicherheitseinrichtungen, Alarmen und Fehlermeldungen.
- Kalibrierung relevanter Messstellen.
- Dichtigkeit von Rohrleitungssystemen.
- Bestimmung des Öl-, Wasser-, Keim-, Partikelgehaltes in Luft- und Mediensystemen.
- Prüfung der eingesetzten Softwaresysteme (z. B. für FFU- Steuerung und Überwachung).
- Festlegungen zu Datensicherung und Zugriffsschutz.
- Prüfung der EMV-Verträglichkeit.
- Erstellung von relevanten Arbeitsanweisungen z. B. für Betrieb, Materialumgang, Kalibrierung, Wartung, Reinigung etc.
- Schulung von Mitarbeitern.

Bei Spritzgießwerkzeugen können die Durchführung eines Trockenlaufs (Funktionsprüfungen im Einrichtmodus), die Ermittlung des Siegelpunktes und Durchführung von Balancetest/Füllsimulation im Rahmen der OQ erfolgen. Weiterhin kann die statistische Versuchsplanung durchgeführt werden (DOE, DOX), wobei das Prozessfenster für den Spritzgießprozess effizient ermittelt werden kann. Die Produktion und Prüfung von Musterteilen innerhalb des definierten Prozessfensters erfolgt ebenfalls innerhalb der OQ.

Die Funktionsprüfungen der Operationsqualifizierung im Reinraum werden im Regelfall im Zustand „at rest" und nicht „in operation" durchgeführt. Gemäß ISO 14644-1 liegen den Begriffen die in Tabelle 9.7 genannten Definitionen zu Grunde.

TABELLE 9.7 Definition der Begriffe

	Lufttechnische Anlage	Personal	Produktionsanlagen
„as built"	in Betrieb	nicht anwesend	nicht installiert
„at rest"	in Betrieb	nicht anwesend	Installiert/in Betrieb
„in operation"	in Betrieb	in Aktion	Installiert/in Betrieb

Auch die Einführung und Schulung des Personals, welches die Anlage betreibt, ist Teil der OQ. Zudem werden in dieser Phase auch die erforderlichen Vorgabedokumente erstellt, welche für den Betrieb der Anlage erforderlich sind.

Leistungsqualifzierung (Performance Qualification)

Ziel der Leistungsqualifizierung (PQ) ist die Prüfung der einwandfreien Funktion der bereits einzeln getesteten Anlagenkomponenten in der Kombination miteinander sowie der Nachweis, dass die vorgegebenen Prozessparameter zuverlässig und reproduzierbar gehalten werden können und ein Prozess eingeführt wird, der zu einem spezifikationsgerechten Produkt führt.

Die PQ wird auf Basis der in der OQ ermittelten Prozessparameter und etablierten Verfahren durchgeführt. Hierbei wird die Übereinstimmung des Produktes und Prozesses mit den definierten Akzeptanzkriterien geprüft.

Im Zuge der PQ werden bei Spritzgießprozessen in der Regel statistische Prozessfähigkeitsuntersuchungen an kritischen Maßen oder Parametern durchgeführt (z. B. Ermittlung von ppk- und cpk-Wert). Weiterhin können attributive Prüfungen an einer größeren Charge der Spritzgießteile durchgeführt werden. Auch die Ermittlung der Prozessstabilität über einen längeren Zeitraum oder die Robustheit und Wiederholbarkeit des Prozesses unter Berücksichtigung der Worst-Case-Bedingungen, die während der Routineproduktion herrschen können, sind Bestandteil der PQ.

Die PQ wird im Reinraum in der Regel im Zustand „in operation" durchgeführt. Neben den leistungsspezifischen Vorgaben wird auch der Einfluss des Betriebs einer Anlage auf die Umgebungsbedingungen des Reinraums geprüft (z. B. Einhaltung der Reinheitsklassen, Einfluss auf bestimmte technische Raumparameter (Luftwechsel, -geschwindigkeit, Erholzeit, Temperatur, Druck, Schalldruckpegel, Feuchtigkeit etc.).

Die im Rahmen der Leistungsqualifizierung erhaltenen Prozess- und Produktdaten müssen analysiert werden um die Variationsbreite des Herstellprozesses bestimmen und somit adäquat kontrollieren zu können. Die Ergebnisse der OQ und PQ sollten in die Entwicklung von Parametern für die kontinuierliche Prozess- und Produktüberwachung einfließen.

Prozessvalidierung

Im Rahmen der Prozessvalidierung wird der dokumentierte Nachweis erbracht, dass ein Prozess ein Ergebnis oder ein Produkt hervorbringt, welche im Voraus festgelegte Akzeptanzkriterien erfüllen.

Um das Verständnis für Prozesse und deren Einflussgrößen zu verstärken, besteht vor allem im regulatorischen Umfeld der Arzneimittelherstellung die regulatorische Forderung, zusätzlich zur Performance-Qualifizierung eine Prozessvalidierung durchzuführen. Wie bereits erwähnt, werden diese Forderungen aber von den

Pharmaherstellern auch an ihre Zulieferer weitergegeben, obwohl für Medizinprodukte und Packmittel derzeit keine regulatorischen Forderungen diesbezüglich bestehen.

Aus dem Umfeld der FDA gibt es seit 2011 Empfehlungen, die sich auf ein Lebenszyklus-Modell bei der Prozessvalidierung beziehen. Das dreistufige Modell bezieht Prozess-Design (Process Design), Prozessqualifizierung (Process Qualification) sowie Kontinuierliche Prozessverifizierung (Continued Process Verification) ein. Somit wird verdeutlicht, dass die Validierung nicht ein isolierter Vorgang ist, sondern den gesamten Lebenszyklus eines Produktes begleiten soll. Hierbei werden die bereits etablierten Aktivitäten der Anlagenqualifizierung und Prozessvalidierung im Schritt Prozessqualifizierung zusammengefasst. Derzeit haben die Vorgaben des FDA Leitfadens zur Validierung nur empfehlenden Charakter für Arzneimittel, Wirkstoffe und biologische sowie biotechnologische Produkte. Inwieweit diese Forderungen in der Zukunft auch auf Medizinprodukte oder Packmittel ausgeweitet werden, ist derzeit noch nicht absehbar.

Im Zuge der Validierung werden die Prozesse unter seriennahen Bedingungen auf ihre Eignung geprüft. Dies bezieht beispielsweise die Verwendung von unterschiedlichen Rohmaterialchargen, die Durchführung von Reinigungs- und Wartungsaktivitäten oder Rüstvorgängen, ein. Kontrovers diskutiert wird hierbei die erforderliche Anzahl von Validierungschargen, die zu fertigen sind. Ging man bis vor einigen Jahren noch davon aus, dass die Herstellung von drei Chargen ausreichend ist, so wird es heute als angemessen erachtet, die Anzahl der Validierungsläufe auf Basis von Risiken und Grenzen der Prozesse festzulegen. Der Trend bei der Validierung geht derzeit in Richtung einer kontinuierlichen Betrachtung von Prozessen, die nicht nur einmalig validiert werden, sondern die fortlaufend überwacht und analysiert werden. Hierbei werden verstärkt statistische Methoden eingesetzt, um den Musterzug zu planen sowie die Eignung und Robustheit von Prozessen nachzuweisen.

Spätestens im Zuge der Prozessvalidierung sollten auch die Reinheitsanforderungen an die Produkte berücksichtigt werden. Dies kann z. B. Vorgaben in Bezug auf die mikrobiologische Belastung („Bioburden") oder die Anzahl von Partikeln einbeziehen.

Bei der Validierung ist es möglich, ähnliche Produkte zu Produktfamilien zusammenzufassen, wobei eine ausführliche Rationale erforderlich ist, warum eine gemeinsame Validierung der Produkte möglich ist. Hierbei ist es von großer Bedeutung, die Unterschiede der einzelnen Produkte und Verfahren genau darzustellen und zu bewerten, sodass sichergestellt ist, dass die Ergebnisse der Validierung auf alle Produkte der Familie übertragbar sind.

Weitere Optimierungsmöglichkeiten gibt es bei der Validierung ähnlicher Produkte an verschiedenen Herstellstätten (Matrixing) oder durch alleinige Betrachtung von Worst-Case-Bedingungen (Bracketing Konzept).

Reinigungsvalidierung

Bei Prozessanlagen gehört im pharmazeutischen Umfeld die Nachweisführung zum Stand der Technik, dass die eingeführten Reinigungsverfahren für den jeweiligen Zweck geeignet sind. Dies erfolgt im Rahmen einer Reinigungsvalidierung. Hier ist die die Erstellung von Risikoanalysen von besonderer Bedeutung, um die kritischen Parameter des Reinigungsverfahrens zu ermitteln. In der Regel werden produktberührende Oberflächen von Prozessanlagen betrachtet.

Es kann beispielsweise eine Prüfung auf visuelle Verschmutzung, Kreuzkontamination, Reinigungsmittelrückstände, Produktrückstände oder bezüglich des mikrobiologischen Status erfolgen. Die Reinigungsvalidierung ist ein sehr komplexes Thema, welches nachfolgend in einem kurzen Überblick behandelt wird. Zur Vertiefung empfiehlt sich das Heranziehen spezialisierter Literatur.

Bei der Reinigungsvalidierung umfangreicher Projekte kann ein separater Masterplan erstellt werden, der als Basisdokument einen Überblick über Validierungsumfang, Ziele, Zuständigkeiten, Anwendungsbereich, die geplante Durchführung, Analysemethoden, Grundlagen der Akzeptanzkriterien (Rationalen), allgemeine Anforderungen und die Dokumentenstruktur bietet. Im Anhang können unter anderem. Daten zu Produkten und Wirkstoffen, zur Ausrüstung oder Grenzwertberechnungen, aufgeführt werden.

Typische Inhalte eines Plans zur Reinigungsvalidierung sind:
- Festlegung von Verantwortlichkeiten
- Beschreibung des Reinigungsverfahrens und der zu reinigenden Ausrüstung
- Anwendungsbereich
- Beschreibung der Durchführung der Prüfungen
- Probenahmestellen und -verfahren (z. B. Wischtest, Spültest, Abklatschtest)
- Analysemethoden
- Definition von Akzeptanzkriterien
- Erforderliche Geräte und Mittel
- Vorgaben zur Auswertung

Im Validierungsbericht werden dann die Ergebnisse dargestellt und eine Bewertung vorgenommen sowie das Reinigungsverfahren durch einen verantwortlichen Personenkreis freigegeben.

9.2.3 Vergabe von Dienstleistungen an externe Partner

Gründe für die Inanspruchnahme von Dienstleistungen im Reinraumumfeld sind beispielsweise Kapazitätsengpässe bezüglich Ausrüstung, Zeit oder Personal.

Weitere Vorteile können die Nutzung der Fachkompetenz eines Lieferanten oder finanzielle Einsparungen sein.

Im Reinraumbetrieb werden neben der Planung von reinraumtechnischen Anlagen sowie dem Nachweis der Reinraumklassen (Monitoring) vor allem auch die Qualifizierung von Räumen, Anlagen und Maschinen sowie Reinigungsaktivitäten an externe Dienstleister ausgelagert.

Bei der Erstellung von Dokumenten durch Dritte muss sichergestellt sein, dass eine reibungslose Verwendung im eigenen Unternehmen gegeben (unter anderem Formatvorgaben) und eine Integration mit dem Managementsystem des Auftraggebers möglich ist. Eine große Bedeutung kommt auch dem Änderungsdienst bei Dokumenten zu, um sicherzustellen, dass stets die aktuelle Version beim externen Partner verfügbar ist.

Grundsätzlich empfiehlt sich, bei Inanspruchnahme von Leistungen Dritter einen Vertrag auszuarbeiten. In diesem sollten Vertragsumfang, Aufgaben, Zuständigkeiten, Verantwortlichkeiten, Qualitätsanforderungen und die Ergebniskommunikation definiert werden. Zudem sollten die Bedingungen für die Durchführung von Audits geklärt werden.

Weiterhin ist bei jeder externen Tätigkeit zu prüfen, ob alle Vorgaben des Auftraggebers, die wiederum durch dessen Kunden oder gesetzliche Vorgaben bedingt sein können, erfüllt werden. Interne Vorgaben des Auftraggebers können ebenfalls Vertragsbestandteil werden. Wenn der Auftragnehmer keine eigenen Verfahren zur Erfüllung der Anforderungen etabliert hat, können auch Vorgabedokumente des Auftraggebers zur Verfügung gestellt werden.

Externe Unternehmen, die qualitätsrelevante Produkte anbieten oder Dienstleistungen ausüben, sollten zur Einführung und Aufrechterhaltung eines Change-Control-Verfahrens verpflichtet werden. Hier ist zu regeln, welche Änderungen vom Auftraggeber mit einer festzulegenden Frist vor der Umsetzung zu genehmigen sind und für welche Änderungen eine Information ausreichend ist.

Vor der Vergabe von Aufträgen an externe Unternehmen ist es ratsam sicherstellen, dass der Auftragnehmer über die entsprechenden Kenntnisse und Erfahrungen auf diesem Gebiet verfügt und eine übereinstimmende Interpretation der Vorgaben durch beide Parteien vorherrscht. Die Vorlage von Schulungsnachweisen der ausführenden Mitarbeiter oder einer Musterdokumentation sowie die Vorstellung von Referenzprojekten durch den künftigen Auftragnehmer können Hinweise über den Erfahrungshintergrund liefern.

Bei der Vergabe von Qualifizierungstätigkeiten an Dritte ist zu beachten, dass klare Absprachen getroffen werden und ein zügiger Informationsfluss gewährleistet ist. Es ist detailliert und schriftlich zu vereinbaren, was die zu erbringende Dienstleistung umfassen soll und welche Rahmenbedingungen der Auftragnehmer erfüllen muss.

Zu regeln sind beispielsweise:

- Verantwortlichkeiten bei Erstellung und Genehmigung der Pläne und Berichte
- Archivierung von Rohdaten (Dauer, Ort)
- Verantwortlichkeiten bei der Definition von Akzeptanzkriterien
- Verantwortlichkeiten bei der Durchführung der Risikoanalyse
- Absprachen zur Terminologie
- Dateiformate für EDV-Dokumente
- Informationsfluss bei der Ergebnisübermittlung, bei Änderungen oder im Falle von Ergebnissen außerhalb der Spezifikation
- Formale Vorgaben (z. B. Erfüllung der GMP-Anforderungen bei der Erstellung der Dokumentation)

Vor Durchführung der Qualifizierungsaktivitäten ist auch bei externer Durchführung der Umfang schriftlich festzulegen. Sowohl die (Master-)Pläne als auch die Berichte der einzelnen Phasen sollten von einem Vertreter des Auftraggebers freigegeben werden.

Der Betreiber einer Anlage bleibt verantwortlich für die Qualifizierung, auch wenn diese durch externe Organisationen durchgeführt wurde. Er muss also mit dem Inhalt der Dokumentation vertraut sein. Nach dem Abschluss der Qualifizierung empfiehlt sich ein Dokumentenaudit durch den Auftraggeber, um sicherzustellen, dass alle inhaltlichen und formalen Vorgaben erfüllt wurden.

Auch die Vergabe von Reinigungsaktivitäten an externe Partner ist in der Reinraumpraxis üblich. Dies bezieht auch die Reinigung von Arbeitskleidung ein. Gängige Praxis ist, die Kleidung von einem Full-Service-Unternehmen zu mieten, wobei Reinigung und gegebenenfalls Reparatur ebenfalls im Leistungsumfang enthalten sind. In diesem Fall liegt es in der Verantwortung des Auftraggebers vor Auftragserteilung zu prüfen, ob die verwendeten Textilien für den jeweiligen Einsatzbereich geeignet sind.

Bei der Vergabe von Reinigungsaktivitäten für Kleidung sollte dem Anbieter eine entsprechende Spezifikation vorgelegt werden (z. B. Verpackung der Kleidung, Angaben über maximale Keim- und Partikelbelastung, maximale Wiederverwendungszyklen der Kleidung, Rückverfolgbarkeit etc.). Der Auftragnehmer hingegen sollte detaillierte Vorgaben über den Reinigungsprozess vorweisen können, z. B. die maximal zulässige Beladung der Reinigungstrommeln, die einzuhaltende Reinigungstemperatur, eine Liste der zu verwendenden Reinigungs- und Desinfektionsmittel sowie deren Dosierung.

Bei der Vergabe von Reinigungs- und Desinfektionsaktivitäten für Räume muss gewährleistet sein, dass der Dienstleister in das interne Qualitätsmanagement eingebunden wird und das externe Personal dokumentierte Schulungen erhält, welche die unternehmensspezifischen Vorgaben und Verhaltensweisen vermitteln. Es ist festzulegen, ob der Auftraggeber oder der Auftragnehmer die Schulungen durchführt. Ist der Auftragnehmer für die Schulungen verantwortlich, hat der Auftraggeber eine Bringschuld für die jeweils aktuellen Vorgabedokumente, die den Inhalt der Schulungen bestimmen muss. Es empfiehlt sich hier, die externe Schulungsdokumentation des Auftragnehmers regelmäßig einzusehen. Der Auftraggeber kann die Einsatzpläne für externes Personal vorab einfordern, denn so kann die ausreichende Anzahl und Qualifikation frühzeitig beurteilt werden. Wichtig ist es auch, die Anweisungsbefugnisse des Auftraggebers gegenüber dem eingesetzten Personal zu regeln.

9.3 Qualifizierung von Spritzgießmaschinen und Automationssystemen
Bernhard Korn

9.3.1 Einführung

Die gesetzliche Grundlage für Medizinprodukte in der Europäischen Union (EU) ist die Medical Devices Directive MDD 93/42/EEC bzw. für Diagnostika das IVD 98/79 EC. Diese EU-Richtlinien müssen auf nationaler Ebene beispielsweise in Deutschland in dem Medizinproduktegesetz umgesetzt werden. In den USA gilt der Code of Federal Regulation Title 21 Part 820 (21 CFR 820), den die current Good Manufacturing Practise (c'GMP) als Gesetzesgrundlage hat. Ein funktionierendes Qualitätsmanagementsystem ist eine Grundvoraussetzung für das Inverkehrbringen von Medizinprodukten. Die ISO 13485 und die c'GMP haben sich als anerkannte Normen und Richtlinien dafür etabliert, die unter anderem die Qualifizierung der Betriebsmittel als Basis für die Validierung festlegen. Für die Validierung von computergestützten Systemen ist unter anderen die Good Automated Manufacturing Practice, aktuell in der Version 5 (GAMP 5) eine anerkannte Richtlinie.

Nun ist ein sehr geringer Anteil der Spritzgießer von Medizinprodukten tatsächlich der Inverkehrbringer und fällt demnach nicht unter diese Gesetze. Sehr häufig jedoch geben die Inverkehrbringer diese Regularien an Ihre Zulieferanten weiter, um im Falle eines Produkthaftungsfalls eine dem Stand der Technik und lückenlose Dokumentation vorweisen zu können. Das ist systematisch sinnvoll und richtig, da damit in der gesamten Lieferkette die gleiche Qualitätsphilosophie und Betrachtungsweise der Produktion herrscht.

Viele Hersteller von Kunststoffkomponenten für Medizinprodukte sind in erster Linie Spritzgießer und in zweiter Linie Medizintechniker. Deshalb ist es manchmal schwierig, die Interpretation der Regularien im Spannungsfeld der geschriebenen Richtlinien, aber auch innerhalb der technisch sinnvollen Umsetzbarkeit zu tätigen. Technischer Sachverstand muss die Grenzen der Dokumentation ziehen, aber auch die logischen Gründe für das Ziehen genau dieser Grenzen argumentieren.

9.3.1.1 Zielsetzung

Die Qualifizierung dient als dokumentierter Nachweis, dass die Maschine oder Anlage die festgeschriebenen Spezifikationen mit ausreichender Sicherheit erfüllt und den anzuwendenden Normen und Richtlinien entspricht. Sie stellt sicher, dass eventuell auftretende Fehler mit hoher Wahrscheinlichkeit erkannt werden und somit Maßnahmen zur Beseitigung möglich sind.

9.3.1.2 Verantwortlichkeiten und Organisation

Die Einführung einer Maschinenqualifikation nach GMP erfordert die Benennung von zumindest einer Person, die für das umfangreiche Thema GMP im Unternehmen verantwortlich ist. Dieser GMP-Manager bildet ein Qualifizierungsteam mit Mitarbeitern aus fast allen Bereichen, die mit dem Product Life Cycle zu tun haben. Dieses multidisziplinäre Team wird z. B. bei der Auswirkungs- und Risikoanalyse benötigt. Nach Erstellung der Qualifikation werden die entsprechenden Dokumente zur Prüfung vorgelegt. Der für die Prüfung vorgesehene Personenkreis, Teil des Qualifizierungsteams, bestätigt mit Datum und Unterschrift, die Dokumente geprüft zu haben. Die Freigabe der Dokumente wird mit Datum und Unterschrift der für die Freigabe benannten Personen erteilt. Das letzte (jüngste) Freigabedatum ist gleichzeitig das Datum, an dem das jeweilige Dokument seine Gültigkeit erhält.

9.3.2 Vorgehensweise bei der Qualifizierung

9.3.2.1 Definitionen und Aufbau

Der folgende Aufbau einer GMP-Qualifikation soll ein mögliches Beispiel einer Maschinen- und Anlagenqualifikation darstellen und kann als grundsätzlicher Leitfaden verwendet werden. Im Einzelnen müssen die speziellen Anforderungen der Maschine oder Anlage betrachtet werden und eventuell ist eine Anpassung des Qualifizierungsaufbaus nötig.

Die Maschinenqualifizierung nach GMP folgt im Wesentlichen folgendem Aufbau:

Masterqualifizierungsplan (MQP)

Der Masterqualifizierungsplan ist die konzeptionelle Beschreibung der Qualifizierungs-aktivitäten für die Maschine und Anlage.

Impact Assessment (IA)

Das Impact Assessment bildet die Grundlage für die Beurteilung der Baugruppen und Bauteile hinsichtlich ihrer Qualifizierungsrelevanz. Es ist der wesentlichste Schritt um den Qualifizierungsumfang festzulegen.

GxP/ERES/GAMP Klassifizierung

Diese dient als Grundlage für die Klassifizierung der computergestützten Systeme hinsichtlich der GxP Relevanz, der Einteilung gemäß GAMP 5 und der Bestimmung der ERES Relevanz gemäß dem 211 CFR Part 11. Die ERES Relevanz beschreibt hier die Anforderungen an elektronische Aufzeichnungen und elektronische Unterschriften.

Risikoanalyse (RA)

Die durch das Impact Assessment identifizierten Gruppen und Bauteile werden daraufhin untersucht, ob sie den aktuellen GMP-Anforderungen entsprechen. Die dokumentierten Risikobetrachtungen können dann als weiteres Entscheidungskriterium dienen.

Designqualifizierung (DQ)

In der Designqualifizierung erfolgt der Nachweis, dass alle im MQP festgelegten Spezifikationen und Normen erfüllt werden und das Risiko für die herzustellenden Produkte und/oder die Umgebung auf ein vertretbares Maß reduziert wird.

Installationsqualifizierung (IQ)

Die Installationsqualifizierung ist der dokumentierte Nachweis, dass alle relevanten Baugruppen bzw. Bauteile so montiert und installiert wurden, wie sie in der endgültigen Version, der in der DQ untersuchten Variante geplant und konstruiert wurden. Die eingesetzten Bauteile werden auf Eignung gemäß DQ geprüft.

Funktionsqualifizierung – Operation Qualification (OQ)

Die Funktionsqualifizierung stellt den Nachweis, dass die gesamte Maschine oder Anlage im Zustand „as built/at rest" die im Lastenheft festgelegten Spezifikationen für den Normalbetrieb erreicht. Hierzu werden an der Maschine Kalibrierungen nach abgeschlossener Inbetriebnahme durchgeführt.

Fabrik-Akzeptanz-Test – Factoy Acceptance Test (FAT)

Als abschließender Qualifizierungsschritt im Herstellerwerk steht die Werksabnahme oder FAT. Der FAT wird gewöhnlich gemeinsam von Auftraggeber und Auftragnehmer oder deren Bevollmächtigten durchgeführt. Das resultierende Dokument ist das Vorabnahmeprotokoll, in dem mögliche Änderungen und Abweichungen festgehalten werden.

Requalifizierung im Betreiberwerk

Nachdem eine Maschine oder Anlage im Betreiberwerk installiert wurde, muss eine Requalifizierung in Form einer reduzierten Funktionsqualifizierung durchgeführt werden.

Endabnahme am Aufstellungsort – Site Acceptance Test (SAT)

Endabnahme und Acceptance Test der Anlage im Betreiberwerk, mit abschließendem SAT Protokoll.

Performancequalifizierung (PQ)

Die PQ dient dazu, den gesamten Produktionsprozess am endgültigen Produktionsstandort der Anlage zu beurteilen. Die PQ kann nur durch den Anlagenbetreiber durchgeführt werden.

9.3.2.2 Masterqualifizierungsplan (MQP)

Der Masterqualifizierungsplan ist das Schlüsseldokument der Qualifizierung, welches die Festlegung der zu qualifizierenden Systeme und deren Qualifizierungstiefe beschreibt. Er bildet den organisatorischen Rahmen für die Qualifizierung von Maschinen und Anlagen. Es wird darin definiert, wie bei der Erstellung einer GMP-konformen Dokumentation für eine Maschine vorzugehen ist, um alle Baugruppen und Bauteile ordnungsgemäß zu qualifizieren. Dieses Dokument gilt als verbindliches Steuerungsinstrument bezüglich aller mit der Maschinenqualifikation in Verbindung stehenden Aktivitäten und gilt gegenüber Kontrollbehörden (wie z. B. der FDA) als Nachweis einer strukturiert geplanten Qualifizierung.

Unter anderem umfasst ein Masterqualifizierungsplan folgende Punkte:
- Definition der Organisationen und der Verantwortlichkeiten.
- Die Beschreibung der involvierten Anlagen.
- Die Festlegung der zu qualifizierenden Anlagen.
- Festlegung der Qualifizierungstiefe und Dokumentenmatrix.
- Die Definition, welche Dokumente für die Qualifizierung erstellt werden und welchen Inhalt diese Dokumente haben müssen.

- Die Vorgehensweise bei der Qualifizierung.
- Die Qualitätserhaltende Maßnahmen.
- Die Referenzen zu geltenden SOP's.

9.3.2.3 Beurteilung der Anlagensysteme

Im Vorfeld der Qualifizierung werden mittels Impact Assessment (IA) und GxP/ERES/GAMP-Klassifizierung die Baugruppen und Bauteile einer Maschine oder Anlage, bzw. die dazu verwendeten computergestützten Systeme bezüglich ihrer Qualifizierungsrelevanz und Qualifizierungstiefe beurteilt. Weiterhin ist für diese qualifizierungsrelevanten Teile eine detaillierte Risikoanalyse (z. B nach der FMEA Methode) zu erstellen.

Impact Assessment (IA)

Im Impact Assessment werden die einzelnen Komponenten dahingegen bewertet, ob sie GMP-kritisch sind oder nicht. Stellt sich heraus, dass eine Komponente nicht GMP-kritisch ist, muss dies begründet werden. Eine Qualifizierung dieser Komponente ist dann nicht mehr erforderlich.

Bei der Durchführung eines IA wird der Einfluss einer Anlage/eines Bereichs/eines Systems (Produktionsanlage, Computer- bzw. Steuerungssysteme, technische Gebäudeausrüstung etc.) auf das mit der Anlage herzustellende Produkt (bzw. dessen Qualität) bewertet. Daraus ergibt sich eine Einteilung der Anlagensysteme in GMP-relevante und nicht GMP-relevante Systeme.

GxP/ERES/GAMP Klassifizierung für computergestützte Systeme

Die Klassifizierung dient als Grundlage für die Klassifizierung der computergestützten Systeme hinsichtlich

- der GxP Relevanz,
- der Einteilung gemäß GAMP 5,
- der Bestimmung der ERES Relevanz gemäß 21 CFR Part 11.

Auf Basis dieser Einteilung sowie einer funktionalen Risikoanalyse wird die Qualifizierungsrelevanz und Qualifizierungstiefe festgelegt. Besteht keine Qualifizierungsrelevanz, so ist dies zu begründen und es kann auf die Qualifizierung dieses Systems verzichtet werden.

Risikoanalyse (RA): Prozess, Reinraumtauglichkeit und Reinheitsfähigkeit

Im Zuge der Risikoanalyse werden die Baugruppen und Bauteile der Maschine detailliert daraufhin untersucht, ob sie den aktuellen GMP-Anforderungen entsprechen. Es wird die notwendige Prüftiefe für DQ, IQ und OQ, also die dokumentierte Festlegung von notwendigen Prüfpunkten, ermittelt. Mit Risikoanalysen werden potentielle Risiken frühzeitig erkannt und es können gegebenenfalls Abhilfemaßnahmen entwickelt werden.

Die Vorteile einer Risikoanalyse sind:

- Dauerhafte, nachvollziehbare Dokumentation
- Betrachtung der Risiken aus verschiedenen Blickwinkeln durch ein multidisziplinäres Team
- Potenzielle Risiken können als gegebenenfalls nicht relevant eingestuft werden
- Fokussierung auf das Wesentliche
- Vielseitige Verwendbarkeit: Qualifizierung, Validierung, Change Control, Abweichungen

In 80 % der Fälle wird eine Risikoanalyse als FMEA (Fehler-Möglichkeits-Einfluss-Analyse) in Anlehnung an die Norm DIN EN 60812 durchgeführt. Weitere hier nur aufgelistete Methoden wären: HACCP-Methodik, Ishikawa-Methode (Fischgrät-Methode) und Annual Product Reviews, Trendanalysen, Prozessfähigkeitsanalysen.

Alle Bauteile und Gruppen inklusive Maschinensteuerung werden der Risikoanalyse unterzogen. Im Rahmen der Risikoanalyse werden zunächst alle GMP-relevanten Anforderungen festgelegt. Aus den GMP-relevanten Anforderungen resultieren die zu betrachtenden Fehlerfolgen – also jene Fehlerfolgen, die dazu führen, dass die GMP-relevanten Anforderungen nicht erfüllt werden können.

Im nächsten Schritt erfolgt die Bewertung der einzelnen Fehler, wobei folgende Aspekte unabhängig voneinander beurteilt werden:

- A ... Auftrittswahrscheinlichkeit des Fehlers
- B ... Bedeutung des Fehlers bezüglich Produktqualität
- E ... Entdeckungswahrscheinlichkeit des Fehlers

Diesen drei Fehlermerkmalen werden Zahlenwerte von 1 (kein Risiko) – 10 (sehr hohes Risiko) zugeordnet, wobei bereits umgesetzte Maßnahmen zur Risikominimierung bei der Bewertung berücksichtigt werden.

Durch Multiplikation der drei Werte miteinander wird daraus die Risikoprioritätszahl (RPZ) ermittelt:

$$RPZ = A \cdot B \cdot E \tag{9.1}$$

Ist die Risikoprioritätszahl nach dieser ersten Bewertung kleiner als 100 (RPZ ≤ 100), ist das verbleibende Restrisiko akzeptabel und es sind keine weiteren Maßnahmen erforderlich. Ist die Risikoprioritätszahl größer als 100 (RPZ > 100), wird das Risiko als relevant eingestuft und es müssen weitere Maßnahmen zur Reduzierung des Risikos festgelegt werden. Diese Maßnahmen gelten als ausreichend, wenn die Risikoprioritätszahl dadurch auf unter 100 sinkt (RPZ ≤ 100).

Fehler-Möglichkeits- und Einfluss-Analyse FMEA	Untersuchungs-Objekt:	Datum:	xxxx
Projektname	Bemerkung:	Verantwortlich:	XXX

1 **Derzeitiger (bzw. geplanter Zustand)** Objekt: ● Produkt ○ Prozess ○ System	2 mögliche Fehler	3 mögliche Fehlerfolgen	4 mögliche Fehlerursachen	5 Fehlerbewertungen (zukünftige) Zustandsbewertung				6 **Verbesserter, zukünftiger Zustand** Fehlerabstellmaßnahmen	7 Verantwort.	8 Termin	9 Fehlerbewertungen (zukünftige) Zustandsbewertung				10 Umgesetzt	
				A	B	E	**RPZ**				A	B	E	**RPZ**	OK	Datum
1																
2																
3																
4																
5																
6																

Fehlerbewertung:

Auftrittswahrscheinlichkeit (A)	
unwahrscheinlich	1
sehr selten	2 - 3
wenige bis mittlere Zahl wahrschein	4 - 6
mäßig bis grosse Zahl wahrscheinli	7 - 8
sehr grosse Zahl sicher	9 - 10

Bedeutung (B)	
von Kunde nicht wahrnehmbar	1
geringfügige Einschränkung	2 - 3
Einschränkung bis einzelner Ausfall	4 - 6
Teil- bis Totalausfall	7 - 8
Gefärdung bis Verstoss gegen Ges	9 - 10

Entdeckungswahrscheinlichkeit (E)	
hoch	1
mäßig	2 - 5
gering	6 - 8
sehr gering	9
unwahrscheinlich	10

Risikoprioritätszahl (RPZ)
RPZ = A * B * E

hoch	**1000**
mittel	**125**
keine	**1**

BILD 9.1 Beispiel einer FMEA Leertabelle

Die definierte Risikoprioritätszahl kann von manchen Maschinen und Werkzeugdetails überschritten werden. Ursache dafür können beispielsweise sein:

- Partikuläre Emissionen an aktiven Bauteilen wie Hydraulikzylindern, Lagerungen oder Energieführungen.
- Von manchen Maschinenbauteilen kann die Raumspülung zur Abführung emittierter Partikel beeinträchtigt werden. Beispiel: Horizontaler Zugriffsschutz über dem Werkzeugbereich, Horizontaler Öltank über den Bereich des Schließzylinders.
- Die Maschine kann über Partikelablageflächen verfügen. Beispielsweise bestehen mit Bohrungen, Nuten oder Hinterschneidungen Partikelablageflächen, die verschlossen werden können oder auf anderen konstruktiven Wegen vermeidbar sind.

Risiken für den Reinraumeinsatz ergeben sich auch aufgrund einer eingeschränkten Reinigungsfähigkeit. Hierbei ist zu unterscheiden zwischen der Zugänglichkeit der Bauteile und der Beständigkeit der Materialien gegen Reinigungsmittel. Nachweise zur Reinigungsmittelbeständigkeit sollten vorliegen. Die grundsätzliche Reinraumanforderung, dass alle Bauteiloberflächen der Maschine zur Reinigung zugänglich sein müssen, steht oft im konstruktiven Widerspruch von Standardmaschinen. Dies führt dann zu Sonderkonstruktionen.

9.3.2.4 Durchführung der Qualifizierung

Die Durchführung der Maschinenqualifizierung beginnt im Speziellen mit der Erstellung eines spezifischen Qualifizierungsplans. Darin wird die Maschine bzw. die Anlage kurz beschrieben und es werden die Qualifizierungsanforderungen definiert.

Der Qualifizierungsplan, die einzelnen Qualifizierungsphasen (DQ, IQ, OQ) sowie der Abschluss der Qualifizierung mittels Qualifizierungsbericht (QB) sind jeweils einer bestimmen Maschine oder Anlage zugeordnet. Aus diesem Grund müssen die Dokumente für jede Maschine neu erstellt werden.

Der Qualifizierungsbericht der jeweiligen Phase kann nach Genehmigung des Planes ausgefüllt werden. Am Deckblatt ist ersichtlich welche Personen den Plan erstellt, geprüft und genehmigt haben. Der Genehmiger soll zudem jede Seite des Prüfplans zumindest mit seinem Kürzel abzeichnen. Prüfpunkte, die sich aus den maschinenspezifischen Impact Assessments, GxP/ERES/GAMP-Klassifizierungen und Risikoanalysen ergeben haben, werden an den entsprechenden Stellen eingepflegt.

Die Qualifizierungsphasen werden durch Genehmigung des jeweiligen Berichts abgeschlossen. Die Anhänge enthalten dabei die zum positiven Abschluss der jeweiligen Qualifizierungsphase nötigen Dokumente und Informationen. Weiterhin können die Anhänge, die Mängelliste und der Abschlussbericht, Punkte enthalten, die von einer Qualifizierungsphase in eine andere Phase übertragen werden. Diese Punkte müssen daher bei der Planerstellung der nächsten Phasen berücksichtigt werden.

Die Pläne und Berichte der jeweiligen Qualifizierungsphase (DQ, IQ, OQ) sind in einem Dokument kombinierbar. Diese Möglichkeit dient der Übersichtlichkeit und trägt dazu bei, den Umfang einer Qualifizierungsdokumentation zu verringern. Am Ende des Dokuments in der Zusammenfassung werden die Personen, die den Bericht erstellt, geprüft und freigegeben haben, genannt.

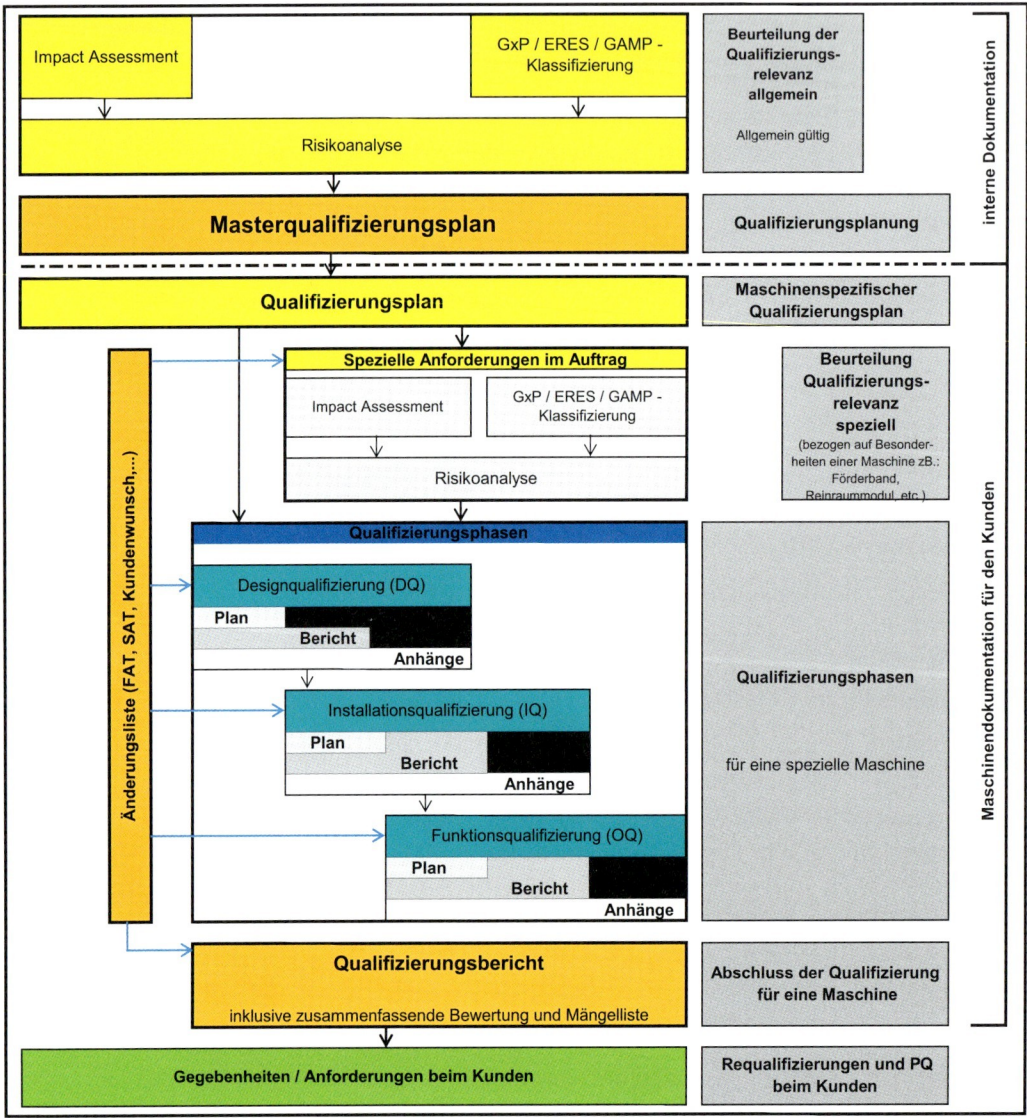

BILD 9.2 Qualifizierungsphasen [Bildquelle: ENGEL AUSTRIA GmbH]

Designqualifizierung (DQ)

Im Rahmen der Designqualifizierung ist nachzuweisen, dass die an die Maschine gestellten Anforderungen erfüllt werden. Die zu erfüllenden Anforderungen werden anhand von Risikoanalysen ermittelt und im Lastenheft (URS) festgeschrieben. Zweck des Lastenheftes ist die Festlegung der Anforderungen an die Ausrüstung durch den Nutzer/Betreiber. Damit wird sichergestellt, dass die Ausrüstung für den späteren Verwendungszweck geeignet ist und ein spezifikationskonformes Produkt unter GMP gerechten Bedingungen mit der Ausrüstung herstellbar ist.

Die Ausstattung der Maschine muss den aktuellen Stand der Technik widerspiegeln. Daher müssen alle technischen, aber auch insbesondere die gesetzlichen Anforderungen (GMP, Gerätesicherheit, Mitarbeiterschutz) im Lastenheft beschrieben und berücksichtigt werden. Das Pflichtenheft stellt anschließend die Übertragung der im Lastenheft niedergelegten Anforderungen, in die für den Lieferanten verbindlichen technischen Lösungen (Merkmale, Spezifikationen und Anforderungen) dar. Diese verbindlichen technischen Lösungen, mit denen die Lastenheft Anforderungen erfüllt werden, sind für die Maschine oder Anlage im Pflichtenheft zu dokumentieren, inklusive dem Verweis auf die Dokumente, mit denen die entsprechenden Nachweise erbracht werden.

Im Rahmen der sogenannten Designdefinition findet ein Designfindungsvorgang statt, in dem Designmerkmale entwickelt werden, mit denen die einzelnen Lastenheftanforderungen erfüllt werden können. Die Erfüllung jeder Anforderung ist mit dokumentierten Nachweisen zu belegen.

Im Zuge der Designfindung werden in einem GMP-qualifizierten Reinraum reinraumtechnische Untersuchungen durchgeführt, um zunächst den IST-Zustand der reinraumtechnischen Eignung der Maschine ermitteln zu können. Mithilfe von Soll-Ist-Vergleichen können dann Abweichungen zu den Anforderungen festgestellt werden, auf die dann wiederum mit konkreten Designmaßnahmen reagiert werden kann. Dieses Optimierungsverfahren kann iterativ erfolgen. In der Designqualifizierung wird schließlich die Übereinstimmung von Pflichtenheft und Lastenheft überprüft und dokumentiert.

BILD 9.3 Techniker bei der Designqualifizierung einer Spritzeinheit
[Bildquelle: ENGEL AUSTRIA GmbH]

Die Designqualifizierung erfolgt grundsätzlich in folgenden Schritten:

1. Designqualifizierungsplan erstellen.
2. Designqualifizierungsplan prüfen und genehmigen.
3. Designqualifizierung gemäß Plan durchführen und dokumentieren.

   Falls erforderlich, Abweichungsliste erstellen und Abweichungen beseitigen.
4. Designqualifizierungsbericht erstellen, gegebenenfalls noch mit unkritischer Abweichungsliste.
5. Designqualifizierungsbericht genehmigen.

Installationsqualifizierung (IQ)

Die Prüfungen zur Installationsqualifizierung erfolgen an Hand von Prüfprotokollen im Wesentlichen auf Grundlage der Anforderungen aus dem Lastenheft (URS) und der ergänzenden Anforderungen, die im Rahmen der Design-Qualifizierung erarbeitet wurden.

Die Installationsqualifizierung dient einerseits der Überprüfung und dem Abgleich der Bestandsdokumentation mit der realisierten Anlage. Hierzu zählen beispielsweise technische Datenblätter, Maschinenzeichnungen, Handbücher, Bedienungsanleitungen, Wartungs- und Reinigungsanweisungen und Zertifikate. Andererseits erfolgt eine Sichtprüfung der Maschine auf korrekten Zusammenbau und Aufstellung, mängelfreie Verarbeitung und korrekte Ausführung hinsichtlich Zugänglichkeit und Reinigungsfähigkeit.

Die Durchführung aller Überprüfungsschritte ist mit Unterschrift/Kurzzeichen in den Prüfprotokollen durch die prüfende Person zu dokumentieren. Eine weitere fachkundige Person, die nicht mit dem Durchführenden der einzelnen Prüfungen identisch ist, prüft die einzelnen Blätter der Prüfprotokolle auf ihre Vollständigkeit und Richtigkeit und bestätigt die Erfüllung der Akzeptanzkriterien durch Unterschrift in der Fußzeile der Blätter (Vier-Augen-Prinzip). Die an der Durchführung der Qualifizierung beteiligten Personen müssen mit Namen, Firma, Funktion, Kurzzeichen und Unterschrift aufgelistet sein. Hierzu eignet sich am besten die für die Dokumentation zwingend vorgeschriebene Unterschriftenliste, auf der alle beteiligten Personen entsprechend aufgelistet sind.

Im IQ-Bericht wird abschließend eindeutig Stellung zum Status der geplanten Anlage genommen. Die IQ ist abgeschlossen, wenn alle in diesem Plan geforderten Prüfungen durchgeführt, dokumentiert und die vorgegebenen Akzeptanzkriterien erfüllt sind. Die Genehmigung des Berichts und die Freigabe für die nächste Qualifizierungsphase (OQ) durch den auf Seite 1 genannten Personenkreis erfolgt, wenn keine kritischen Mängel mehr vorhanden sind.

In der Installationsqualifizierung wird wie folgt vorgegangen:

1. Installationsqualifizierungsplan erstellen.
2. Installationsqualifizierungsplan prüfen und genehmigen.
3. Installationsqualifizierung gemäß Plan durchführen und dokumentieren.
   Gegebenenfalls Mängelliste erstellen und anschließende Beseitigung der Mängel.
4. Installationsqualifizierungsbericht erstellen (gegebenenfalls noch mit einer Mängelliste unkritischer Mängel).
5. Installationsqualifizierungsbericht genehmigen.

Funktionsqualifizierung (OQ)

Die Prüfungen zur Funktionsqualifizierung erfolgen an Hand eines Prüfprotokolls auf Grundlage der Funktions-Anforderungen aus dem MQP und aus dem Lastenheft (URS). Die Funktionsqualifizierung dient einerseits der Überprüfung der Funktionen der Maschine und andererseits der Überprüfung, welches Akzeptanzkriterium die Maschine hinsichtlich der Partikelemission erfüllt. Die Durchführung aller Überprüfungsschritte ist wieder mit Unterschrift/Kurzzeichen in den Prüfprotokollen durch die prüfende Person zu dokumentieren. Eine weitere fachkundige Person, die nicht mit dem Durchführenden der einzelnen Prüfungen identisch ist, prüft die einzelnen Blätter der Prüfprotokolle auf ihre Vollständigkeit und Richtigkeit und bestätigt die Erfüllung der Akzeptanzkriterien durch Unterschrift in der Fußzeile der Blätter (Vier-Augen-Prinzip).

Im OQ-Bericht wird abschließend eindeutig Stellung zum Status der geplanten Anlage genommen. Die OQ ist abgeschlossen, wenn alle in diesem Plan geforderten Prüfungen durchgeführt, dokumentiert und die vorgegebenen Akzeptanzkriterien erfüllt sind.

BILD 9.4 OQ im Herstellerwerk [Bildquelle: ENGEL AUSTRIA GmbH]

Die Genehmigung des Berichts und die Freigabe für die nächste Qualifizierungsphase durch den auf Seite 1 (Deckseite der OQ) genannten Personenkreis erfolgt, wenn keine kritischen Mängel mehr vorhanden sind. Die Vorgehensweise bei der OQ entspricht der bei der IQ und DQ.

Grundsätzliches zur Bestimmung der Partikelemission einer Spritzgießmaschine

Das Ziel ist die Beschreibung der Vorgehensweise bei der Durchführung der Messungen zur statistisch gesicherten Bestimmung der maximal zu erwartenden Partikelkonzentration in der Raumluft bei bestimmten Partikelgrößen. Als Messgeräte werden handelsübliche, optisch messende Partikelzähler eingesetzt. Bei Reinräumen der ISO-Klassen 1 bis 4 muss die untere Nachweisgrenze des Partikelzählers > 0,1 µm sein. Bei Reinräumen der ISO-Klassen 5 bis 9 werden die Messungen mit einem Partikelzähler durchgeführt, der mindestens Partikel > 0,5 µm detektieren kann. Die Messung wird durchgeführt, indem die Sonde des Partikelzählers an den vorher festgelegten Messstellen installiert wird und die vorgegebenen Volumen an Raumluft gemessen werden. Für die Bestimmung der Reinraumklasse wird die Partikelmessung auf Arbeitshöhe und/oder auf Produkthöhe oder 1,2 m ab Boden gemäß einem vorher festgelegten Messraster durchgeführt. Werden 10 und mehr Messpositionen erfasst, gilt die Messposition mit den größten gemessenen Partikelzahlen als Grundlage zur Reinraumklassenbestimmung, wobei alle Messpositionen innerhalb der Klassengrenzwerte liegen müssen, eine Mittelwertberechnung darf hierzu nicht herangezogen werden. Bei neun oder weniger Messpositionen wird eine Berechnung des UCL (Upper Confidence Limit) verlangt, wobei aber dieselben Kriterien wie oben gelten. Die Berechnung des UCL stellt sicher, dass mit einer 95%igen Sicherheit nicht mehr Partikel im Raum anzutreffen sind als gemessen wurden.

Anzahl der Messpunkte

Die Anzahl der Messpunkte wird grundsätzlich durch eine Risikoanalyse bestimmt. Dabei ist aber auch die Mindestanzahl der Messstellen zu beachten, die in den Normen. bzw. Richtlinien gefordert ist. Bei turbulenzarmer Verdrängungsströmung muss die Anzahl der Probenahmestellen gleichmäßig über den gesamten Reinraumbereich in der Eingangsebene verteilt sein (wenn nicht anders spezifiziert), soweit dies nicht durch im Reinraumbereich aufgestellte Geräte verhindert wird. Bei turbulenter Mischlüftung beträgt die Mindestanzahl der Messpunkte die Quadratwurzel der Fläche (in m^2) des Reinraums bzw. des reinen Bereichs, mindestens aber zwei.

Definierte Probennahme

Für alle Klassifizierungen der Partikelkonzentration in einem Reinraum sollen die Verfahren zur Bestimmung von Probennahmeorten und Probennahmevolumina nach EN ISO 14644-1 definiert werden. Die Lage der Probennahmeorte sollte dabei gleichmäßig verteilt auf Höhe der Arbeitsaktivität liegen. Zusätzliche Messpunkte

BILD 9.5 Risikobasierende Messung der Partikelemission an der Spritzgießmaschine während der OQ [Bildquelle: ENGEL AUSTRIA GmbH]

können risikobasiert definiert werden. Im Annex 1 der GMP wird des Weiteren definiert, dass die Probennahme für GMP-A Bereiche von einem Kubikmeter pro Probennahmeort zu erfolgen hat. Für alle anderen Klassifizierungsmessungen (B- bis D-Bereiche) verweist die GMP auf die ISO 14644-1.

Factory Acceptance Test (FAT)

Der FAT erfolgt mit dem Kunden im Werk des Maschinenherstellers. Es wird die finale Ausführung der Anlage gegen die URS (Lastenheft) und gegen den Maschinenauftrag (Pflichtenheft) geprüft. Die Ergebnisse (Mängel und Änderungen) des FAT werden in einem FAT-Protokoll festgehalten, welches auch vom Kunden unterzeichnet werden muss. Anschließend erfolgen die Bewertung und der Übertrag in die Mängelliste der OQ bzw. in das Change Managements der GMP Qualifizierung. Die bewerteten Auswirkungen finden in den entsprechenden Dokumenten des Qualifizierungsplans eine Berücksichtigung. Die Erledigung wird in den Listen mit Datum und Unterschrift bestätigt.

Qualifizierungsreport

Im abschließenden Qualifizierungsreport werden alle Ergebnisse der einzelnen Qualifizierungsphasen dokumentiert und zusammengefasst. Es werden alle Mängel angeführt, wie diese bewertet und behoben wurden. Sollte ein Mangel akzeptiert worden sein, muss dies begründet werden. Der Qualifizierungsreport kann erst nach Abschluss aller vorherigen Qualifizierungsphasen und Erledigung aller offenen Änderungs- und Mängelpunkte abgeschlossen bzw. genehmigt werden. Mit dem Genehmigen des Qualifizierungsreportes ist die GMP-Qualifizierung der Maschine im Werk des Herstellers abgeschlossen und die Maschine/Anlage kann zum Kunden ausgeliefert werden.

Site Acceptance Test (SAT)

Der SAT ist die Endabnahme der Maschine im Werk des Kunden. Die hierbei durchgeführten Prüfungen können durch die jeweiligen Anforderungen des Maschinenbetreibers stark abweichen. Auf jeden Fall muss das FAT-Protokoll vorliegen und sichergestellt sein, dass alle darin enthaltenen Punkte erledigt oder begründet unerledigt sind. Grundsätzlich stellt der SAT sicher, dass die Maschine installiert an ihrem Produktionsstandort ordnungsgemäß funktioniert und betrieben werden kann. Die Ergebnisse (Mängel und Änderungen) des SAT werden in einem SAT-Protokoll festgehalten. Anschließend erfolgen die Bewertung und der Übertrag in die Mängelliste der OQ bzw. in die Änderungsliste. Die bewerteten Auswirkungen finden in den entsprechenden Dokumenten des Qualifizierungsplans eine Berücksichtigung. Die Erledigung wird in den Listen mit Datum und Unterschrift bestätigt. Nach Abschluss der SAT geht die Maschine in die Verantwortung des Betreibers über. Vorausgesetzt sei hierzu kommerzielle Klarheit.

Performancequalifizierung (PQ)

Die Performance Qualifizierung ist der letzte der Maschinenqualifizierungsschritte und kann nur durch den Maschinenbetreiber selbst durchgeführt werden. Voraussetzung für einen Start der PQ ist ein abgeschlossener SAT und eine abgeschlossene OQ. Die PQ soll produktbezogen den dokumentierten Nachweis erbringen, dass die Maschine unter den realen Produktionsbedingungen, die in der URS spezifizierten Leistungsparameter auch tatsächlich erreicht. Die PQ erfolgt auch auf Grundlage eines Qualifizierungsplans, der aber von dem Maschinenbetreiber erstellt werden sollte. Bei den hierzu durchgeführten Leistungsläufen der Maschine ist es erforderlich, dass alle Produktionsmedien (Kunststoff, Wasser, Druckluft etc.), die auch später in der Serienproduktion verwendet werden, zum Einsatz kommen. Die Ergebnisse

BILD 9.6 PQ im Betreiberwerk [Bildquell: ENGEL AUSTRIA GmbH]

der PQ werden in einem eigenen PQ-Report dokumentiert, welcher einen eigenständigen Teil der Maschinendokumentation darstellt. Wie schon bei den vorhergehenden Qualifizierungsschritten ist es auch bei dem PQ-Report wesentlich, dass Mängel und Abweichungen von den spezifizierten Parametern und die sich daraus ergebenden Maßnahmen genau vermerkt werden. Die PQ ist abgeschlossen, wenn alle aufgetretenen Fragen und Mängel die während der PQ aufgetreten sind, nach Beurteilung des verantwortlichen Personenkreises zufriedenstellend geklärt sind.

9.3.3 Qualitätserhaltende Maßnahmen

Um den qualifizierten Zustand der Maschine während des Produktionsbetriebes aufrecht zu erhalten, sind das Vorhandensein und das Einhalten von Verhaltens-, Reinigungs- und Wartungs-SOPs (Standard Operating Procedures) zwingend erforderlich.

Weiterhin sollte nach einem bestimmten, meist durch den Maschinenhersteller empfohlenen Zeitraum, die Maschine im Betreiberwerk rekalibriert werden, um den Prozesseinfluss von z. B. Verschleiß an der Maschine festzustellen. Dies dient zur Gewährleistung, dass sich die Maschine noch in einem qualifizierten Zustand befindet, d. h. es befinden sich noch alle Maschinenparameter in den spezifizierten Toleranzfeldern. Sofern sich keine Abweichungen ergeben, erfüllt eine Rekalibrierung ähnlich der Maschinenfunktionsüberprüfung in der OQ, die Anforderungen einer Requalifizierung. Werden an der Maschine Änderungen durchgeführt, müssen diese durch einen Change Control Prozess überwacht, organisiert und dokumentiert werden. Dies betrifft grundsätzlich alle Änderungen, besonders aber jede, welche die Prozesssicherheit oder die Produktqualität beeinflussen.

Literatur zu Abschnitt 9.3

ENGEL GMP Documentation, ENGEL Austria Ges.m.b.H., 2011

Weiterführende Literatur zu Abschnitt 9.3

R. Gengenbach: Wiley-VCH Verlag GmbH & Co, „GMP-Qualifizierung und Validierung von Wirkstoffanlagen: Ein Leitfaden für die Praxis", August 2008

Aide Memoire 07121105, Zentralstelle der Länder für Gesundheitsschutz bei Arzneimitteln und Medizinprodukten, „Inspektion von Qualifizierung und Validierung in pharmazeutischer Herstellung und Qualitätskontrolle", 2010

S. Erens: Sonderdruck aus PharmaTec Ausgabe 1/2009, Vogel Business Media GmbH Co. KG, „Klare Regeln schaffen"

J. Blattner: Reinraumtechnik 3/2012, „Reinraumklassenbestimmung – ISO EN DIN 14644 und/oder GMP Annex 1 konform"

9.4 Personal und Personalhygiene
Rudolf Hüster

9.4.1 Allgemein

Der Verbraucher bzw. der Kunde erwartet von seinem gekauften Produkt den gewünschten notwendigen (oder höchsten) Gebrauchsnutzen und eine ausreichende Qualität. Stellt hohe oder höchste Qualität das entscheidende Auswahlkriterium dar, würden die „Geiz ist Geil" Lockrufe wirkungslos verhallen. Eine Zahnbürste, die nach wenigen Tagen unter der Last ihrer Reinigungsaufgaben zerbricht, weist die an sie gestellte Qualität (in puncto Haltbarkeit) nicht auf. Eine Zahnbürste, die das Zahnfleisch grob verletzt, erbringt mit Sicherheit nicht den geforderten Gebrauchsnutzen, selbst wenn ihre Haltbarkeit, die des jeweiligen Zahnfleisches weit übertrifft.

Wie wäre aber eine teure Topdesign Hightech Zahnbürste zu beurteilen, die die Zahnoberfläche hervorragend reinigt, das Zahnfleisch streichelt und massiert, aber leider zu eitrigen Entzündungen im Mund führt. Eine solche Nebenwirkung würde weder vom Verbraucher, noch vom Gesetzgeber geduldet werden. Fertigungstechnisch mögen alle Toleranzen im grünen Bereich gewesen sein, die Kontamination mit Infektionserregern disqualifiziert selbst dieses Spitzenprodukt. Der dadurch enttäuschte und natürlich auch geschädigte Verbraucher könnte vor Gericht ziehen und (zumindest in den USA) höchste Schadenersatzforderungen stellen.

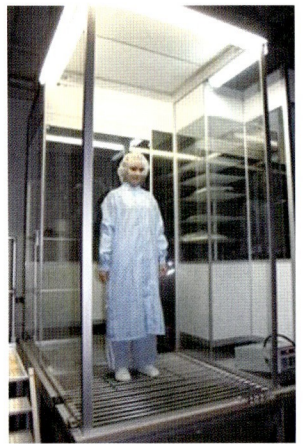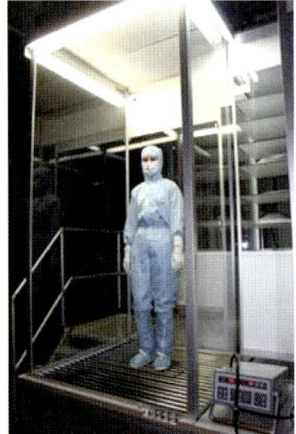

BILD 9.7 Faktor Mensch im Reinraum:
Unterschiedliche Reinraumbekleidungen je nach geforderter Reinraumklasse
[Bildquelle: Dastex Reinraumzubehör GmbH]

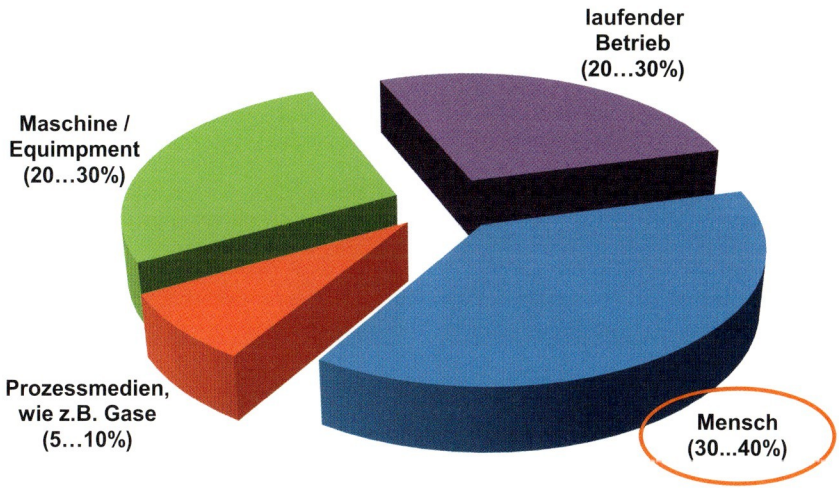

BILD 9.8 Faktor Mensch im Reinraum:
Der Mensch als stärkste Kontaminationsquelle in einem Reinraum
[Bildquelle: DITTEL ENGINEERING]

9.4.2 Kontamination

Der Verbraucher hat Anspruch auf ein Produkt, das die in es gesetzten Erwartungen erfüllt, den werbemäßigen Auslobungen entspricht und keine Krankheitserreger aufweist. Damit ist noch nicht gefordert, dass das Produkt keimfrei in den Handel gelangt. In geringer Zahl dürfen sich durchaus auch Bakterien auf dem Produkt befinden (100 KbE/device, d. h. 100 koloniebildende Einheiten pro Zahnbürste), aber keine krankheitserregenden Bakterien.

Nur wenige aus Millionen von Bakterienarten gefährden Mensch und Tier und werden deshalb als pathogen bezeichnet. Die FDA (Food and Drug Administration in den USA, *www.fda.gov.*) hat einige Leitkeime definiert, die auf Bedarfsgegenständen oder Medizinprodukten nicht nachweisbar sein dürfen. Zu diesen sogenannten FDA Leitkeimen zählen Staphylococcus aureus, die Darmbewohner: Escherichia coli, coliforme Bakterien und Enterobakterien, die Enterokokken und Salmonellen sowie der im Wasser weit verbreitete Pseudomonas aeruginosa. Bereits die Anwesenheit eines einzigen dieser FDA Leitkeime disqualifiziert das Produkt.

Die betriebliche Qualitätssicherung versucht, diese Forderungen in Produktion und Verpackung umzusetzen. Das neu hergestellte Produkt ist vor etwas zu schützen, das man in der Regel nicht sieht, und erst über Umwege nach einigen Tagen identifizieren kann (Bild 9.9). Hinsichtlich Bakterienfreiheit werden qualitätsgewohnte Unternehmen aus Medizin, Pharmazie, Kosmetik und Lebensmittelindustrie zu einer Fülle von engtolerierten Produktspezifikationen gezwungen.

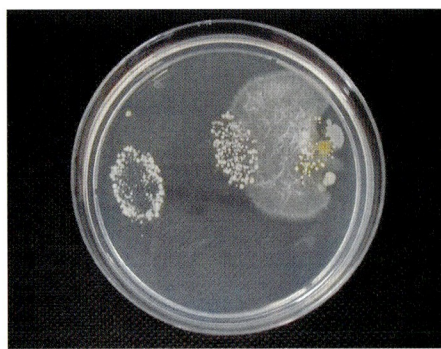 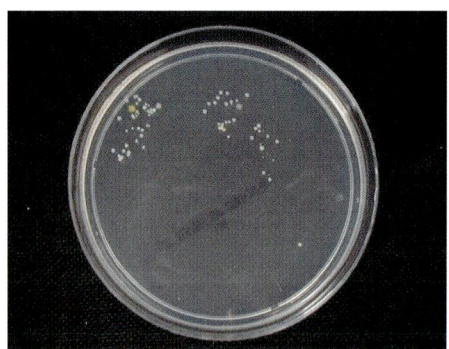

BILD 9.9 Vorgehensweise bei der Prüfung auf Mikroorganismenkolonien;
links: 3 Finger (ungewaschene Hände), rechts: 3 Finger (mit Stoffhandschuhen)
[Bildquelle: Frau Dr. Gertraud Rieger]

Um die gesetzten Spezifikationen hinsichtlich der Bakterienfreiheit zu erreichen, sind zwei grundsätzliche Vorgehensweisen denkbar:

- Beibehalten der bisherigen Produktionsweise und ein anschließendes Sterilisieren mittels Hitze, Dampf, Formaldehyd, Ethylenoxid, Wasserstoffperoxid-Plasma oder eine Bestrahlung mit Elektronenstrahl oder Gammastrahlung.

Je nach Verfahren führt das zu Materialveränderungen, Materialzerstörungen, Rückständen krebserzeugender Substanzen, Korrosionen und nicht zuletzt zu Marketingproblemen.

- Die andere Möglichkeit zur Umsetzung der neuen Produktspezifikationen erfordert (und ermöglicht) neue Denkweisen, Technologien und Prozesse. Erst die Produktion im Reinraum mit optimierten Rohstoffen, sauberen Werkzeugen und Maschinen, validierten Arbeitsweisen und qualifizierten Arbeitskräften ermöglicht eine stabile Produktqualität.

Ziel der Reinraumtechnik ist es, Fertigungsprozesse sowie die dort hergestellten Produkte vor Mikroverunreinigungen zu schützen. Die hergestellten oder behandelten Produkte sollen vor luftgetragenen Verunreinigungen wie Staubpartikeln, Pollen, Bakterien, Zelltrümmern, Viren und organischen Aerosolen geschützt werden. Dazu sind während der Produktion entstehende Partikel zu begrenzen und unmittelbar abzuführen. Die technischen Voraussetzungen sind in der Praxis durch geeignete bauliche und einrichtungs-technische Gestaltung, sowie hochqualitative Lüftungs- und Klimatechnik relativ leicht – wenn auch kostenintensiv – zu erreichen. Aufwendiger ist der hygienekonforme Einsatz von Personal in der Reinraumproduktion (Bild 9.7).

9.4.3 Der Begriff: Hygiene

Im Lexikon wird der Begriff Hygiene wie folgt definiert: Hygiene (griechisch: hygieinos = gesund) ist vorbeugende Arbeit für die Gesunderhaltung der einzelnen Menschen und Völker. Sie ist bestrebt, körperliche Erkrankungen und alle geistigen, seelischen und sozialen Störungen fernzuhalten [1]. Somit ist Hygiene gelebte und praktizierte Prävention, vorausschauendes Planen und Handeln.

Bereits im Vorfeld soll das spätere Ergebnis, der spätere Erfolg gesichert bzw. ermöglicht werden. Bei der Reinraumfertigung beschäftigt sich die Hygiene sowohl mit dem Schutz der Endverbraucher als auch mit den Mitarbeitern im Reinraum. Hygiene ist somit nicht nur die Planung von Keimarmut bzw. der Abwesenheit von Krankheitserregern, sondern auch die Sorge um die körperlichen und psychischen Auswirkungen des Aufenthalts der Mitarbeiter im Reinraum. Praktizierte Hygiene im Reinraum ist gleichzeitig Personenschutz und Produktschutz.

9.4.4 Hygiene als praktizierter Personenschutz

9.4.4.1 Arbeitsplatz Reinraum

Bezogen auf die Luftqualität im Reinraum gibt es nicht viele derart saubere Arbeitsplätze. Die Partikel- und Bakterienbelastung der Luft ist geringer als in hochalpinen Luftkurorten. Der Arbeitsplatz ist in der Regel sauber und hell. Hohe Luftwechselraten und eine Luftgeschwindigkeit von > 0,45 m/s sorgen für niedrige CO_2 Konzentrationen und ausreichend hohen O_2-Gehalt. Da die Spritzgießmaschinen meist außerhalb des Reinraumbereichs stehen, ist die Belastung durch Prozessabwärme und Ausgasungen der verwendeten Materialien gering.

Eine spezielle Arbeitskleidung, die den Mitarbeiter vor dem Produkt, den zu verarbeitenden Materialien und Schadeinwirkungen schützt, ist zumindest im Reinraum für Medizinprodukte nicht nötig. Die spezielle Arbeitskleidung dient nicht dem Arbeitsschutz, sondern einzig und allein dem Produktschutz.

Kein Wunder, dass es keine speziellen Vorschriften zur Arbeit im Reinraum von Seiten der jeweiligen Berufsgenossenschaften gibt. Richtlinien, die sich mit der Arbeit im Reinraum befassen, sind die VDI Richtlinie 2083 (Reinraumtechnik) mit Blatt 5 (Thermische Behaglichkeit) und Blatt 6 (Personal am reinen Arbeitsplatz). Trotzdem ist das Arbeiten in einem Reinraum belastend. Der Mitarbeiter arbeitet in einer lauten Umgebung (bedingt durch die hohen Luftwechselraten), bei hellem Kunstlicht und wenig bis keinem Blickkontakt zur Außenwelt. Der Arbeitsplatz ist voll einsehbar, aber trotzdem einsam. Der Mitarbeiter empfindet häufig ein Gefühl der Abgeschiedenheit und kann sich trotzdem nicht zurückziehen. Die spezielle dicht geschlossene Schutzkleidung, vereinzelt mit Vollschutzhaube, reduziert die

BILD 9.10 Arbeiten im Reinraum ist biologisch empfehlenswert, aber für das Wohlbefinden des Personals eher unangenehm [Bildquelle: KraussMaffei Technologies GmbH]

Kommunikation auf Mimik und ermöglicht höchstens Augenkontakt. Gespräche sind aufgrund der lauten Umgebung stark eingeschränkt. Aufgrund der Schutzkleidung ist eine Nutzung von Sanitäreinrichtungen sehr aufwendig und wird entsprechend wenig genutzt. Eine Nahrungsaufnahme bzw. der Ausgleich von Feuchtigkeitsverlusten durch Trinken ist aufgrund der Notwendigkeit des jeweiligen Aus- und Einschleusens und notwendigem Kleidungswechsel deutlich erschwert.

9.4.4.2 Reinraumkleidung

Aufgabe der Reinraumkleidung ist es einerseits, das Produkt vor Kontaminationen durch „Human Dust" zu schützen und andererseits dem Träger der Kleidung eine Chance zu geben, seinen Feuchtigkeits- und Wärmeüberschuss abzuführen. Mit abnehmender Porengröße des Bekleidungsgewebes, also größerer Dichtigkeit, wird zwar die Partikelabgabe verhindert, die bekleidungsphysiologischen Eigenschaften verschlechtern sich jedoch entsprechend.

Die gewebebedingte Behinderung der Wasserdampfabgabe führt zum Schwitzen. Früher wurden im Reinraum überwiegend Textilien mit besonders geringer Luftdurchlässigkeit (< 10 L/(dm^2 × min)) verwendet. Wärme und Feuchtigkeit konnten daher nur unvollständig abgeführt werden. Zusätzlich baute sich bewegungsbedingt ein Überdruck im Inneren der Bekleidung auf, der sich am Hals-Kopfbereich und an den Armabschlüssen gebündelt entlud und zu lokal begrenzten Partikelemissionen mit hoher Strahlkraft führte (Bild 9.11).

Bei Verwendung von Geweben mit einer Mindestluftdurchlässigkeit von 20 bis 30 L/(dm^2 × min, bezogen auf einen Prüfdruck von (< 200 Pa) wird dieser Druckaufbau minimiert. Von entscheidender Bedeutung für die Funktionsweise der Reinraumkleidung ist die sogenannte Zwischenkleidung. Häufig wird unter dem Reinraumanzug normale Freizeitbekleidung getragen, die zwar bekleidungsphy-

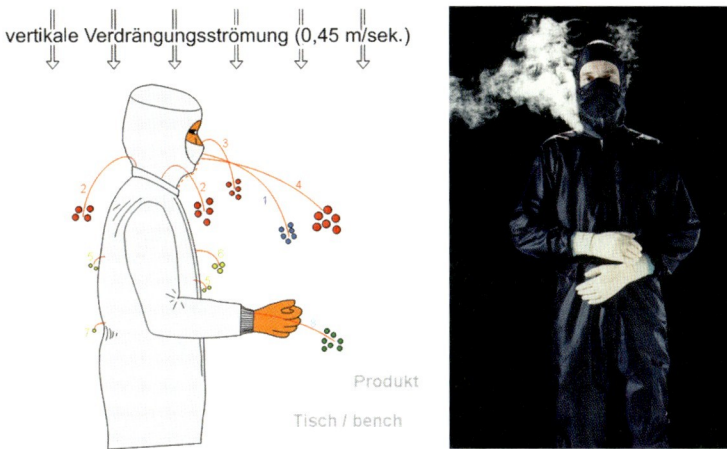

1 Atemluft, durch den Mundschutz vorgefiltert
2 Strahlthermik (Halsausschnitt/Kragen)
3 Strahlthermik, verstärkt durch Pumpeffekt (bei Bewegung)
4 Beim Ausatmen umgelenkte Strahlthermik aus dem Kragenbereich
5 Flächenthermik, durch das Gewebe vorgefiltert
6 Emission durch den Reißverschluss (ohne Abdeckleiste)
7 Emission durch die Naht
8 Emission durch den Armabschluss (nur pumpinduziert)

BILD 9.11 Die Reinraumbekleidung ist ein Kompromiss zwischen Schutz des Reinraums vor den „Human Dust" und dem Wohlbefinden des Trägers [Bildquelle: Hottner: Optimierung von Reinraumkleidung (links), Dastex Reinraumzubehör GmbH (rechts)]

siologisch optimal ist, aber hohe Partikelzahlen abgibt. Nur durch eine auch auf Partikelabgabe optimierte Zwischenbekleidung (oft auch Unterbekleidung genannt) ist es möglich, produktbedrohende Partikelemissionen zu minimieren. Idealerweise wird ein Gesamtkleidungssystem getragen, das in Schichtung und Schnitt auf die Klimarandbedingungen (Temperatur, Luftfeuchte, Luftwechsel, Strömungsgeschwindigkeit) und die jeweilige Arbeitsschwere optimiert ist.

Die Tatsache, dass im Reinraum konstante klimatische Bedingungen herrschen, und der jeweilige Leistungsumsatz (Wärmeproduktion und mechanische Leistung) sehr gleichförmig ist, erleichtert die Optimierung der Reinraumkleidung.

Eine funktionelle Reimraumkleidung für die Herstellung von Medizinprodukten besteht entweder aus einem geeigneten Einwegoverall für Reinräume, z. B. aus Tyvek-Gewebe oder kostengünstiger aus wasch- bzw. dekontaminierbarer Mehrwegkleidung (die sinnvollerweise im Leasing erworben wird). Aufgabe dieser Oberbekleidung ist es, die Abgabe von Bakterien und Partikeln so weit wie möglich zu unterbinden. Da die Reinraumklasse durch die Anzahl der 0,5 μm Partikel bestimmt wird, sollte bei den zur Auswahl stehenden Geweben mit Porengrößen zwischen 10 μm und 0,3 μm natürlich die partikeldichtesten Materialien verwendet werden. Die Anpassung an den Leistungsumsatz der Mitarbeiter und die Klimarandbedingungen wird nun im Wesentlichen durch die Wahl der Zwischenbekleidung vorgenommen. Mitarbeiter, die z. B. unter dem Reinraumoverall nur sehr dünne Kleidung aus Baumwolle, Seide oder Kunstfaser tragen, klagen häufig über ein langanhaltendes „Fröstelgefühl" im Schulterbereich, dem Bereich, der von der Luftströmung am stärksten getroffen wird.

Studien der Infineon AG in Zusammenarbeit mit dem Institut Schloß Hohenstein (ROOS 1998 [2]) ergaben, dass eine optimale Reinraumkleidung nur durch eine sinnvolle Kombination verschiedenster Materialien erreicht werden kann: Den Kontakt zur Haut stellt ein T-Shirt aus Kunstfaser mit besonders guten Wasserleitungseigenschaften (z. B. DUNOVAR-Faser) dar. Wasser und Wasserdampf werden somit schnell von der Haut weggeleitet, die Haut bleibt trocken und das „Fröstelgefühl" durch die Verdunstungskälte bleibt aus. Diese Funktionsunterwäsche wird auch häufig im Outdoorbereich verwendet. Über der Kunstfasereinheit wird dann ein zweilagiger Trainingsanzug getragen, dessen innere Lage einen 50%igen Baumwollanteil enthält. Die Außenfläche besteht dabei aus reinem Polyestergewebe. Die baumwollhaltige Innenlage fungiert als Zwischenspeicher und gibt das Wasser bzw. den Wasserdampf verzögert über die Polyesterschicht an den diffusionsbehinderten, engporigen Overall ab.

An zwei Kleidungsstücken kann der Abtransport von Feuchtigkeit nicht ausreichend erfolgen. Unter den Handschuhen und unter dem Mundschutz bildet sich unangenehme Staunässe. Dieses Problem lässt sich zurzeit nur durch regelmäßigen Wechsel von Mundschutz und Handschuhen lösen.

Idealerweise sollte der Reinraum durch geeignete Technik so betrieben werden, dass eine Raumtemperatur von 21 bis 23 °C eingehalten wird. Aufgrund der vorgeschriebenen langsamen Arbeits- und Bewegungsweise (Partikelstreuungsverminderung) und der starken Luftströmung, sind diese vergleichsweise hohen Temperaturen notwendig. In Abhängigkeit von der Luftfeuchtigkeit im Raum (30 bis 65 % RT) sind die folgenden zwei Temperaturgrenzwerte zu beachten: T_{min} und T_{max}. T_{min} ist die Temperatur, bei der ein Mitarbeiter bei der geringsten für längere Zeit zu erwartenden Arbeitsschwere gerade noch nicht friert. Dieser Wert sollte nicht unterschritten werden. T_{max} ist der Wert, bei dem ein Mitarbeiter bei der höchsten denkbaren Arbeitsschwere gerade noch nicht unzumutbar schwitzt. Unter unzumutbaren Schwitzen verstehen Arbeitsmediziner das Entstehen einer Schweißbedeckungsrate von über 30 % der Körperoberfläche.

Da die Feuchtigkeitsabgabe von der Durchlässigkeit des Overalls abhängig ist, würde ein derartiger Wärmestau den Mitarbeiter belasten, sowie durch den höheren Druckaufbau im Overall die Partikelemission erhöhen. Der Temperaturwert T_{max} sollte deshalb nicht überschritten werden. Eine Senkung der Luftfeuchtigkeit in der Raumluft führt nicht zu besseren Feuchtigkeitsabgaben, da der Overall die limitierende Größe darstellt. Somit ist zur Vermeidung von statischen Aufladungen und Atemwegbelastungen eine Luftfeuchtigkeit von 30 % anzustreben und auch einzuhalten.

9.4.5 Hygiene als praktizierter Produktschutz

Bei der heutigen Integrationsdichte von Computerprozessoren kann schon eine Bakterie in der Größenordnung von 0,2 µm mehrere Leiterbahnen überbrücken und den Chip kurzschließen.

Zur Entfernung von Schwebstoffen (Bakterien und Partikel), werden mehrstufige Filtermodule eingesetzt. Diese HEPA Filter (High Efficiency Particulate Air Filters) gewährleisten die Zufuhr partikelarmer Luft bis zu den Reinheitsanforderungen der Reinheitsklasse ISO 5.

Das Haupthygienerisiko im Reinraum bzw. die Hauptpartikel- und Keimquelle, ist und bleibt jedoch der Mensch. (siehe Bild 9.8 und Tabelle 9.8) Deshalb ist der sicherste Reinraummitarbeiter (aus hygienischer Sicht) derjenige, der im Reinraum nicht benötigt wird [3].

TABELLE 9.8 Partikelemission von Menschen bei unterschiedlicher Bekleidung und Bewegung [Quelle: Dastex Reinraumzubehör GmbH]

Bewegungsart		stehen	gehen	stehen	gehen	stehen	gehen
Partikelgröße		≥ 0,5 µm	≥ 0,5 µm	≥ 1 µm	≥ 1 µm	≥ 5 µm	≥ 5 µm
Bekleidungsart	Baumwoll-Jogging	873.304	34.955.780	657.312	25.114.780	17.077	448.638
	Kittel	331.742	6.304.946	130.901	2.506.495	9.795	101.172
	Overall	28.827	106.328	10.396	32.135	331	851

9.4.5.1 Human Dust

Diese Mischung aus Hautpartikeln und Bakterien, die ein Mensch ständig freisetzt, liegt mit einer Größe von 0,3 µm in der Größenordnung von Smogpartikeln. Im Vergleich dazu sind die Kopfhautschuppen, die dunkle Anzüge unangenehm aufhellen, wahre Eisschollen.

Außer Mikroorganismen, die für das Produkt eine hygienische Gefahr in Form von sogenanntem Bioburden darstellen, ist der Mitarbeiter auch eine massive Partikelquelle (siehe Tabelle 9.8). Die vom Menschen ausgehende Kontamination der Reinraumluft erstreckt sich über einen weiten Bereich [5] [6] [7]. Die höchsten Werte werden von AUSTIN mit 10E8 Partikeln > 0,3 µm/m^3 berichtet. Im Durchschnitt hinterlässt der Mitarbeiter pro Minute 2,5 Millionen Partikel in der Größenordnung von 0,3 µm [4].

Beide Partikel, die Makroschuppen und der „Human Dust", entstammen der gleichen Quelle, der lebenden und wachsenden menschlichen Haut. Die permanente

Regeneration der Hautoberflächen durch Bildung neuen Gewebes führt zu einem ständigen Abscheren kleinster abgestorbener Hautpartikel, die häufig von diversen Mikroorganismen (überwiegend Milchsäurebakterien, koagulasenegative Staphylokokken und teilweise sogar Staphylococcus aureus) besiedelt sind. Verantwortlich für den sogenannten Säureschutzmantel der Haut ist die Stoffwechselaktivität der erwähnten Milchsäurebakterien, die den mit dem Schweiß austretenden Zucker vergären und Milchsäure erzeugen.

Über die Menge an abgegebenen oder abspülbaren Human Dust Partikel gibt es in der Literatur unterschiedliche Angaben. Nicht jede abgestoßene Hautschuppe, nicht jeder Partikel wird sofort abgegeben. Viele Partikel werden durch das Hautfett noch zusammengehalten und verbleiben als eine Art Schutzschicht auf der Haut. Die ledrigen Schwielen, die stark beanspruchte Hautbereiche vor dem Wundwerden schützen, bestehen aus verfestigten Schichten abgestorbener Haut. Auch der Keimgehalt der Hautpartikel ist unterschiedlich und auch von dem Desinfektionsverhalten des jeweiligen Mitarbeiters abhängig.

Die durchschnittliche, durch Abspülen und Ausmassieren von Händen und Fingern bestimmbare Koloniezahl liegt in der Größenordnung von $1 \times 10E3$ KbE/cm^2. Die Koloniezahl unserer Kopfhaut wird in der Regel mit $1,5 \times 10E6$ KbE/cm^2 angegeben.

Um die Produkte vor „Human Dust" und den anhaftenden Bakterien zu schützen, müssen freiliegende Hautpartien so weit wie möglich verdeckt werden. Grundsätzliche Überlegungen zur Auswahl geeigneter Reinraumkleidung wurden bereits in Abschnitt 9.4.4 „Hygiene als praktizierter Personenschutz" angestellt. Die Wirkung effizienter Reinraumkleidung sollte nicht unterschätzt werden. Selbst in Reinräumen der Klasse ISO 8 kann ein korrektes Tragen von kompletter Reinraumkleidung inklusive Handschuhen, Mundschutz und Kopfhaube zu einer deutlichen Steigerung der hygienischen Qualität führen.

Entscheidend ist es, alle freien Hautflächen so wirkungsvoll wie möglich zu bedecken. Eine Verminderung der Oberflächenkeimzahlen ist nur eingeschränkt möglich. Lediglich die Keimzahl der Hände und Unterarme kann kurzfristig durch eine alkoholische Händedesinfektion reduziert werden. Zur Desinfektion der äußerst sensiblen Kopfhaut ist dieses Verfahren denkbar ungeeignet. Menschen mit Schuppenproblemen weisen häufig überhöhte Keimzahlen der Kopfhaut auf.

Nach Einsatz von mild desinfizierendem Shampoo können die Keimzahlen und die Schuppenbildung deutlich gemindert werden. Ein leichtes Rückfetten durch eine Pflegespülung schützt die Haut und vermindert ebenfalls den Schuppen- bzw. Partikelflug. Die bereits erwähnten Durchschnittskeimzahlen von $1,5 \times 10E6$ KbE/cm^2 werden durch die Behandlung nicht unterschritten.

Trotz der geprüften und gelisteten Wirkungen der handelsüblichen Händedesinfektionsmittel (VAH-Listung (ehemals DGHM-Listung) beachten) reicht eine einmalige

Händedesinfektion nicht aus, um eine dauerhafte Keimfreiheit sicherzustellen. Nach einiger Zeit nimmt die Keimzahl der Hände – mit oder ohne Handschuhe – wieder kontinuierlich zu. Dieses Problem ist der Krankenhaushygiene schon seit geraumer Zeit bekannt. Aufgrund der Besiedlung der rissigen und zerklüfteten Haut sowie durch die Aktivität der Schweißdrüsen, werden aus den Schweißkanälen ständig Keime an die Oberfläche der Haut befördert. Staut sich dann die Feuchtigkeit im Handschuh, bildet sich der sogenannte Handschuhsaft, ein typisches Hygieneproblem. Dieser „Handschuhsaft" weist in der Regel nach kurzer Zeit hohe Keimzahlen auf. Bei Verletzung bzw. Mikroperforation treten dann Bakterien mit dem Handschuhsaft aus, und kontaminieren die berührten Oberflächen. Auch eine ständige Desinfektion der Handschuhe kann diesen Effekt nicht verhindern. Sobald der Handschuh aufgrund des gebildeten Handschuhsaftes durchsichtig wird, sollte der Handschuh in der Personalschleuse entfernt und die Hände mehrfach (3 mal) mit ausreichend Desinfektionsmittel desinfiziert werden. Dann wird ein neuer Handschuh angezogen. Eine höhere Sicherheit bieten doppellagige Handschuhe, bei denen eine Handschuhverletzung farbig angezeigt wird.

Ein ähnliches Kontaminationspotential wie „Handschuhsaft" mit Keimzahlen von 106 bis 10E7 KbE/ml, weist das Nasensekret auf. Deshalb kann die Nase neben dem hautbedingten „Human Dust" auch noch massenhaft flüssigkeitsgebundene Keime abgeben. Mund- und Nasenschutz sind deshalb unerlässlich. Auch wenn üblicherweise von Mundschutz gesprochen wird, muss auch die Nase komplett bedeckt sein.

Als Mundschutz sind verschiedenste Produkte im Handel. Der klassische Baumwollmundschutz, von Chirurgen im OP als Vermummung getragen, ist für den Reinraumeinsatz völlig ungeeignet. Die Abgabe hoher Mengen an Baumwollpartikeln und die fehlende Keimrückhaltung durch das relativ offenporige Gewebe disqualifizieren das Produkt völlig. Aus diesem Grund wurde in der Endo Klinik Hamburg schon vor Jahrzehnten die beliebte Standard-OP-Kleidung gegen Reinraum-taugliche Kleidung (siehe Tabelle 9.9) ausgetauscht, um bei sensiblen Gelenkoperationen den Eintrag von Fasern und Partikeln in die offenen Gelenke zu verhindern.

Die alternative Verwendung von Mehrwegmundschutz aus einem textilen Reinraumgewebe ist auch nicht problemlos möglich.

Ein zur Reinraumkleidung passender Mundschutz sollte sehr gute Parameter für Partikelrückhaltevermögen, einen geringen Wasserdampfdurchgangswiderstand und hohe Luftdurchlässigkeit aufweisen. In der Regel ist ein Atmen durch das Material aufgrund der Dichtheit des Gewebes erschwert. Die Ausatemluft sucht sich einen anderen Weg am Mundschutz vorbei und strömt unangenehm in den Bindehautbereich der Augen. Der Stoff vor dem Mund beschlägt mit der Feuchtigkeit und erschwert das Einatmen. Deshalb sollte unbedingt unter dem Mehrwegmundschutz bzw. der Augenschlitzhaube ein Einwegmundschutz als Saugkissen oder Feuchtepuffer getragen werden.

TABELLE 9.9 Empfehlung für Reinraumbekleidungen in Abhängigkeit von der Reinraumklasse für mikrobiologisch überwachte Bereiche
[Bildquelle: Dastex Reinraumzubehör GmbH]

Mikrobiologisch kontrollierte Reinräume		
GMP Einordnung	A/B	C/D
ISO 14644-1 Einordnung	ISO 5	ISO 7/ISO 8
Bekleidungselemente (Empfehlung)	<ul><li>Augenschlitzhaube oder Vollschutzhaube</li><li>Vlieseinweghaube (darunter)</li><li>Einwegmundschutz</li><li>Schutzbrille oder Einwegvisier</li><li>Overall</li><li>Reinraumtechnische Zwischenbekleidung</li><li>Überziehstiefel</li><li>Reinraumschuhe darunter</li><li>Reinraumhandschuhe</li></ul>	<ul><li>Vlieseinweghaube</li><li>Einwegbartschutz</li><li>Schutzbrille oder Einwegvisier</li><li>Overall oder eine Kombination aus Jacke und Hose</li><li>Überziehschuhe</li><li>Reinraumhandschuhe</li></ul>
Wechselzyklen (Empfehlung)	<ul><li>Reinraumoberbekleidung bei jedem Betreten des Reinraums</li><li>Die Zwischenbekleidung täglich</li></ul>	Reinraumoberbekleidung täglich
Textilien (Empfehlung)	<ul><li>Oberbekleidung: Abriebfestes Filamentgewebe aus synthetischen und leitfähigen Fasern</li><li>Zwischenbekleidung: Filamentgewebe aus synthetischen Fasern oder aber sogenannte zweiteilige Textilien, Innenseite Baumwolle, Außenseite synthetische Fasern</li></ul>	Abriebfestes Filamentgewebe aus synthetischen und leitfähigen Fasern
Beispiel		

TABELLE 9.9 (*Fortsetzung*) Empfehlung für Reinraumbekleidungen in Abhängigkeit von der Reinraumklasse für mikrobiologisch überwachte Bereiche
[Bildquelle: Dastex Reinraumzubehör GmbH]

Technische Reinräume				
ISO 14644-1 Einordnung	ISO 5	ISO 7	ISO 8	ISO 9
Bekleidungselemente (Empfehlung)	• Vollschutzhaube • Einwegmundschutz • Overall • Reinraumtechnische Zwischenbekleidung • Überziehstiefel • Reinraumschuhe darunter • Reinraumhandschuhe	• Vlieseinweghaube • Kittel • Überziehschuhe • Reinraumhandschuhe	• Vlieseinweghaube • Kittel • Überziehschuhe • gegebenenfalls Reinraumhandschuhe	• Vlieseinweghaube • Kittel • Reinraumhandschuhe
Wechselzyklen (Empfehlung)	• Reinraumoberbekleidung jeden 2. Tag • Reinraumzwischenbekleidung bei Bedarf täglich	Reinraumoberbekleidung einmal wöchentlich		
Textilien (Empfehlung)	• Oberbekleidung: Abriebfestes Filamentgewebe aus synthetischen und leitfähigen Fasern • Zwischenbekleidung: Filamentgewebe aus synthetischen Fasern oder aber sogenannte zweiteilige Textilien, Innenseite Baumwolle, Außenseite synthetische Fasern	Abriebfestes Filamentgewebe aus synthetischen und leitfähigen Fasern		
Beispiel				

Etwas besser in Bezug auf die Keimabgabe sind medizinische Mundschutze. Um einen korrekten Sitz und damit eine kontrollierte Keimrückhaltung zu garantieren, sollten sie einen nickelfreien Metallstreifen zur Anpassung an die verschiedenen Nasenformen aufweisen. Diese medizinischen Mundschutze werden in der Regel zusammengepresst in einer Pappschachtel als Spenderbox angeboten und eingesetzt. Beim Herausziehen eines Mundschutzes aus der Box wird leider durch Abrieb eine Wolke von Partikeln freigesetzt. Häufig wird bei diesen Einwegmundschutzen aus dem medizinischen Bereich ein Vliesmaterial mit Cellulose eingesetzt. Diese Vliesstoffe erzeugen im Gegensatz zu Materialien aus synthetischem Material signifikant höhere Partikelemissionen [8]. Bei der Auswahl des Einwegmundschutzes sollte auf Angaben über die verwendeten Basismaterialien, Werte bezüglich des Bakterienrückhaltevermögens (BFE-Wert = Bacterial Filtration Efficiency) sowie Werte zum Atemwiderstand (wichtig für Tragekomfort) geachtet werden. Angaben über Partikelrückhaltevermögen und reinraumgerechte Folieneinzel-verpackung sind ebenfalls zu beachten. Während es im medizinischen Gebrauch ausreicht, wenn die Ausatemluft durch den Mundschutz gelangt, muss bei einem Reinraumeinsatz gewährleistet sein, dass keine Hautbereiche mit oder ohne Haare offen liegen und ein zusätzliches Kontaminationsrisiko darstellen. Eine Breite von mindestens 21 cm sollte beim Einwegmundschutz vorliegen.

Wenn man Mitarbeiter im Reinraum beobachtet, kann man oft feststellen, dass sich der Mitarbeiter für einen Moment an die Stirn oder die Augenbraue, an die Haube oder an den Mundschutz fasst. Diese Berührung ist oft unbewusst, wird nicht wahrgenommen, und ein anschließendes Desinfizieren der Hände unterbleibt deshalb in der Regel. Nach einer Kurzberührung ist aber der Handschuh im sensiblen Bereich kontaminiert.

Um diese Kurzberührungen und Kontaminationen zu vermeiden, kann auch eine dichtschließende, autoklavierbare Brille (ähnlich einer Taucherbrille) getragen werden. Alternativ gibt es auch einen Einwegmundschutz mit einem sogenannten Rundumvisier, der sicherstellt, dass auch Partikel und Keime aus den Bereichen Stirn und Augen (inklusive Augenbrauen und Augenwimpern) vom Produkt ferngehalten werden.

Selbst wenn ein Einwegmundschutz steril angeliefert wird, ist er nach kurzer Zeit unsteril. Trotzdem sollte auf den Einsatz von sterilen Materialien nicht verzichtet werden, um eine Kontamination von Handschuh und Kleidung zu vermeiden. Gefährlich für alle Oberflächen im Umkreis von 2 m ist Niesen. Bedingt durch den hohen Druck werden die Keime mühelos durch die üblichen Mundschutzeinheiten durchgedrückt und in den Raum geschossen. Bei dichteren Einheiten wie Augenschlitzhauben, sucht sich die beschleunigte Ausatemluft oft andere Wege.

Funktionale Reinraumkleidung muss deshalb die freien Hautflächen auf ein Minimum reduzieren, wobei selbst äußerste Hygiene eine Verbreitung dieser Teilchen im Raum nicht verhindern kann. Trotz diesen Bemühungen sind selbst in hohen Reinraumklassen „Human Dust" Partikel nachweisbar. Folgende Effekte können für die kontinuierliche Partikel- und Keimemission verantwortlich gemacht werden:

- Nur grobe Filterung der Ausatemluft durch den Mundschutz.
- Austragen von Partikeln und Keimen im Halsbereich durch Thermik in der Reinraumkleidung, verursacht durch Körperwärme.
- Austragen von Partikeln und Keimen durch Pumpeffekte: Bewegungsbedingter Aufbau eines Überdrucks im Inneren der Reinraumkleidung und Austritt der Luft über Halsausschnitt, Kragen, Arm-/Beinabschlüsse, Verschlüsse, Überlappungen und Nähte.
- Austragen von Partikeln und Keimen durch Diffusionsvorgänge durch das Reinraumgewebe.

Die meisten und größten Partikel treten erwartungsgemäß am Hals- und Kopfbereich und an den Armabschlüssen aus. In der Dissertation von HOTTNER [9] sind diese unvermeidbaren Partikelemissionen grafisch mit Partikelflugbahnen und Partikelreichweiten dargestellt (Bild 9.11). Selbst bei äußerster Disziplin und bewusst langsamen Bewegungen, ist eine Keim- bzw. Partikelabgabe an die Raumluft nicht vermeidbar. Unter der Annahme, dass die Armabschlüsse durch darüber gezogene Handschuhe verschlossen sind, gibt es bei einteiligen Reinraumoveralls nur noch den Halsbereich und die Beinabschlüsse als Austrittszonen. Ein Überwurf über den Einwegmundschutz mit Rundumvisier könnte den Austrittswiderstand der Luft im Halsbereich weiter erhöhen. Ein Austausch des Beinabschlusses gegen einen weiten offenen Schlag (ähnlich den Zimmermanns Zunfthosen) könnte Pumpeffekte gegebenenfalls bodennah ableiten.

BILD 9.12 Mikroskopisches Foto: Human Dust, Hautschuppen auf Klebefilmabriss unter Dunkelfeldbeleuchtung

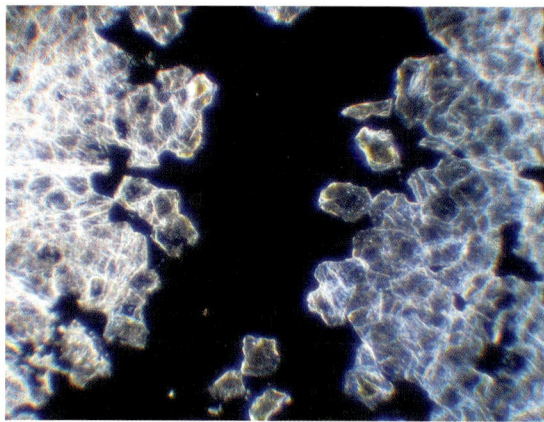

BILD 9.13 Mikroskopisches Foto: Klebefilmabriss von menschlicher Haut (Ellenbogen, Stirn, Unterarm), Hautschuppen unter Dunkelfeldbeleuchtung

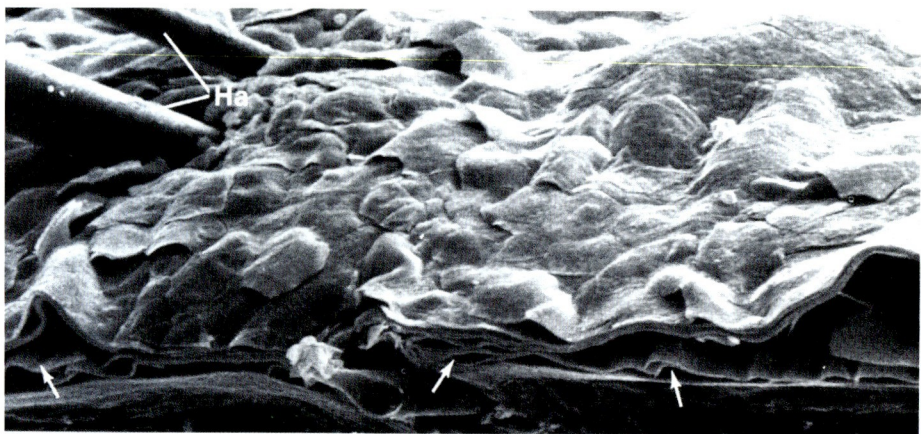

BILD 9.14 Rasterelektronenmikroskopisches Foto: Haut mit Haaren, deutlich erkennbar sind die Reste alter Hornhaut [Bildquelle: R. G. Kessel, Randy H. Kardon; Tissue and Organs: a text-atlas of scanning electron microscopy; 1979 W. H. Freemann]

Je aufwendiger die Reinraumkleidung des Mitarbeiters gestaltet ist, desto geringer sind die möglichen Kontaminationen des Produkts. Mit jeder Verringerung freier Hautoberflächen verringert sich der Partikelausstoß.

9.4.5.2 Kriterien für die Personalauswahl

Für eine qualifizierte Reinraumproduktion werden qualifizierte Mitarbeiter benötigt. Der ideale Mitarbeiter im Reinraum ist ruhig und ausgeglichen. Er hat ein hohes Maß an Verantwortungsbewusstsein und identifiziert sich mit dem Unternehmen und dem jeweiligen Produkt.

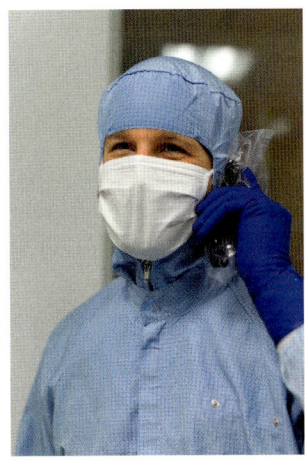

BILD 9.15 Gerade im Reinraum sind motivierte und ausgeglichene Mitarbeiter wichtig
[Bildquelle: DITTEL ENGINEERING]

Er versucht, die Abgabe von „Human Dust" durch regelmäßiges, nicht zu häufiges Baden zu reduzieren und rubbelt die Haut nach dem Einweichen ab, um lockere Hautpartikel zu entfernen. Durch regelmäßige, anschauliche und abwechslungsreiche Schulung (möglichst durch Externe) wird er immer wieder neu auf mögliche Schwachstellen und Gefahren hingewiesen. Er hat trotz roboterartiger bewusst langsamer Arbeitsweise seinen Verstand nicht abgeschaltet und macht konstruktive Vorschläge zur Verbesserung von Arbeitsabläufen und Verhaltensweisen. Er versteht die Notwendigkeit umfangreicher Dokumentations- und Qualitätssicherungsmaßnahmen. Eine qualitäts- bzw. erfolgsabhänge Gehaltszulage verstärkt die positive Mitarbeit zusätzlich.

Neue Mitarbeiter im Reinraum benötigen in der Regel einige Wochen, bis der Bioburden, d. h. die mikrobielle Kontamination der von ihnen produzierten oder betreuten Teile, den gleichen niedrigen Kontaminationsgrad ihrer erfahrenen Kollegen aufweist.

Viele Verhaltens- und Arbeitsweisen weichen von der normalen Arbeitsweise ab und müssen mühsam antrainiert werden.

Reinraummitarbeiter, die für einige Wochen wieder im normalen Produktionsbereich mitarbeiten, vergessen viele reinraumspezifische Verhaltensweisen. Die weitverbreitete Hoffnung, mit Leiharbeitern oder innerbetrieblichen Springern eine konstant hohe Produktqualität im Reinraum zu erzielen, ist trügerisch.

Anzustreben ist ein hoher Anteil von reinraumtauglichen Mitarbeitern, die in regelmäßigen Abständen im Reinraum unter Anleitung erfahrener Reinraumprofis arbeiten.

Jeder Betrieb sollte auch reinraumtaugliche Mechaniker beschäftigen, die Reparatur-, Installations- und Wartungsarbeiten durchführen können, ohne dass anschließend der ganze Bereich kontaminiert ist. Auch jedes einzelne Werkzeug ist auffällig zu markieren, damit die Werkzeuge nicht aus dem Reinraumbereich entnommen und im Schwarzbereich eingesetzt werden.

Nicht geeignete Mitarbeiter

Da die menschliche Haut Quelle der meisten menschlichen Partikel- und Keimemissionen ist, sind Mitarbeiter mit Akne, trockener, schuppiger Haut oder Hauterkrankungen (z. B. Schuppenflechte) grundsätzlich nicht für die Arbeit im Reinraum geeignet.

Auch Mitarbeiter mit Erkältungen (Husten, Schnupfen, Heiserkeit) oder allergischen Erkrankungen der Nase sind ebenfalls von der Arbeit im Reinraum auszuschließen. Im Falle einer derartigen Erkrankung melden sich Reinraummitarbeiter bei dem jeweiligen Produktionsleiter und werden bis zur Genesung in anderen Bereich eingesetzt.

Auch Übermüdung, Schlafmangel, Konzentrationsmangel, psychische Probleme oder Hektik sind Ausschlussfaktoren für eine Arbeit im Reinraum.

9.4.5.3 Umkleiden – aufwendig aber effektiv

Einen entscheidenden Einfluss auf den Grad der kleidungsbedingten Kontamination hat das Anlegen der Reinraumkleidung. Mancher streift beim Anlegen das Oberteil des Anzugs über den Boden der Mitarbeiterschleuse und belädt es mit Partikeln und Bakterien. Nach dem Wechsel auf die reine Seite der Schleuse über die Überschwenkbank werden die Partikelbelastungen mit in den Reinraum verschleppt.

Viele Unternehmen haben zwar mustergültige Reinräume, aber scheuen die Investition für eine große, zweckmäßige Schleuse. Neben dem Effekt der stufenweisen Verringerung von Keimen und Partikeln, macht eine zonierte Schleuse dem Mitarbeiter bewusst, dass er in einen Bereich wechselt, in dem eigene Regeln gelten. Der Kleiderwechsel macht den Bereichswechsel deutlich. Idealerweise ist die Personalschleuse dreiteilig. Der Mitarbeiter kommt in betriebsinterner Kleidung. Er läuft über eine klebrige Matte oder über einen imprägnierten Mehrwegläufer und hinterlässt dort einen Teil des betriebsbedingten Staub und Schmutz. Im ersten Teil einer durch Türen zonierten Schleuse legt er die Betriebskleidung incl. Schuhe komplett ab und verstaut sie in seinem Spind (Bild 9.16).

Minimal bekleidet betritt er den zweiten Bereich mit hoher Luftströmung und Gelegenheit zum Aufsetzen der Kopfhaube sowie Händewaschen und ausführliches Hände desinfizieren. Idealerweise kann er von diesem Bereich aus auch eine Dusche oder Toilette erreichen. Mit desinfizierten Händen und bedeckten Haaren wechselt der Mitarbeiter in den dritten Teil der Personalschleuse zum Anziehen der speziellen Reinraumkleidung. Ersatz-Zwischenbekleidung liegt in persönlichen Fächern bzw. Boxen.

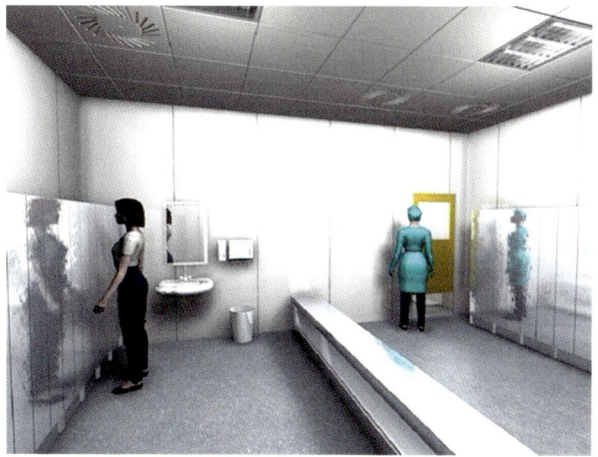

BILD 9.16 Der Umkleidebereich, die Vorbereitung für eine hygienische Reinraumproduktion [Bildquelle: Cleanroom Technology Austria]

Der Reinraumoverall hängt idealerweise in einem speziellen Schrank und wird kontinuierlich mit gefilterter Luft abgespült. Damit der Reinraumoverall beim Anziehen nicht über dem Boden schleift und sich kontaminiert, ist der ideale Fußboden entweder gelocht und durchströmt, oder die Überschwenkbank ist so verbreitert, dass der Mitarbeiter den Anzug ohne Kontakt mit dem Boden anziehen kann.

Unter der Überschwenkbank stehen die Reinraumschuhe nach Namen oder Größe sortiert. Dann werden die Hände desinfiziert und Mundschutz sowie Handschuhe angezogen und nach Handschuhdesinfektion der Reinraum betreten.

BILD 9.17 Gerade im Bereich des Sitovers sollten die zuletzt benötigen Kleidungsstücke gut erreichbar sein [Bildquelle: HS Rosenheim]

9.4.5.4 Verhalten im Reinraum

Einen großen Einfluss auf die Kontamination im Reinraum hat das jeweilige Verhalten der Mitarbeiter. Programmiert, überlegt und roboterhaft reproduzierbar sollen Bewegungsvorgänge ablaufen. Der Mitarbeiter soll die Qualität der partikel- und keimarmen Umgebung so wenig wie möglich beeinflussen (Bild 9.18).

- Jeder Handgriff und jede Bewegung soll kontrolliert, reproduzierbar und langsam erfolgen. Hektische, ruckartige, schnelle Bewegungen führen unausweichlich zu Staudruck im Reinraumanzug und zu unkontrollierbarem Partikelausstößen an Hals und Armabschlüssen.
- Jedes unnötige Annähern an die gefertigten Produkte erhöht die Gefahr einer Kontamination. Jede Produktberührung, jedes Überschatten eines Produktes mit Hand, Arm oder gar Kopf birgt das Risiko der Kontamination.
- Jede noch so kurze Berührung von Haut und Haaren bei unvollständiger Hautbedeckung durch die Kleidung mit freier Stirn, freien Augenbrauen, und teilweiser freiem Nasenrücken führt zu unkontrollierter Verkeimung der Handschuhe.
- Nach jedem Kurzkontakt, jedem Zurechtrücken der Haube, Verschieben des Mundschutzes, Berühren von Stirn, Augenbrauen oder Nasenrücken muss eine gründliche Händedesinfektion erfolgen.

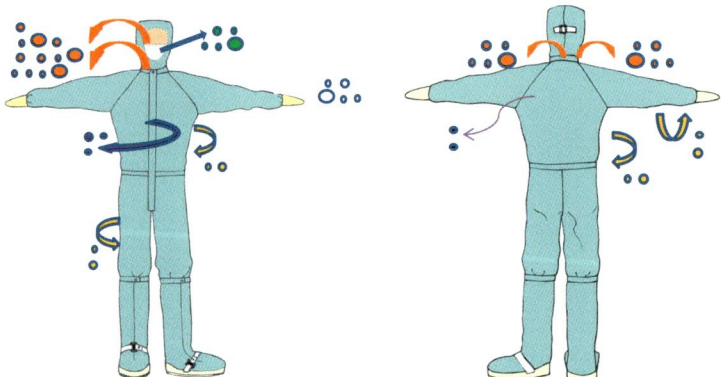

- 🟠 Halsausschnitt/Kragen + oberhalb vom Mundschutz – verstärkt durch den Pumpeffekt
- ⚪ Armbündchen – verstärkt durch den Pumpeffekt + aber auch aus dem Strickmaterial verstärkte Partikelabgabe, da sich Maschenware schlechter dekontaminieren lässt als ein Reinraumgewebe
- 🟢 Kontamination durch Atemluft, in Abhängigkeit zur Passform, Material und Tragedauer des Mundschutzes; ein großer Anteil der nachweisbaren Kontaminationen sind jedoch Partikel die am Mundschutz „vorbei gehen"
- 🟡 Migrationsvorgänge (durch Reibung) + Diffusion (luftgetragen) durch das Gewebe hindurch
- 🟣 Migrationsvorgänge (die am stärksten mechanisch beanspruchte Stelle) + Reißverschluss
- ⚫ Partikelemissionen aus/durch die Nähte

BILD 9.18 Das Verhalten (Bewegungen, Niesen etc.) der Personen im Reinraum beeinflusst in hohen Maße die Keimbelastung [Bildquelle: Dastex Reinraumzubehör GmbH]

- Erkältete Mitarbeiter, und sei es noch am Beginn der Erkrankung, gehören nicht in den Reinraum. Hüsteln, Husten oder gar Niesen katapultiert Keime und Partikel durch den Mundschutz und gefährdet selbst Produkte im Abstand von einem Meter.
- Besonders gefährlich sind paradoxerweise gutgezogene Mitarbeiter, die instinktiv bei Husten oder Niesen die Hand vor den Mund halten. So kontaminieren sie hochgradig ihre Handschuhe. Nach jedem Niesen oder Husten sind deshalb Handschuhe, Mundschutz oder Haube mit Visier zu wechseln und die Hände zu desinfizieren.

9.4.6 Schulung des Personals

Alle Mitarbeiter, die regelmäßig oder gelegentlich im Reinraum arbeiten, müssen geschult werden. Das sind in der Regel die Produktionsmitarbeiter, die Monteure und Techniker sowie auch das Reinigungspersonal.

Eine geeignete Schulung muss informieren, Bekanntes auffrischen, an die Oberfläche holen, neu vertiefen, assoziativ verankern und vernetzen. Die Schulung muss deutlich machen, dass der Erfolg des Unternehmens von der erfolgreichen keim- und partikelarmen Produktion abhängig ist.

Die Schulung sollte Grundlagen der Reinraumtechnik und der Mikrobiologie vermitteln sowie Wirkungsmechanismen bei der Desinfektion verdeutlichen: Warum muss dieses Produkt im Reinraum gefertigt werden? Warum können ein paar Bakterien den Verkauf des Produktes behindern? Warum ist eine Desinfektion so aufwendig?

Die Schulung muss praxisnah, verständlich, abwechslungsreich und betriebsbezogen sein. Wenn möglich, sollte der eigene Reinraum in der Schulung wiedererkannt werden. Der Mitarbeiter muss wissen: das ist mein Reinraum, in dem ich arbeite.

Wenn möglich, sind die visuellen Medien zu wechseln. Bei der heute visuell geprägten Generation hätte ein beschaulicher, durchaus ordentlicher aber amateurhafter Film, keine Chance. Es muss sich um einen interessanten, gut aufbereiteten und modernen Film handeln. Eine Diskussion über produktionsbedingte Probleme, Hygienefragen oder Verbesserungsmöglichkeiten vertieft die Schulung.

Eine anonyme Lernzielkontrolle, bei der jeder einen eigenen Codenamen verwendet, ermöglicht eine Gesamtbeurteilung des jeweiligen Wissens und gibt dem Mitarbeiter die Möglichkeit, anhand der später aushängenden Liste seine persönliche Leistung zu erfahren. Multiple Choice Tests sind in der Regel recht aufwendig zu erstellen. Die verschiedenen Antworten müssen ähnlich plausibel und seriös klingen, damit wirklich darüber nachgedacht wird.

Um die Testergebnisse auch für die Qualitätssicherung trendmäßig zu erfassen, muss ein vergleichbares Schwierigkeitsniveau gesichert werden. Je nach Betrieb sind auch personalisierte Lernzielkontrollen möglich. Die Schulungen sollten regelmäßig wiederholt werden, spätestens dann, wenn die gemessenen Keimzahlen im Reinraum ansteigen, oder der Aktionswert überschritten wurde.

Eine alte Lehrweisheit sagt:
Gehört ist noch nicht verstanden.
Verstanden ist noch nicht akzeptiert.
Akzeptiert ist noch nicht verinnerlicht (gelernt).
Verinnerlicht (gelernt) ist noch nicht praktiziert.
Praktiziert heißt noch nicht dauerhaft praktiziert.

Geeignete Schulungen müssen kurz- und langfristige Verhaltensänderungen hervorrufen. Deshalb ist es mit der jährlichen Alibischulung nicht getan.

9.4.7 Mikrobiologische Kontrollen

9.4.7.1 Bedeutung mikrobiologischer Kriterien für die Einstufung von Reinräumen

Wenn sich die Partikelzahlen größenordnungsmäßig erhöhen, steigt auch das Risiko einer mikrobiologischen Kontamination. Mikrobiologische Kontrollen sollen die Effektivität von Reinigungs- und Desinfektionsmaßnahmen erfassen und dokumentieren. Die mikrobiologische Probennahme sollte immer im Betriebszustand (in operation) stattfinden, schließlich erfolgt so auch die Produktion. Trends sollten visualisiert werden. Bei Abweichungen muss eine Ursachenermittlung erfolgen, um daraus Aktionen ableiten zu können (investigations).

9.4.7.2 Berücksichtigung kritischer Faktoren bei der Planung mikrobiologischer Programme

Abweichungen während der Planungsphase sollten so erfasst werden, dass konkrete Maßnahmen schnellstmöglich eingeleitet werden können. Das mikrobiologische Untersuchungsprogramm sollte auf die spezifischen Belange des Betriebs/der Produktion zugeschnitten sein. Die verwendeten Nährmedien und Inkubationsbedingungen müssen Problemkeime sicher erfassen.

9.4.7.3 Erstellung eines Monitoringplans

Die wichtigsten Kriterien bei der Erstellung eines Monitoringplans sind:

- Probennahmestellen an kritischen Punkten,
- Prüffrequenzen in Abhängigkeit vom Kontaminationsrisiko,
- häufigere Prüfungen bei der aseptischen Prüfung,
- der Probennahmeplan sollte dynamisch sein.

Sinnvolle Prüffrequenzen sind:

- ISO 5: in jeder Schicht am Anfang, in der Mitte, zum Ende
- ISO 7: in jeder Schicht
- ISO 8: Ein- bis zweimal wöchentlich

9.4.7.4 Festlegung mikrobiologischer Warn- und Aktionsgrenzen

Warngrenze:

Kontaminationsgrad, bei dessen Überschreitung eine Identifizierung der isolierten Mikroorganismen zwingend notwendig werden.

- Warngrenzen sollten aufgrund historischer Daten für die Anlage oder den Reinraum festgelegt werden. Bei Überschreiten der Warngrenze müssen korrigierende Maßnahmen ausgelöst werden.
- Zweimaliges Überschreiten der Warngrenze in Folge wird wie ein Überschreiten der Aktionsgrenze gewertet.

Aktionsgrenze:

Kontaminationsgrad, bei dessen Überschreitung sofort Follow-up und korrigierende Maßnahmen getroffen werden müssen (Tabellen 9.10 und 9.11).

- Bei Überschreiten der Aktionsgrenze sollte eine Risikoabschätzung für die gefertigten Produkte erfolgen.
- Die festgelegten Grenzwerte leiten sich meist von gesetzlichen Vorgaben ab und sollten deshalb jeweils angepasst werden.
- Methoden und Geräte für die Probennahme: Notwendig sind validierte Methoden und qualifizierte Geräte.

9.4.8 Methoden und Geräte für die Probennahme

Oberflächenkeimzahlen:

- RODAC-Platten oder Agarstreifen für die Oberflächenuntersuchung (25 bis 50 cm^2)
- Swab-Tester für unebene Oberflächen (24 bis 30 cm^2)
- Rinse-Verfahren für Beutel und andere Behältnisse
- Agarbeschichtung von Beuteln oder Behältnissen

Luftkeimzahlen:

- Sedimentationsplatten für die Bestimmung sedimentationsfähiger Keime
- Andersen-Sampler mit Kaskadenprinzip zur Impaktion von verschieden großen Keimen
- Impaktionssammlung auf Petrischalen (Merck, Holbach)
- Zentrifugalsammler, Impaktion auf Agarstreifen (Biotest)
- Filter-Sammler, Sammlung auf Gelatine- oder CN-Membranen, Inkubation auf Agarplatten

Luftkeimsammler:

Der Markt bietet eine Reihe von Luftkeimsammlern. Nicht alle Fragestellungen sind mit einem Gerät zu beantworten. Nachfolgend einige Auswahlkriterien für Luftkeimsammler:

- Isokinetische, verwirbelungsfreie Luftansaugung und Abgabe
- Kalibrier-/justierbare Luftmengeneinstellung
- Ansauggeschwindigkeit im mittleren Bereich
- Ferneinschaltung
- Verwendung verschiedener Nährmedien
- Variable Luftmengen einstellbar
- Netzunabhängiger Betrieb
- Handhabbarkeit (unter Laminar-Flow, in Isolatoren)
- Anschaffungspreis und Verbrauchskosten

Nährmedien, Inkubationsbedingungen:

In der Regel wird mit CASO- oder TS Agar (Soybean-Casein-Digest-Agar) geprüft. Inkubationsbedingungen: 22,5 ± 2,5 °C/mind. 72 h bzw. 32,5 ± 2,5 °C/mind. 48 h, alternativ ist auch 30 ± 1 °C/mind. 72 h praktikabel. Enthemmerzusätze, wenn erforderlich, Sterilisationsprogramme sind validiert und die Medien auf wachstumsfördernde Eigenschaften geprüft oder die Platten wurden mit Zertifikat bezogen. Wenn erforderlich, können auch andere validierte Medien für Hefen und Pilze verwendet werden. Prüfung auf Anaerobier und Mikroaerophilie bei Bedarf.

Identifizierung mikrobiologischer Isolate:

- Der Monitoringplan sollte ein Identifizierungsprogramm für Keimisolate enthalten.
- Das Identifizierungsprogramm sollte Keimisolate aus kritischen Bereichen in Produktnähe stärker berücksichtigen als Isolate aus weniger kritischen Bereichen.
- Die Identifizierung sollte in einem qualifizierten Labor erfolgen.
- Es müssen nicht alle Keime identifiziert werden. Entscheidend ist, dass keine pathogenen Keime oder FDA-Leitkeime vorhanden sind.
- Es muss sichergestellt sein, dass der Reinraum unter Kontrolle ist.
- Bei Limitüberschreitung ist die Keimidentifizierung ein Teil der notwendigen Ursachenermittlungsstrategie.

TABELLE 9.10 Empfohlene mikrobiologische Aktionsgrenze [Quelle: nach EG-GMP-Annex]

Empfohlene mikrobiologische Aktionsgrenze EG-GMP-Annex					
DIN EN ISO 14644-1	Klasse (EU-GMP) In Operation	Luft (KbE/m^2)	Settle Plate Sedimentationsplatte (KbE/4 h)	Kontaktplatte (KbE)	Handschuh (KbE/Hand)
5	A	< 1	< 1	< 1	< 1
7	B	10	5	5	5
8	C	100	50	25	
	D	200	100	50	

TABELLE 9.11 Actionlimits in operation [Quelle: nach USP 24 <1116>]

Actionlimits in operation nach USP 24 <1116>					
DIN EN ISO 14644-1	Klasse (EU-GMP) In Operation	Luft (KbE/m^2)	Kontaktplatte (KbE)	Handschuh (KbE/Hand)	Kleidung (KbE/Plate)
5	A	< 3	5	3	5
7	B				
8	C	< 20	5 (Boden 10)	10	20
	D	< 100			

Literatur zu Abschnitt 9.4

[1] Pschyrembel: Klinisches Wörterbuch, 263. Auflage, De Gruyter 2011

[2] Roos, G.: Konstruktion von Reinraumkleidungssystemen, 1998 (siehe auch Hinweis im Text)

[3] Zoller, H.-J.: GMP Compliance von Reinräumen. In VDI: Reinraumtechnik 2001. VDI Berichte 1611, 2001

[4] Sontheimer, W.: Steinschlag im Mikrokosmos, Sauber allein genügt nicht. Reinraumtechnik (2000) Heft 1, S. 15–17

[5] Brunner, A. G.: Keim- und Partikelstreuung in Abhängigkeit von Tätigkeit und Bekleidung. Dissertation Eidgenössische Technische Hochschule Zürich 1977

[6] Hoborn, J.: Mensch, Bekleidung und Reinraumtechnik, Solothurn 1977

[7] Austin, P. R.: Design an Operation of Cleanrooms, Business News Pub. Co. 1970

[8] Moschner, C.: Mundschutz – Einweg oder Mehrweg? Reinraumtechnik (2004) Heft 1, S. 20–22

[9] Hottner, M.: Optimierung von Reinraumbekleidung im Hinblick auf die Emission von luftgetragenen Partikeln, VDI Verlag, Reihe 3 Verfahrenstechnik, Nr. 447, Denkendorf, 1996

[10] Kessel, R. G.; Kardon, R. H.: Tissues and organs – a text atlas of scanning electron microscopy. Freemann W. H. & Company 1979, Seite 3

Weiterführende Literatur zu Abschnitt 9.4:

Albers, J.: Kontaminationen durch Reinraumhandschuhe, Reinraumtechnik (2004) Heft 1, S. 20–22 Business News Publishing Company, Troy (1970)

Bannert, P.: Reinraumtechnik für die Halbleiterfertigung, Informationen für die Sicherheitsfachkraft, Berufsgenossenschaft der Feinmechanik und Elektrotechnik, Ausgabe 5 (1998), S. 4–6

Dittel, G.: Reinraumtechnik: in VDI: Kunststofftechnik im Reinraum, Tagungsmappe, 2002

Duvernell, F.: Einflussfaktoren auf die Reinraum-Reinheit: in VDI: Kunststofftechnik im Reinraum. Tagungsmappe, 2002

Gail, L.; Gommel, U.; Hortig, H-P.: Reinraumtechnik, VDI 2012 Medita 7 (1977) Nr. 8/9, S. 3–8: in Reihe 3 Verfahrenstechnik Nr. 447. VDI Verlag (1996)

Hüster, R.: Der Mensch im Reinraum: in VDI: Kunststofftechnik im Reinraum. Tagungsmappe, 2002

ISO 14698-1: Cleanrooms and associated controlled enviroments-Biocontamination control-Part 1: General principles and methods, Beuth-Verlag (2003)

ISO 14698-2: Cleanrooms and associated controlled enviroments-Biocontamination control-Part 2: Evaluation and interpretation of biocontamination data, Beuth-Verlag (2003)

Moschner, C.: Reinraumbekleidung – mehr als nur Arbeitsschutzbekleidung, Reinraumtechnik (1999) Heft 1, S. 6–8

Moschner, C.: Reinraumbekleidung – und was kommt dann? Reinraumtechnik (2000) Heft 2, S. 10–12

Moschner, C.: Der Pumpeffekt bei Reinraumbekleidung als mögliches Kontaminationsrisiko. Reinraumtechnik (2002) Heft 3

Informationen für die Sicherheitsfachkraft, Berufsgenossenschaft der Feinmechanik und Elektrotechnik, Ausgabe 5 (1998) S. 8–11

VDI: Reinraumtechnik 1999, VDI Berichte 1482, 1999

VDI: Reinraumtechnik 2001, VDI Berichte 1611, 2001

VDI: Kunststofftechnik im Reinraum, Tagungsmappe, 2002

VDI 1083-3: Reinraumtechnik – Messtechnik in der Reinraumluft, Beuth-Verlag (2004)

Whyte, William: Cleanroom Technology: Fundamentals of Design, Testing and Operation, John Wiley & Sons 2010

10 Werkstoffe für Produkte unter Reinraumbedingungen

Erwin Bürkle

■ 10.1 Einführung

Der Werkstoffeinsatz für die Verarbeitung unter Reinraumbedingungen muss differenziert betrachtet werden. Grundsätzlich können alle gebräuchlichen Polymerwerkstoffe im Reinraum zur Anwendung kommen. Beachtet werden müssen die zum Teil spezifischen Verarbeitungseigenschaften verschiedener Kunststoffe, die zum Beispiel Absaugungen, spezielle Abkapselungen, Korrosionsschutz oder besondere Temperaturbeständigkeit erforderlich machen, aber auch Regularien und gesetzliche Rahmenbedingungen.

Heute erstrecken sich die Anwendungen der Kunststoffe auf nahezu alle Lebensbereiche. Ihre Haupteinsatzgebiete sind: Haushaltswaren, Möbel, Bauwesen, Landwirtschaft, Verpackung, Fahrzeugwesen, Elektro/Elektronik und Medizintechnik. Einen nicht zu vernachlässigenden Markt stellen auch die Spielzeug-, Hobby-, Sport- und Haushaltsgeräte-Industrie dar (Bild 10.1).

Branche	Verarbeitung in kt 2011	Verarbeitung in kt 2009	Veränderung ggü. 2009 Nominal	Veränderung ggü. 2009 CAGR
Verpackung	4.110	3.780	+8,7%	+4,3%
Bau	2.780	2.610	+6,5%	+3,2%
Fahrzeuge	1.170	950	+23,2%	+11,0%
Elektro / Elektronik	730	695	+5,0%	+2,5%
Haushaltswaren	350	315	+11,1%	+5,4%
Möbel	450	410	+9,8%	+4,8%
Landwirtschaft	370	330	+12,1%	+5,9%
Medizin	260	230	+13,0%	+6,3%
Sonstiges	1.640	1.410	+16,3%	+7,8%
Gesamt	11.860	10.730	+10,5%	+5,1%

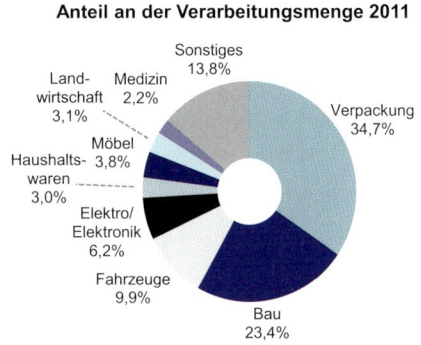

BILD 10.1 Haupteinsatzgebiete für Kunststoffe in Deutschland, Stand 2009 [Bildquelle: Consultic Marketing & Industrieberatung GmbH]

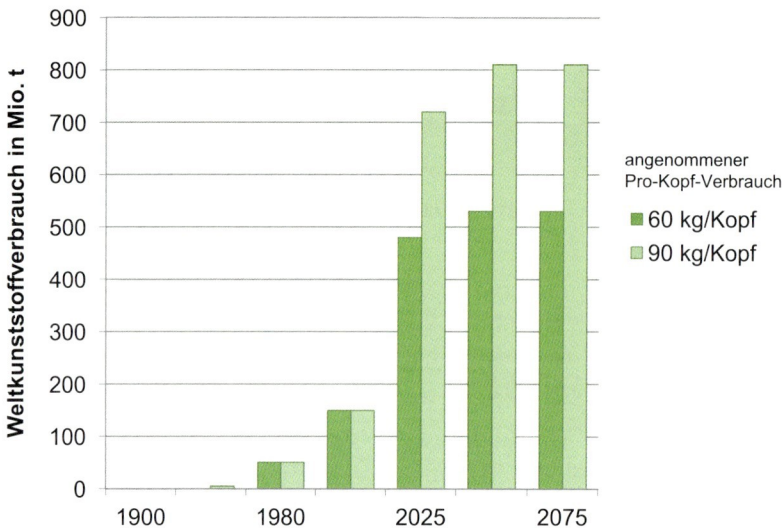

BILD 10.2 Prognose für den Weltkunststoffverbrauch [Bildquelle: Georg Menges, Edmund Haberstroh, Walter Michaeli, Ernst Schmachtenberg „Menges Werkstoffkunde Kunststoffe", 6. Auflage, Carl Hanser Verlag 2011, Bild 2.5]

In Westeuropa liegt heute der Pro-Kopf-Verbrauch an Kunststoffen bei ca. 120 t pro Jahr. Prognostiziert wird, dass er sich auch weltweit in den nächsten Jahrzehnten auf dieses Niveau hin bewegen wird. Das weitere Wachstum der Kunststoffe (ohne Fasern und Kautschuk) von heute ca. 240 Mio. Tonnen auf über 700 Mio. Tonnen im Jahr 2075 (Bild 10.2) wird dadurch begründet, dass sich die Massenerzeugung von Gebrauchsgütern für den täglichen Bedarf aus keinem anderen Werkstoff so kostengünstig durchführen lässt. [1]

Die Kunststoffe bestechen ganz besonders durch ihre vielfältigen Eigenschaften, wie:

- geringes Gewicht/Dichte zwischen 0,8 g/cm^3 und 2,2 g/cm^3
- breites Spektrum von Festigkeit und E-Modul
- niedrige Verarbeitungstemperaturen (in der Regel ab RT bis 280 °C, in Ausnahmen bis 400 °C)
- die Tatsache, dass sie gut modifizierbar und funktionalisierbar sind, z. B. durch Einarbeitung von Füll- und Verstärkungsstoffen, Treibmitteln, Farbstoffen und Wirkstoffen sowie auch durch Reaktion
- hohe Gestaltungsfreiheit
- einstellbare Biokompatibilität und Biofunktionalität
- Röntgentauglichkeit
- Kompatibilität mit der Magnet-Resonanz-Tomographie (MRT)
- hervorragende Eignung für die Großserienfertigung

Hinsichtlich der Sterilisierbarkeit, chemischer Beständigkeit und Permeabilität wurden die Kunststoffe im Laufe der Zeit stetig weiterentwickelt.

Längst haben die Kunststoffe für Anwendungen in der Medizintechnik die klassischen Werkstoffe Metall, Glas und Keramik abgelöst. Sie stellen heute bereits 50 % aller verwendeten Materialien in der Medizintechnik dar. [2] Für diese Anwendungen ist in der Regel eine Verarbeitung – zum Beispiel durch Spritzgießen – unter einer „reinen Umgebung" unerlässlich.

Das breite Spektrum von Produkten in der Medizintechnik reicht von nicht sterilen Anwendungen bis hin zu Implantaten mit hoher Risikoklasse. Die Kunststoffe müssen dabei speziellen Anforderungen genügen, so dürfen sie zum Beispiel in der Bildgebung keine Störungen verursachen, müssen biokompatibel und biofunktional sein und dürfen keine Schadstoffe abgeben. Außerdem sollen sie sterilisierbar und somit temperaturbeständig sein. [3]

Die größten Einsatzgebiete von Kunststoffen sind Spritzen und Katheter sowie Hygienezubehör und Verbandsmaterialien. Polyethylen, Polypropylen, Polystyrol und Polyvinylchlorid dominieren vor allem bei Einwegartikeln, sie machen mehr als 80 % des Gesamtverbrauchs aus (Bild 10.3). Technische- und Hochleistungskunststoffe werden in den nächsten Jahren deutlich zunehmen – erwartet wird ein Wachstum von ca. 8 %. [4]

Kunststoffeinsatz in der Medizintechnik
Quelle: www.plasticseurope.org, 2006

Thema	Zahl	Einheit
Verarbeitung Kunststoffe in Deutschland (2011)	12.000.000	t
Verpackung	35	%
Bauwesen	23,4	%
Automobil	9,9	%
Elektro/Elektronik	6,2	%
Haushaltswaren	3	%
Möbel	3,8	%
Landwirtschaft	3,1	%
Sonstige	13,8	%
Anteil Medizintechnik	1-2	%
Kunststoffeinsatz Medical in Deutschland (2006)		
PP	13	%
PE	25	%
PS	20	%
PVC	27	%
andere	14	%

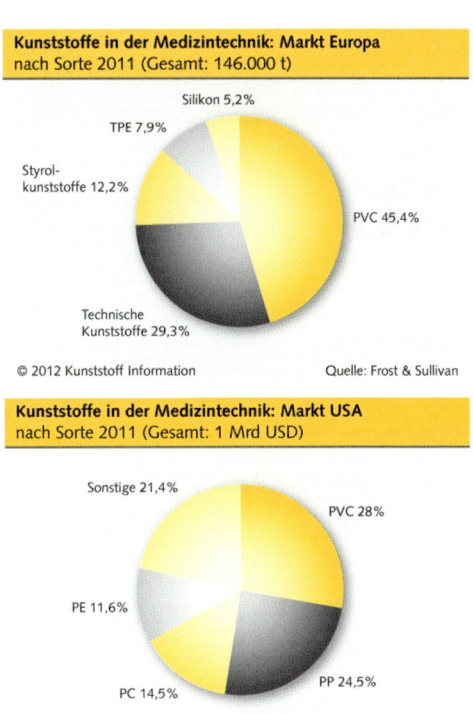

BILD 10.3 Einsatz von Kunststoffen in der Medizintechnik [Bildquelle: Plastics Europe und KI – Kunststoff Information, *www.kiweb.de*]

Einen besonderen Stellenwert im Gesamtkomplex der Kunststoffe besitzen die biodegradablen Polymere. Sie werden einerseits zum Beispiel als Osteosyntheseplatten und Fixierschrauben in der Chirurgie, und andererseits in der Pharmazie als Trägerwerkstoffe für kontrollierte therapeutische Systeme (drug delivery systems) eingesetzt. Auch dieser Werkstoffgruppe wird trotz ihres hohen Preises ein zunehmendes Wachstum vorhergesagt. Langfristig gesehen lassen sich aufgrund der spezifischen Eigenschaften dieser Werkstoffe Folgekosten im Gesundheitswesen deutlich minimieren.

In letzter Zeit gab es im Markt der antimikrobiellen Compounds einige Neu- und Weiterentwicklungen. Die Entwicklungen konzentrierten sich dabei auf die Additivierung geeigneter Compounds, um den Spritzguss- und Extrusionsprodukten nicht nur keimtötende Eigenschaften, sondern auch Thermostabilität, Farbechtheit und Resistenz gegen die unterschiedlichen Sterilisationsverfahren im klinischen Alltag zu verleihen.

Kunststoffe für den Einsatz in der Medizintechnik müssen eine Reihe von Anforderungen erfüllen. Biokompatibilität, genügend hohe mechanische Eigenschaften, Langzeitstabilität in vivo, Sterilisierbarkeit und Verarbeitbarkeit mit konventionellen Herstellungsmethoden sind dabei die wichtigsten Faktoren. Zudem sollten biokompatible Kunststoffe je nach Anwendung möglichst frei von Additiven, wie beispielsweise Weichmachern, Antioxidanten oder Stabilisatoren sein. Die Lebensmittelgesetze schreiben deshalb Art und Höchstmenge solcher Additive für die in Frage kommenden Kunststoffe vor. Sogenannte „medical grade" Kunststoffe können jedoch einen erheblichen Anteil an Additiven aufweisen. Dafür weist „medical grade" darauf hin, dass die enthaltenen Additive bestimmte medizinische Anforderungen erfüllen müssen (Bild 10.4).

Alle hier angesprochenen Werkstoffe werden in der Regel in sogenannten „medizinischen Reinräumen" verarbeitet. Ganzheitlich gesehen, betrifft dies die Kunststoffe, die in Life-Science-Anwendungen gehen.

Darüber hinaus werden immer mehr Kunststoffanwendungen in den Märkten

- Automobilindustrie
- optische Industrie
- Kommunikationstechnik
- Mikroelektronik

unter Reinraumbedingungen verarbeitet bzw. hergestellt. Der Grund sind die gesteigerten Qualitätsansprüche an Oberflächen und Funktion. Die Verarbeitung geschieht hier in sogenannten „technischen Reinräumen".

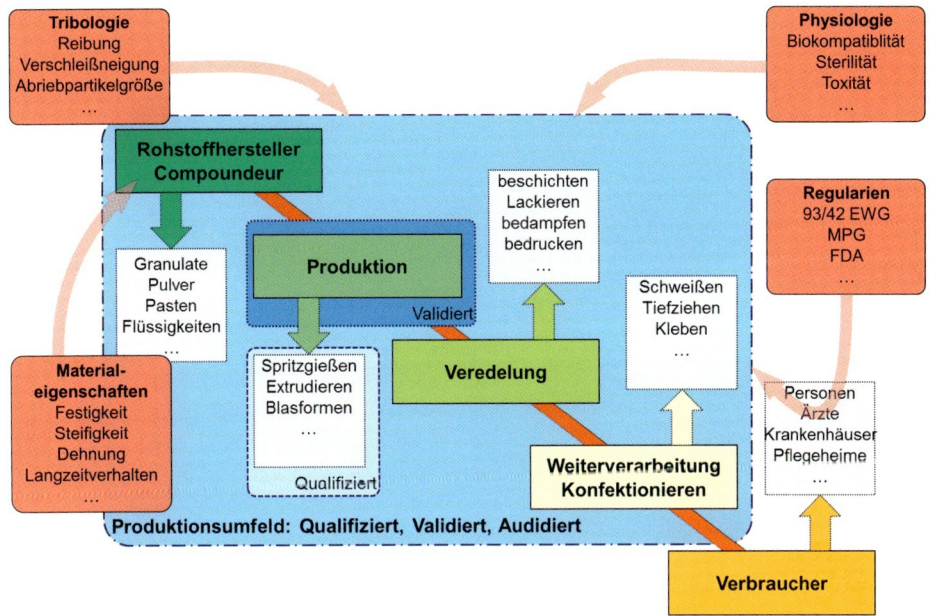

BILD 10.4 Merkmale für die Auswahl der Kunststoffe und Verarbeitungsprozesse in der Medizintechnik [Bildquell: nach 3 Pi Consulting & Management GmbH]

■ 10.2 Besonderheiten bei der Herstellung von Kunststoffen

Ein Normentwurf sagt sinngemäß: „Kunststoffe sind makromolekulare Verbindungen, die synthetisch oder durch Umwandlung von Naturprodukten entstehen". Präzise ausgedrückt bestehen Kunststoffe aus einer Matrix, einem Polymer und Füll- oder Zusatzstoffen, die erforderlich sind, um den Werkstoff an die Verarbeitung oder die Anwendung anzupassen (siehe Bild 10.5). [1]

Als Ausgangsprodukt für die Herstellung von Kunststoffen wird neben Erdgas vorrangig Erdöl verwendet: Aus dem Erdöl werden für die Kunststoffindustrie Gase durch das sogenannte Cracken erzeugt. Die Zusammensetzung und die Reinheit dieser Prozessgase wird einerseits durch den Crackprozess und andererseits vom Rohstoff Öl selbst und seiner Herkunft bestimmt. Nicht vergessen sollte man in diesem Zusammenhang die biobasierten Polymere, die in Zukunft neben den klassischen Grundstoffen sicherlich eine wachsende Rolle spielen werden.

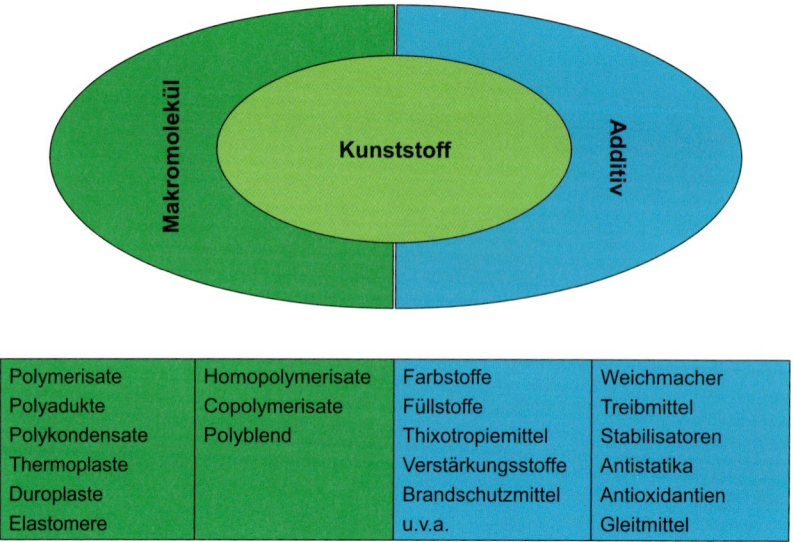

BILD 10.5 Zusammensetzung von Kunststoffen

Neben dem eigentlichen Grundprodukt Öl wird für die Herstellung von Kunststoffen noch diverse Hilfs- und Zusatzstoffe verwendet. Diese für die Herstellung der Basisprodukte (Monomere) benötigten Rohstoffe können je nach Art des Prozesses in minimalen Anteilen im Produkt zurückbleiben. Diese Reststoffe können sein:

- Gase (Ethen, Propen, Buten, Wasserstoff, Stickstoff und Luft),
- Suspensions- und Waschmittel (Hexan, n-Heptan und Alkohol) und
- Katalysatoren und Co-Katalysatoren.

Während der Polymerbildungsreaktionen und nach der Polymerisation werden den Polymeren noch weitere Zusatzstoffe zugesetzt, die sowohl zur Anpassung der Eigenschaftsprofile der Polymere als auch später als Verarbeitungshilfen dienen (Bild 10.6). Dazu gehören unter anderem die:

- Additive (Stabilisatoren, Chlorfänger, Peroxide, Gleit- und Antiblockmittel) und
- Füll- und Verstärkungsstoffe (Kreide, Talkum, Schwerspat, Glas).

Für den Einsatz in der Medizin, der Pharma- und Lebensmittelindustrie ist es zwingend, dass sowohl die Grundstoffe als auch die Zusatzstoffe, die den jeweiligen Kunststoff charakterisieren, über eine gewisse Reinheit und Biokompatibilität verfügen. Ebenso muss die Anlagentechnik entsprechend ausgerüstet sein, damit die besonderen Materialspezifikationen erfüllt werden können. In speziellen Fällen kann es so weit gehen, dass die Materialherstellung bis hin zum Granulat und der Verpackung unter Reinraumbedingungen stattfinden muss.

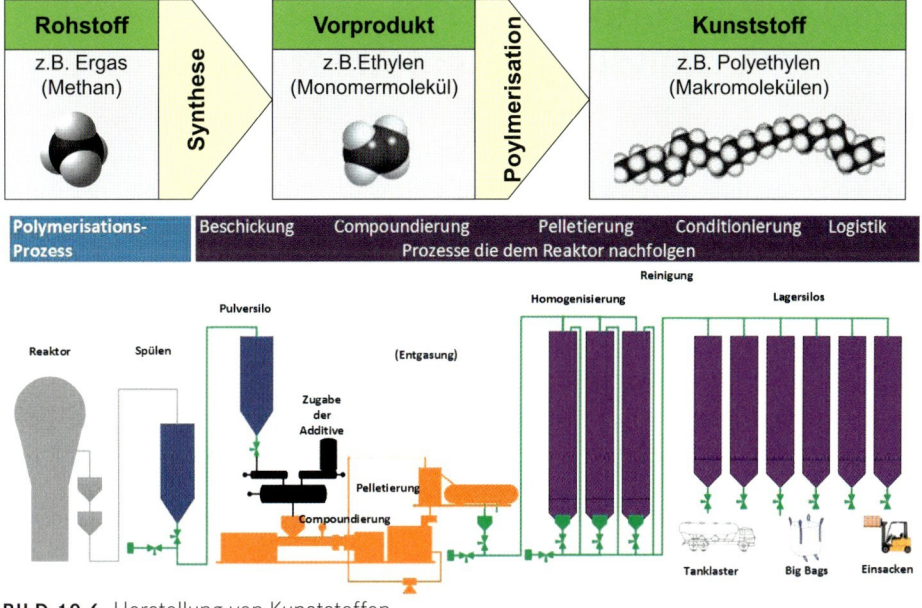

BILD 10.6 Herstellung von Kunststoffen
oben: Grundprinzip
unten: Technische Umsetzung am Beispiel des Polyethylen
[Bildquelle: Coperion GmbH]

Je nach Abnahmemengen und Qualitätsansprüchen werden bei der Verpackung und für den Transport (Logistik) zum Verarbeiter sehr unterschiedliche Vorkehrungen getroffen:

- Die Verwendung von reinen, zum Teil „sterilen" Kleinverpackungen,
- die Möglichkeit einer Umverpackung für das Einschleusen in die jeweiligen Reinraumzonen,
- der Einsatz besonders gereinigter Lkw-Silozüge.

Generell erbringen alle Kunststoffhersteller den Nachweis für ihre Kunststofftypen für medizinische Anwendungen – den sogenannten „medical-grades" – dass sie die hohen Anforderungen der Medizin- und Pharmaindustrie erfüllen und dass sie alle Zertifikate der gängigen Medizintechnikzulassungen besitzen. [4] Darüber hinaus unterziehen die Kunststoffhersteller ihre Kunststoffgranulate zahlreichen Tests, damit die Kunden – d. h. die Verarbeiter und Medizintechnik-Produzenten – die notwendigen Zulassungen für medizinische oder pharmazeutische Anwendung leichter erhalten. Selbstverständlich stellt hierbei die Medizin- und Pharmabranche die höchsten Anforderungen an die Prozesskette, ihrer Sicherheit und Reproduzierbarkeit – letztlich geht es um die Sicherheit und das Wohl für den Patienten. Alle anderen Industriezweige liegen mit ihren spezifischen Anwendungsprofilen graduell darunter.

10.3 Kunststoffe – Anwendungen und Anforderungen

Die Anforderungen an die Kunststoffe sind geprägt durch ihre Einsatzgebiete. Während es in den „technischen" Industriezweigen – wie zum Beispiel der Automobilbranche, optische Industrie, Kommunikationstechnik und Mikroelektronik – vorwiegend auf die Reinheit hinsichtlich Partikelbelastung ankommt, spielen in der Lebensmittel- und Kosmetikindustrie sowie vor allem in der Medizin- und Pharmabranche (Life-Science-Engineering-Gebiet) die partikulären und bakteriellen Verunreinigungen die Qualitätsentscheidende Rolle.

Für die technischen Anwendungen kommen nahezu alle gebräuchlichen Kunststoffmaterialien zum Einsatz. Ihre jeweiligen Spezifikationen werden vorwiegend von wirtschaftlichen Kriterien (Design, Oberfläche, Funktion) geprägt. Zur Erfüllung der jeweiligen Produkt-Spezifikationen müssen eine Reihe unterschiedlicher Fehlerquellen behoben werden. Im Einzelnen können das sein:

- Crackrückstände, die oft zu sichtbaren Verunreinigungen, zum Beispiel an transparenten Produkten, führen,
- Verfärbungen bei transparenten Bauteilen, die in der Regel durch thermische Vorschädigungen des Materials ausgelöst werden,
- Agglomerate, die zu Oberflächendefekten führen und zum Teil bei nachträglichen Oberflächenbehandlungen noch verstärkt werden,
- eingebrachte Verunreinigungen in der Prozesskette – Materialherstellung und Verarbeitung –, die sich als Fehlstellen an der Produktoberfläche abzeichnen.

Verpackungen in der Lebensmittelindustrie sind eine Domäne für Kunststoffmaterialien. An erster Stelle stehen hier die Polyethylene (PE) und Polypropylene (PP) mit zunehmendem Wachstum am Markt. In dieser Branche sind aber auch Rohstoffe (engl.: Commodities), wie z. B. Polyvinylchlorid (PVC), Polystyrol (PS), Styrol-Butadien-Copolymer (SB) und Cycloolefin Copolymer (COC) vertreten. Die Eigenschaften von Verpackungsprodukten können durch ähnliche Fehlerquellen gestört werden, wie bei den technischen Anwendungen. Dominanter sind hier jedoch die Anforderungen hinsichtlich chemischer Beständigkeit bzw. Verträglichkeit gegenüber den Lebensmitteln, zum Beispiel:

- Es dürfen aus dem Kunststoff während des Gebrauchs keine Bestandteile ausdiffundieren, die die Gesundheit belasten könnten.
- Die Kunststoffmaterialien müssen gegen die Lebensmittel chemisch beständig sein.
- Die Additive der Kunststoffe müssen gegen die Lebensmittel chemisch stabil sein und dürfen nicht durch Diffusionsvorgänge in die Lebensmittel gelangen.

- Die Kunststoffe müssen zum Teil für im Prozess durchgeführte Sterilisationen beständig sein.
- Die Kunststoffe müssen einer Temperaturbeanspruchung, z. B. bei Heißabfüllung, standhalten können.

Bei den Kunststoffmaterialien für die Medizintechnik und Pharmaanwendungen stehen die Biokompatiblität und die Sterilisationsfähigkeit im Vordergrund (Tabelle 10.1).

Je nach Anwendungen müssen die Produkte keimfrei bzw. steril gehalten werden. Dazu werden entsprechende Sterilisationsverfahren angewandt. Voraussetzung dafür ist die Beständigkeit der Kunststoffe gegenüber den jeweiligen Sterilisationsprozessen (Tabelle 10.2 sowie Kapitel 8 „Sterilisation").

Bei der Sterilisation werden im Idealfall alle im Produkt enthaltenen Mikroorganismen und deren Sporen abgetötet sowie Viren, Plasmide und andere DNA-Fragmente zerstört. Bei der Sterilisation muss das Keimniveau auf maximal 10^{-6} Kolonien bildende Einheiten reduziert werden.

In den letzten Jahren haben sich in der Medizintechnik die biodegradablen Polymere etabliert, die insbesondere in der Chirurgie für Nahtfäden, temporäre Klebstoffe und Membranen oder vermehrt für Fixierungen eingesetzt werden. Die bekanntesten unter ihnen sind sicherlich die Polylactide (PLA), sie sind die Werkstoffgruppe mit dem derzeit größten Mengenpotenzial. Der bei Kunststoffen im Allgemeinen bestehende und bekannte Zusammenhang zwischen Verarbeitungsbedingungen und Bauteileigenschaften, ist bei dieser Werkstoffgruppe besonders stark ausgeprägt. So spielen beispielsweise die Lagerzeit, die Feuchtigkeit, die thermische Belastung und Scherbeanspruchung sowie die Verweilzeit im Prozess eine wichtige, und für die Produktqualität entscheidende Rolle. In Tabelle 10.3 sind die für den medizinischen Einsatz geforderten Eigenschaften und die jeweiligen Einflussfaktoren zusammengefasst.

TABELLE 10.1 Auswahl von medizinisch eingesetzten Kunststoffen und ihren Anwendungsgebiete

Kunststoff	Anwendung Medizin	Anwendung Pharma	Anwendung Lebensmittel	Anwendung Kosmetik
Polyethylen (PE)	<ul><li>Gelenkpfanne für Hüftgelenkendoprothese</li><li>künstliche Knieprothesen</li><li>Sehnen- und Bänderersatz</li><li>Weichmacherfreie Blutbeutel mit EVA</li><li>Infusions- und Drainagebeutel</li><li>Handschuhe</li><li>Mehrweg OP Abdeckungen (PE Mikrofasergewebe)</li><li>OP-Überziehschuhe aus LDPE-Folie</li><li>PE-Schaum als Polsterungseinlage für Prothesen</li><li>Pfanneneinsatz für Handgelenksprothesen aus UHMW-PE</li><li>UHMW-PE Bänder für Bandscheiben</li></ul>	<ul><li>Einweg-Spritzen (Zylinder)</li><li>Katheterschläuche</li><li>Verpackungsmaterial</li><li>Gleit- und Antriebselemente aus UHMW-PE</li><li>Flaschen</li><li>Verschlüsse</li></ul>	<ul><li>Gefrierverpackungen</li><li>Lebensmittelfolien</li><li>Auskleidungen für Kühltruhen</li><li>Gestrichenes Papier mit PE als Backmischbeutel</li><li>Schneid- und Hackunterlagen</li><li>Gleit- und Antriebselemente aus UHMW-PE</li><li>Sektkorken</li><li>Tragetaschen</li><li>Flaschenverschlüsse</li><li>Getränkekisten</li></ul>	<ul><li>Behälter, z. B. Dosen</li><li>Tuben</li><li>Flaschen</li><li>Deckel</li></ul>
Polypropylen (PP)	<ul><li>Komponenten für Blutoxygenatoren und Nierendialyse (Hohlfasern)</li><li>Fingergelenk-Prothesen</li><li>Herzklappen</li><li>Nahtmaterial (Herz und Gefäße)</li><li>Infusionszuleitungen- und halter</li><li>Transparenter PP Kegel und Staubkappe von Einwegnadeln</li><li>Chirurgische Gesichtsmasken (Gewebt, 3-lagig)</li><li>Kopfbedeckungen aus PP - Spinnvlies</li><li>Einweg OP Abdeckungen</li><li>Peronaeusorthese</li></ul>	<ul><li>Einweg-Spritzen (Kolben)</li><li>Verpackungsmaterial, z. B. Blister</li><li>Verpackungen für Medikamente</li><li>Tiegel</li><li>Armaturen</li><li>Reaktionsgefäße</li></ul>	<ul><li>Verpackungen aller Art</li><li>Folien</li><li>Getränkeflaschen (Heißabfüllung)</li><li>Getränkebecher</li><li>Warmhaltebehälter (EPP)</li><li>Trinkhalme</li></ul>	<ul><li>Behälter</li><li>Flaschenabdeckung</li><li>Microsprayer (Sprühkopf)</li><li>Pumpenköpfe, z. B. für Dosier-Membranpumpen</li></ul>

TABELLE 10.1 *(Fortsetzung)* Auswahl von medizinisch eingesetzten Kunststoffen und ihren Anwendungsgebiete

Kunststoff	Anwendung Medizin	Anwendung Pharma	Anwendung Lebensmittel	Anwendung Kosmetik
Polyethylenterephthalat (PET)	▪ Künstliche Blutgefäße ▪ Sehnen- und Bändererersatz ▪ Nahtmaterial (Haut) ▪ Hohlfaseroxygenator (Wärmetauscher) ▪ Gefäßprothesen ▪ Polstermaterial für Prothesenschäfte	▪ Flaschen ▪ Behälter ▪ Blister Verpackungen für Medikamente ▪ Gefärbeschalen	▪ Getränkeflaschen (Kaltabfüllung) ▪ Gleitelemente mit Lebensmittelkontakt	▪ Deckel ▪ Flaschen ▪ Tuben
Polyvinylchlorid (PVC)	▪ Extrakorporale Blutschläuche, Blutbeutel und Beutel für Lösungen für intravenöse Anwendungen, Einwegartikel ▪ Anästhesiemasken ▪ Handschuhe ▪ PVC-Tubus(Latexfrei) ▪ Brillenfassungen ▪ Blasenkatheter ▪ Dialysebeutel und Schlauchsystem	▪ Blister-Verpackungen aus Hart-PVC	▪ Folien ▪ Schalen ▪ Flaschen	▪ Schläuche ▪ Folien ▪ Beutel ▪ Taschen
Polycarbonat (PC)	▪ Komponenten für Dialysegeräte und Oxygenatoren, z. B. unzerbrechliche Gehäuse, sterile Flaschen, Spritzen, Schläuche, Verpackungsmaterial ▪ Schutzbrillen ▪ Brillengläser ▪ Kunststoffbrackets für Zahnspangen	▪ Glaskolben ▪ Schaugläser ▪ Kernspur-Membrane	▪ Mehrwegflaschen ▪ Mikrowellengeeignetes Geschirr ▪ Küchenmaschinenteile	▪ Behälter ▪ Boxen ▪ Optische Linsen ▪ Folien
Polyamide (PA)	▪ Nahtmaterial (Haut), Katheterschläuche, Komponenten für Dialysegeräte, Spritzen, Herzmitralklappen ▪ OP Socken (Baumwoll-PA Mischung) ▪ Nylon-Netz (Herzschrittmacher) ▪ Brillenfassungen	▪ Druckschläuche	▪ Verbundverpackungsfolien aus PA/PE	▪ Dichtungen ▪ Fixierbänder ▪ Zahnbürstenborsten ▪ Ampullen

TABELLE 10.1 (*Fortsetzung*) Auswahl von medizinisch eingesetzten Kunststoffen und ihren Anwendungsgebiete

Kunststoff	Anwendung Medizin	Anwendung Pharma	Anwendung Lebensmittel	Anwendung Kosmetik
Polytetrafluor-ethylen (PTFE)	<ul><li>Gefäßimplantate/-prothesen aus ePTFE</li><li>Beatmungsschläuche</li><li>Teflongewebe (für Herzklappen)</li><li>PTFE-Ummantelung bei Stents</li><li>Blasenbänder aus ePTFE</li></ul>	<ul><li>Schläuche, z. B. Bioflexschläuche</li><li>Beschichtungen</li><li>Abdampfschalen</li></ul>	<ul><li>Pfannenbeschichtungen</li><li>Belüftungselemente für Verpackungen</li></ul>	<ul><li>Beschichtung für Zahnseide</li><li>Faltenunterspritzung</li><li>elektrische Zahnbürsten (Batteriefach)</li></ul>
Polymethyl-methacrylat (PMMA)	<ul><li>Knochenzement, Intraokulare Linsen und harte Kontaktlinsen, künstliche Zähne, Zahnfüllmaterial (Komposit)</li></ul>		<ul><li>Salatlöffel, Salz- und Pfeffermühlen</li></ul>	<ul><li>Verkapselung von kleinen Pigmenten (für Tätowierungen)</li></ul>
Polyurethan (PUR)	<ul><li>Künstliche Blutgefäße und Blutgefäßbeschichtungen, Gefäßprothesen, Hautimplantate, künstliche Herzklappen, Dialysemembranen, Einbettmasse für Oxygenator</li><li>Infusions- und Katheterschläuche,</li><li>Blasenkatheter,</li><li>OP Schuhe,</li><li>PU-Liner für Prothesen,</li><li>PU -Kerne (Bandscheiben),</li><li>Schaumkern und Hülle von Modular(fuß)prothesen,</li><li>PU-Schaumkörper für Armprothesen,</li><li>Polstermaterial für Prothesenschäfte</li></ul>	<ul><li>PU-Beschichtungen, z. B. für Fördergeräte, Walzen</li><li>Zahnriemen</li></ul>	<ul><li>PU-Beschichtungen, z. B. für Einlauftrichter, Rutschen, Transportbehälter, Sieb-Gitterbeschichtungen</li><li>Zahnriemen</li></ul>	<ul><li>PU-Dispersionen (Haarpflegeprodukte)</li></ul>

TABELLE 10.1 (*Fortsetzung*) Auswahl von medizinisch eingesetzten Kunststoffen und ihren Anwendungsgebiete

Kunststoff	Anwendung Medizin	Anwendung Pharma	Anwendung Lebensmittel	Anwendung Kosmetik
Polysiloxane (SI)	<ul><li>Brustimplantate, -prothesen, künstliche Sehnen, kosmetische Chirurgie, künstliche Herzen und Herzklappen, Beatmungsbälge, heißsterilisierbare Bluttransfusionsschläuche</li><li>Epithesen, z. B. Ohren-, Nasenepithesen</li><li>Dialyseschläuche, Dichtungen in medizinischen Geräten, Katheter und Schlauchsonden, künstliche Haut, Blasenprothesen</li><li>Endoskop-Bildleiter (Silikonummantelung)</li><li>Magenbänder</li><li>Silikontubus</li><li>Elektrodenumhüllung/-spitzen (Herzschrittmacher)</li><li>Kontaktlinsen (Silikon-Hydrogel)</li><li>Orbita-Implantate („Glasauge") aus Silikonkautschuk und Hydroxylapatit</li><li>Kosmetikprothesen (z. B. Unterarm)</li><li>Silikonliner für Prothesen</li><li>Spacer (Abstandshalter für Bandscheiben)</li><li>Blasenkatheter</li></ul>	<ul><li>Silikonschläuche für das Fluidhandling</li><li>Dichtungen</li></ul>	<ul><li>Dichtungen, z. B. für Verpackungsgeräte</li></ul>	<ul><li>Silikonschläuche</li></ul>
Polyetheretherketon (PEEK)	<ul><li>Matrixwerkstoff für kohlenstofffaserverstärkte Verbundwerkstoffimplantate wie z. B. Osteosyntheseplatten und Hüftgelenkschäfte</li><li>Zielgerätschäfte</li><li>Stäbe (Dynamisch Bandscheibenstabilisierung)</li><li>Spacer (Abstandshalter für Bandscheiben)</li><li>Bandscheibenkerne</li><li>Cages (aus CFK verstärktem PEEK zur Wirbelkörperverblockung)</li></ul>	<ul><li>Gleitführungen</li><li>Membrane</li></ul>	<ul><li>Abstreifer in Kochern und Hochtemperatur-Mixern</li><li>Füllkolben</li></ul>	<ul><li>Ventilsitze (Dosier-Membranpumpen für hygienische Anwendungen)</li></ul>

TABELLE 10.1 (Fortsetzung) Auswahl von medizinisch eingesetzten Kunststoffen und ihren Anwendungsgebiete

Kunststoff	Anwendung Medizin	Anwendung Pharma	Anwendung Lebensmittel	Anwendung Kosmetik
Polysulfon (PSU)	▪ Matrixwerkstoff für kohlenstofffaserverstärkte Verbundwerkstoffimplantate wie z. B. Osteosyntheseplatten und Hüftgelenkschäfte, Membranen für Dialyse ▪ Gehäuse für Portkatheter ▪ Dialysemembran	▪ Spulenkörper ▪ Membranen	▪ Babyflaschen aus Polyethersulfon (PESU)	▪ Haartrocknerteile ▪ Verpackungen ▪ Brustimplantate
Polyhydroxyethylmethacrylat (PHEMA)	▪ Kontaktlinsen, Harnblasenkatheter, Nahtmaterialbeschichtung	▪ Wundabdeckungsmaterialien ▪ Träger für Zellkulturen ▪ Träger für Allergietests	▪ photobiologisch aktive Beschichtungsmasse	▪ Weiche Kontaktlinsen ▪ Implantate
Polystyrol (PS)		▪ Petrischalen ▪ Einmal-Impfösen und Nadeln	▪ Verpackungen, z. B. Deckel, Getränkebecher, CD-Hüllen Einwegbestecke	▪ Kosmetikdosen
Polybutylenterephthalat (PBT)	▪ Nahtmaterial ▪ Biofine Mehrschichtfolien für Dialysebeutel (PP/PE/PBT)	▪ Schraubkappen	▪ Spritzgegossene Verpackungen	▪ Verpackungen, z. B. Hüllen für Kosmetikstifte
Resorbierbare Kunststoffe	▪ Poly- (D-, L- Lactid-) Interferenzschrauben ▪ Nahtmaterial aus Polydioxanon und Polyglykolsäure (Magen- Darm und Muskeln) ▪ Stents z:B. aus Poly-L-Milchsäure (PLLA), Polyglykolsäure (PGA) ▪ Septum-Verschluss	▪ Kapselhüllen für Medikamente ▪ Resorbierbare Schrauben, Nägel, Implantate und Platten	▪ Verpackungen ▪ Einwickelfolien ▪ Tragetaschen ▪ Abfallbeutel	▪ Verpackungen ▪ Haartrockner ▪ Sonnenschutz
Kohlenstofffaserverstärkte Kunststoffe (CFK)	▪ Zielgeräteschaft ▪ CFK Orthesenschaft mit Thermoplasteinlage (EVA) ▪ Prothesen aus Prepregmaterial für Leistungssport ▪ CFK-Federn (Fußprothesen)	▪ Wärmeschränke ▪ Vakuum-Trockner ▪ Einrichtung von normgerechten Reinräumen ▪ Reinraumwerkbänke	▪ Gleitlager, Pumpenkomponenten und Dichtungsringe aus Graphit- und Kohlenstoffwerkstoffen für den sicheren und hygienischen Transport von Lebensmitteln	

TABELLE 10.2 Sterilisationsbeständigkeit verschiedener Kunststoffe
[Quelle: POLYTRON Kunststofftechnik GmbH & Co. KG]

	POM*	PC	PTFE	PVDF	PSU	PPSU	PPS	PEEK	PEI
Sterilisationsbeständigkeit									
Dampfsterilisation bei 121 °C	+/+	±	++	+	+	++	++	++	++
Dampfsterilisation bei 134 °C	±/±	–	++	+	+	++	+	++	+
Heißluftsterilisation bei 160 °C	–/–	–	++	–	±	+	++	++	+
Gamma-Strahlensterilisation	–/–	+	+	+	+	+	++	++	+
Plasmasterilisation	+/+	+	+	+	+	++	+	++	+
Gassterilisation (Ethylenoxid)	+/+	+	+	+	+	++	++	++	+
Chemikalienbeständigkeit									
Verdünnte Säuren	±/±	+	+	+	+	+	+	+	+
Starke Säuren	–/–	–	+	±	–	–	±	±	–
Verdünnte Laugen	+/±	±	+	+	+	+	+	+	+
Starke Laugen	+/–	–	+	–	±	+	+	+	–
Wasser	+/+	+	+	+	+	+	+	+	+
Heißwasser (80–90 °C)	+/±	±	+	+	+	+	+	+	+
Ester	+/+	–	+	+	–	±	+	+	±
Ketone	+/+	–	+	–	–	–	+	+	–
Aromatische Kohlenwasserstoffe	+/+	–	+	+	–	±	+	+	–
Aliphatische Kohlenwasserstoffe	+/+	+	+	+	+	+	+	+	+
Öle und Fette	+/+	±	+	+	–	–	+	+	–

++: besonders geeignet; +: beständig; ±: bedingt beständig; –: unbeständig; *: POM-C/POM-H

TABELLE 10.3 Zusammenstellung von Eigenschaften und Einflussfaktoren auf biodegradable Polymere für die Medizintechnik [3]

Eigenschaft	Einflussfaktoren
Biokompatibilität	Chemische Zusammensetzung Kristallinität Freisetzung von Oligomeren, Restmonomeren Degradationsprodukten Degradationscharakteristik Implantatdesign, Oberflächeneigenschaften
Biofunktionalität	Physikalische, mechanische und biologische Eigenschaften in Funktion der Degradationszeit
Verarbeitbarkeit	Thermische Stabilität Schmelz- und Lösungsverhalten
Sterilisierbarkeit	Chemische Stabilität gegenüber einer thermischen Behandlung (Dampfsterilisation), Strahlung (γ-Strahlen) und chemischen Substanzen (Ethylenoxid, Formaldehyd)
Anpassbarkeit an den Implantationsort	Mechanische Eigenschaften Geometrie und Verformbarkeit des Implantats
Lagerfähigkeit	Alterungsbeständigkeit Wasseraufnahme

10.4 Abbau von Polymeren durch biologische Einwirkungen

Polymere sind als organische Verbindungen reaktiv und gehen dadurch schon bei relativ moderaten Bedingungen chemische Reaktionen ein. Beispielsweise verändern sich dabei bei niedermolekularen Verbindungen die chemischen Eigenschaften, bei Polymeren rufen sie erhebliche Veränderungen in den chemischen und zusätzlich auch in den mechanischen Eigenschaften hervor. [1]

10.5 Biologische Angriffe auf Kunststoffe

In der Regel sind biologische Einwirkungen auf reine Kunststoffe kaum vorhanden – gemeint sind hier Angriffe durch Mikroorganismen. Enthält jedoch ein Kunststoff biologisch angreifbare Füllstoffe (wie z. B. niedermolekulare Weichmacher oder Stärke), dann bilden diese Nährboden für Mikroorganismen (Pilze und Bakterien). Durch den chemischen Angriff rufen sie letzten Endes eine Versprödung und den schnellen Abbau des Polymers hervor.

10.6 Wirkung auf den Menschen (Physiologische Wirkung)

Zahlreiche Monomere und die bei der Verarbeitung zugegebenen Additive sind als toxisch anzusehen. Sie können im Lebenszyklus des Produkts aus dem Produkt herausgelöst werden oder „schwitzen aus" und stellen somit eine Gefahr für den Verbraucher dar. Es ist deshalb zu prüfen, ob ein Kunststoff z. B. in Lebensmittelverpackungen oder im Medizinbereich einsetzbar ist. Geregelt ist dies gemäß den Richtlinien im Deutschen Lebensmittelgesetz oder in den USA durch die Food and Drug Administration (FDA).

10.7 Gesetzliche Vorschriften – Regularien

Medizin- und Pharmaprodukte müssen in der Regel durch öffentliche Behörden freigegeben werden. Für die eingesetzten Kunststoffe gibt es keine generelle Freigabe. Die Rohstoffhersteller spezifizieren die Materialien im Einzelnen mit den entsprechenden Zertifikaten, z. B. „Medizinische Zulassung". Letzten Endes aber liegt die Freigabe im Zusammenhang mit dem Produkt bei dem Hersteller des Medizinproduktes und muss am verpackten, sterilen Endprodukt erfolgen. Es ist also notwendig, die gesamte Prozesskette zu betrachten – vom Rohstoff (Kunststoff) bis hin zum Inverkehrbringer. Je nach Anwendungsfall muss deshalb vom Kunststoff ein Nachweis der Bioverträglichkeit erbracht und der hohe Anspruch an die Reinheit erfüllt werden.

Literatur zu Kapitel 10

[1] Menges, G. u. a.: Werkstoffkunde Kunststoffe, 6. Aufl., Carl Hanser Verlag, München 2011

[2] Hirth, T.: Funktionalisierte Kunststoffe in der Medizintechnik. Cluster-Workshop-Innovationsimpuls für den Mittelstand Universität Stuttgart und Fraunhofer IGB

[3] Wintermantel, E., Ha, S.-W.: Medizintechnik – Life Science Engineering, Springer-Verlag, Berlin Heidelberg, 2008

[4] Klein, G.: Sicher und mit attraktivem Design, Kunststoffe 2/2013, S. 2–5, Carl Hanser Verlag

11 Anwendungsbeispiele

11.1 Projektierung und Ausführung einer reinraumtechnischen Spritzgießlösung

Torsten Mairose

11.1.1 Einführung

Medizin- und pharmatechnische Produkte müssen bereits vor Beginn der klinischen Tests unter den gleichen Bedingungen produziert werden, wie in der späteren Serienfertigung. Der dafür verwendete Reinraum muss also mindestens bis zur Funktionsqualifizierung (Operational Qualification, OQ) abgenommen sein. Zwischen der Herstellung der Funktionsmuster und dem Serienanlauf können vier bis sechs Jahre liegen. Daher benötigt der Hersteller für den Schritt in die Reinraumtechnik einen langen Atem, weil er eine hohe finanzielle Vorleistung erbringen muss.

Einen solchen Reinraum hat die Firma Pöppelmann (Pöppelmann GmbH & Co. KG in Lohne) im Jahr 2010 in Betrieb genommen. Dessen Bau erfolgte in Zusammenhang mit dem Bezug eines nach intensiver Planung und 20 Monaten Bauzeit neu erstellten Betriebsteils, der speziell für die Entwicklung und Produktion technischer Funktionsteile und Verpackungen – insbesondere für die Pharma- und Kosmetikindustrie – sowie für die Medizintechnik, bestimmt ist. Die Projektzeit für die Erstellung des Reinraums betrug sechs Monate von der Auftragsvergabe bis zum Abschluss der Funktionsqualifizierung.

Bei der Abwicklung dieses Projektes konnte die Firma Pöppelmann auf vorhandenes Wissen aufbauen, da das Unternehmen bereits 2004 eine reinraumtechnische Anlage mit 14 angebundenen Maschinen errichtet hatte. Eine zentrale Frage bei Projektbeginn war daher, welche Teilaufgaben das eigene Personal umsetzen sollte. Letztendlich wurden unter anderem die Elektroinstallationen sowie die Einbindung sämtlicher Überwachungssysteme ins interne Firmennetz in Eigenregie erledigt. Auch die Funktionsqualifizierung hätte intern abgedeckt werden können.

Weil die Erstabnahme aber von unabhängiger Stelle erfolgen sollte, wurde auf die Unterstützung eines externen Qualifizierungsunternehmens zurückgegriffen.

Vor Erstellen des Lastenheftes wertete das Team die Risikoanalyse und das Logbuch des bestehenden Reinraums aus, das sämtliche Störungen und Vorkommnisse seit dessen Inbetriebnahme beinhaltet. Außer den üblichen Wartungsarbeiten waren dort keine nennenswerten Vorkommnisse vermerkt. Da der neue Reinraum jedoch erheblich größer werden sollte, wurde dem Thema Ausfallsicherheit erhöhte Aufmerksamkeit gewidmet. In diesem Zusammenhang beinhaltete das Lastenheft unter Anderem hohe Anforderungen an das Lüftungskonzept. Letztendlich erfolgte die Aufteilung des Reinraums in zwei separat zu betreibende Reinräume und zwei Lüftungsanlagen. Diese Strategie ermöglicht auch dann noch eine Fortführung der Produktion, wenn Teile des Reinraums oder der Lüftungsanlage ausfallen. Entsprechend ergeben sich daraus insgesamt vier Betriebszustände, die jeweils einzeln qualifiziert wurden.

Die neu zu errichtende Produktionshalle sollte eine Lüftung mit Kältetechnik und integrierter Filtertechnik erhalten, um auch außerhalb des Reinraums kontrollierte und saubere Bedingungen zu schaffen. Zugleich sollte dabei eine energetisch sinnvolle Lösung für die Belüftung des Reinraums gefunden werden.

Vergabe von Arbeiten an Generalunternehmer

Die nicht hausintern abgedeckten Arbeiten vergab die Firma Pöppelmann an einen Generalunternehmer. Da die reinraumlufttechnische Anlage in die Lüftung der Produktionshalle integriert ist, wurde dabei allerdings – nach Prüfung diverser Vergleichsangebote – vorgeschrieben, dass die Reinraumbelüftung von demselben Unternehmen auszuführen war, das die bereits bestehende Hallenbelüftung ausgeführt hatte. Ein wichtiges Kriterium ist in diesem Zusammenhang die Reaktionszeit des Lüftungsbauers für den Fall, dass im Betrieb der Anlage Probleme auftreten, die unmittelbar zu Produktionsausfällen führen. Diese Reaktionszeit wurde mit dem ausführenden Unternehmen abgestimmt.

Grundsätzlich bietet die Vergabe an einen Generalunternehmer Vorteile, da dieser bei Nichterfüllung der im Lastenheft vorgegebenen Anforderungen oder bei Terminverzögerungen direkt zur Verantwortung gezogen werden kann. Allerdings erfordert ein Projekt dieser Größe einen intensiven Austausch zwischen Generalunternehmer und Auftraggeber. Dazu stellte die Firma Pöppelmann ein Projektteam zusammen, das den direkten Kontakt zum Generalunternehmer und zur Geschäftsführung hielt, um kritische Fragen kurzfristig klären zu können. Darüber hinaus hielt das Team auch stetigen Kontakt zum Qualifizierungsunternehmen.

11.1.2 Risikoanalyse und Qualifizierungsstrategie

Das Konzept des Reinraums wurde einer GMP-Risikoanalyse nach dem FMEA-Prinzip unterzogen (GMP = Good Manufacturing Practice, FMEA = Fehler-Möglichkeits- und Einfluss-Analyse). Mit deren Hilfe beurteilte das Projektteam, welche Prozesse, Funktionen, Fehlersituationen und Ein- und Ausgänge GMP-kritische Risiken bergen. Die Analyse diente weiterhin als Grundlage für die Entscheidung, welche Prüfungen während der Qualifizierung oder welche weiterführenden Maßnahmen zu realisieren waren, um diese Risiken minimieren oder ganz ausschließen zu können.

Grundlagen für die Risikoanalyse waren

- eine intensive Normenrecherche,
- die Erfüllung bestehender Kundenforderungen,
- das vorhandene Wissen,
- Anregungen aus Zertifizierungs- und Kundenaudits sowie
- die Auswertung eingegangener Anfragen, auch eventueller Neukunden.

Weiterhin wurde die Risikoanalyse parallel zur Erstellung der Designqualifizierung (DQ) stets aktualisiert und kontinuierlich mit dem ausführenden Qualifizierungsunternehmen abgestimmt. Basierend auf diesen Ergebnissen erfolgte die Präzisierung des Lastenhefts als unabdingbare Grundlage für alle folgenden Qualifizierungsschritte. In einer Trace Matrix (Verfolgbarkeitsmatrize) wurden dessen Anforderungen aufgelistet und mit den entsprechenden Design- und Testdokumenten der einzelnen Qualifizierungsschritte verknüpft. Mithilfe dieser Verweise konnte die Erfüllung sämtlicher Anforderungen des Lastenhefts sichergestellt werden.

Wie diese Übersicht zeigt, ist der Qualifizierungsaufwand zu Beginn des Bauvorhabens noch nicht genau zu kalkulieren, da er sich erst im Verlauf des Projektes ergibt. Häufig werden dafür pauschal 20 % der Gesamtkosten im Angebot angesetzt. Hier ist es ein kostensenkender Vorteil, auf eigenes Wissen zurückgreifen und bei der Qualifizierung Hilfestellung geben zu können. Die Aneignung von Wissen zur Durchführung von Qualifizierungen birgt zudem weitere Vorteile, wie:

- die gezielte Einbindung von Qualifizierungstätigkeiten in das bestehende Qualitätsmanagementsystem,
- eine höhere eigene Kompetenz bei Kundenaudits und
- eine Reduzierung von Folgekosten, da Änderungen zu einem späteren Zeitpunkt oft aufwendige Nachqualifizierungen (Change Control) beinhalten, so aber durch eigenes Personal gezielt und termingerecht durchgeführt werden können.

Der Qualifizierungsumfang des zu errichtenden Reinraums bezog sich auf den eigentlichen Reinraum und die zugehörige raumlufttechnische Anlage. Darüber hinaus müssen aber auch alle Geräte, Maschinen und sonstige Peripheriekomponenten für den Einsatz im oder am Reinraum qualifiziert werden. Dazu gehören auch die Medienversorgungen sowie sämtliche Spritzgießwerkzeuge und die zugehörigen Prozesse. Diese zusätzlichen Schritte waren nicht Bestandteil des durch den Generalunternehmer erstellten Angebots, und wurden durch eigenes Personal abgedeckt.

11.1.3 Beschreibung des Reinraums

Der ca. 300 m^2 große Reinraumbereich besteht aus zwei Reinräumen mit dazugehörenden Personal-, Material- und Verbindungsschleusen inklusive der erforderlichen Gänge für das Produkt und das Personal. Hinzu kommen ca. 700 m^2 für die außerhalb des Reinraums aufgestellten Spritzgießmaschinen. Bereits in seinem bestehenden Reinraum hatte die Firma Pöppelmann gute Erfahrungen mit diesem Konzept gesammelt, sodass es auch im Rahmen des Neubaus beibehalten wurde [1].

Zwei baugleiche Lüftungsanlagen sichern den geforderten Luftwechsel in den Reinräumen. Bei Ausfall einer Anlage ermöglicht eine manuelle Umschaltung den Betrieb eines Reinraums mit voller Luftleistung oder beider Räume mit verminderter Luftleistung [1].

Die Ansaugung der Luft erfolgt entweder über Außenluft oder Hallenluft. Die Luftführung ist so ausgelegt, dass in den Räumen eine turbulente Mischlüftung gewährleistet ist. Die Lufteinführung aller Räume erfolgt über Drallauslässe in den Decken. Die Luftabführung erfolgt über Wandauslässe in die Rückluftkanäle bei gleichzeitiger Überströmung über die an den Reinraum angebundenen Spritzgießmaschinen. Die Konditionierung der Luft erfolgt in den Lüftungsgeräten durch Lufterwärmer bzw. Luftkühler mit Tropfenabscheider. Die Versorgung der Luftkühler mit Kühlmedium ist über einen zentralen Kaltwassersatz realisiert. Für die Einhaltung der Luftfeuchtigkeit sorgen Dampfluftbefeuchter mit Dampfverteilern [1].

Die definierte Druckerhaltung in allen Räumen wird über Drucksensoren in Verbindung mit stetig regelbaren Volumenstromreglern in den Rückluftkanälen und fest eingestellten Volumenstromreglern in der Zuluft realisiert. Das Monitoring erfolgt über separate, kalibrierte Sensoren für Druck, Temperatur und relative Luftfeuchtigkeit, unabhängig von der raumlufttechnischen Steuerung [1].

Der neue, in die Produktionshalle integrierte Reinraum ist seit Mitte 2010 unterbrechungsfrei in Betrieb. Die Firma Pöppelmann produziert dort im Dreischichtbetrieb Verpackungen und Funktionsteile aus thermoplastischen Kunststoffen für medizin- und pharmatechnische Anwendungen. Eine Ausweitung auf Kunststoffprodukte für die Lebensmittel- und Kosmetikbranche ist problemlos möglich.

BILD 11.1 Reinraumtechnische Anlage (DIN EN ISO Klasse 7, GMP Standard – C)

■ 11.2 In Mold Decoration am Beispiel eines Blutzuckermessgeräts
Marco Wacker

11.2.1 Einführung in die In Mold Decoration Technologie

Ob für hochwertige Pkw-Innenraumzierblenden, für Mobiltelefone, Telekommunikationsgeräte, für Bedienblenden von Haushaltsgroßgeräten sowie für Displays von medizintechnischen Geräten (Bild 11.2) – das Dekorieren mit IMD-Technologie (In Mold Decoration) hat sich bei einer Vielzahl von Anwendungen fest etabliert.

BILD 11.2 Vorderseite IMD-Blende des Blutzuckergeräts ACCU-CHEK® Active

Die IMD-Technologie ist ein hochwertiges und wirtschaftliches Verfahren zur Produktveredelung, weil es die Fertigung und Dekoration des Formteils auf einen Arbeitsgang reduziert.

Bei der IMD-Technik werden Spritzguss und Heißprägen in einem einzigen Arbeitsschritt miteinander kombiniert. Dabei arbeitet man mit einer modifizierten Heißprägefolie, die über eine Transporteinheit durch die Spritzgießform geführt wird. Nach dem Schließen des Werkzeugs wird die Folie vom Spritzgussmaterial an die Werkzeugwandung gepresst.

Durch die Temperatur der Masse beim Spritzdruck löst sich die Dekorschicht von der Farbträgerfolie (Polyesterfolie) und verbindet sich mit dem Kunststoffteil. Sobald das Kunststoffbauteil abgekühlt ist, kann die Entnahme aus der Kavität folgen. Dabei wird die Folie von der Transporteinheit weitertransportiert, und das neue Dekorbild im Werkzeug platziert.

Vorteile des In Mold Decoration Verfahrens

Da die Kunststoffteile bei diesem Verfahren bereits während des Spritzgießvorgangs komplett dekoriert werden können, ist eine beträchtliche Reduzierung der Produktionskosten möglich. Die Vorteile des Verfahrens sind:

- schnelles Wechseln der Folie bei Dekorvarianten,
- Spritzgießen und Dekorieren erfolgt parallel im Werkzeug,
- weitere Bearbeitungsschritte können entfallen,
- Integrationsmöglichkeit in vollautomatische Fertigungsabläufe (z. B. Montagezellen),
- Möglichkeit der Weiterbearbeitung ohne Zwischenlager (Verschmutzung),
- mit anderen Techniken, wie Dünnwand- und Spritzprägen (für spezielle Formteilgeometrien) kombinierbar.

Die IMD-Technologie macht nahezu jede Designvariante in höchster Druckqualität möglich und besticht vor allem durch die Vielzahl der kreativen Gestaltungsmöglichkeiten:

- vom Endlos- bis zum Einzelbilddesign,
- von feinsten Schrift- und Farbverläufen bis zu kräftigen Unifarben,
- Auswahl in Metallic-, Brushed-, Aluminium-, Chrom-, Holz- oder Marmor-Optik.

Anwendungsfelder der In Mold Decoration Technologie

In Mold Decoration Dekore zeichnen sich in der Regel durch gute Haftung aus, sie sind abriebfest und lassen sich zusätzlich mit kratzfester Spezialbeschichtung versehen, sodass sie auch die Anforderungen aus der Medizintechnik gegenüber typischen eingesetzten Reinigungs- und Desinfektionsmittel bestehen. IMD-Folien lassen sich mit den unterschiedlichsten Kunststoffen, wie z. B. ABS, PC/ABS, SAN, PS, PP, oder – wie im Beispiel des Blutzuckergerätes – mit PMMA hinterspritzen. Sie sind somit bei einer großen Zahl von Produkten einsetzbar. Für medizinische Anwendungen mit technisch anspruchsvoller Oberfläche ist die Verwendung eines Reinraums dringend zu empfehlen.

Denn längst gilt die Reinraumtechnik nicht mehr nur als Synonym allein für die Herstellung von Medizinprodukten, Halbleitern oder Mikrochips. Zunehmend stellen auch andere technische Anwendungen, wie z. B. Bauteile mit hochanspruchsvollen IMD-Oberflächen, erhöhte Reinheitsanforderungen an die Produktionsumgebung, da es sich gezeigt hat, dass besonders „reine", also staubfreie Umgebungsbedingungen, sich positiv auf den Ausschuss der oberflächenkritischen Formteile und damit auf deren wirtschaftliche Herstellung auswirken.

Vorteile ergeben sich beim Verarbeiter durch:
- Schaffung von individuellen, definierten und produktbezogenen Umgebungsbedingungen,
- Herstellung von Artikeln mit begrenzter Partikel- bzw. Keimkonzentration,
- Minimierung der Staubbelastung auf die Produktionsumgebung,
- durchgängiger Produktschutz, von der Herstellung bis zur Auslieferung,
- Reduktion von Fehlerbildern und Ausschussquoten,
- Sicherung von sensiblen Produktionsschritten und -abläufen,
- wirtschaftlich überschaubare Lösungsansätze,
- sinnvolle Integration von Peripherietechnik.

Beispiel: Herstellung des Blutzuckermessgeräts

Bei der Herstellung des Blutzuckermessgerätes wurde dabei sehr hohen Wert auf die Ausschussreduktion durch Vermeidung von Fremd- bzw. Staubpartikeln gelegt. Die komplette automatisierte Anlage besteht aus einem Werkstückträgerumlaufsystem, das aus Traystaplern bedient wird, und partiell umhaust ist.

Zur Vermeidung von Kontaminationen wurde die verwendete Spritzgießmaschine komplett gekapselt und mit einem Laminar Flow versehen, der durch Unterdruck Partikel aus dem Bereich der Formgebung heraus „bläst". Neben der Spritzgießmaschine musste auch der zur Entnahme verwendete 6-Achs-Knickarm-Roboter voll gekapselt werden, um auch während dieses Prozessschritts eine Kontamination weitgehend ausschließen zu können.

Nach der Entnahme durch den Roboter wird das IMD-Bauteil auf eine Lineartransporteinheit gelegt und zum Ablasen außerhalb der Roboterzelle in eine ebenfalls gekapselte Reinigungsstation mit ionisierter Luft transportiert.

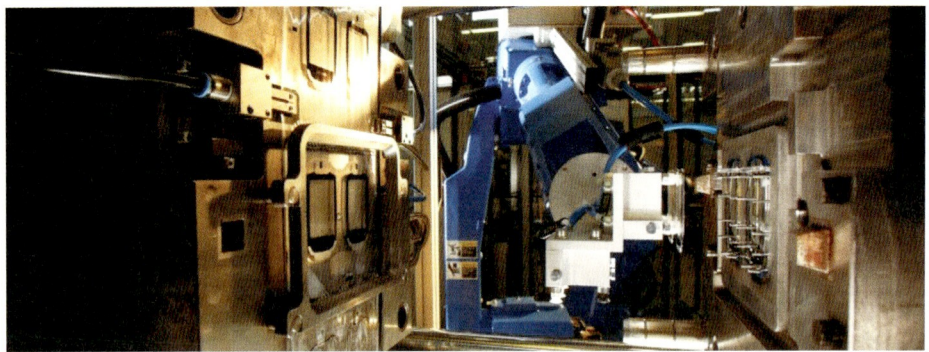

BILD 11.3 Entnahme des IMD-PMMA-Bauteils durch Knick-Arm-Roboter

Nach der Reinigung wird das IMD-Bauteil weiter zu einer vollautomatischen Kameraprüfung transportiert. Im Inneren einer lichtdichten Einhausung befinden sich zur Prüfung mehrere Beleuchtungs- und Bildaufnahmekomponenten. Die Einstellung von Prüfparametern, die Visualisierung gefundener Fehler und die Ausgabe statistischer Ergebnisse erfolgt dabei über eine Bildschirmschnittstelle. An einer elektrischen Schnittstelle können Signale zur Prozesssteuerung und zur Ausschleusung der Fehlerteile übergeben werden.

Eine Echtzeitstatistik für die verschiedenen Fehlertypen hilft, Fehlerquellen in der Produktion schnell zu lokalisieren. Besonders sinnvoll ist es dabei, Zusatzinformationen über die Geschichte des Bauteils wie z. B. Kavität, Position in einer nachgeordneten Mehrfach-Reinigungsmaschine, Chargennummern von IMD-Folien oder Rohmaterialien und Maschinenparameter mit in die Statistik zu integrieren.

Die Fehler werden nach Fehlertypen getrennt gezählt und ermöglichen so eine schnelle Prozessverbesserung, wie z. B. beim Fehlertyp „Positionierung der IMD-Folie". Hier wurde eine Regelschleife mit dem Folienvorschubgerät aufgebaut, sodass sich systematische Positionierungsfehler automatisch und online korrigieren lassen.

Um die dreidimensional gekrümmten Oberflächen so auszuspiegeln wie ein menschlicher Prüfer, werden aus jeder Ansicht mit schnell schaltbaren Lichtquellen mehrere Bilder in verschiedenen Beleuchtungssituationen aufgenommen und kombiniert. Kameras und Beleuchtungseinrichtungen sind dazu auf elektrisch verstellbaren Achsen montiert und fahren beim Aufruf eines anderen Prüfprogramms in eine neue vorprogrammierte Bildaufnahmeposition.

Gutteilbilder werden archiviert und die Teile werden individualisiert, um eine spätere Nachverfolgbarkeit der einzelnen Prüfergebnisse zu gewährleisten. Dies kann helfen, Prüfschwellen in fehlerkritischen Kaschierprozessen auch im Konsens mit dem Endkunden nachvollziehbar auf ein wirtschaftlich sinnvolles Maß einzustellen und Reklamationsquoten zu senken.

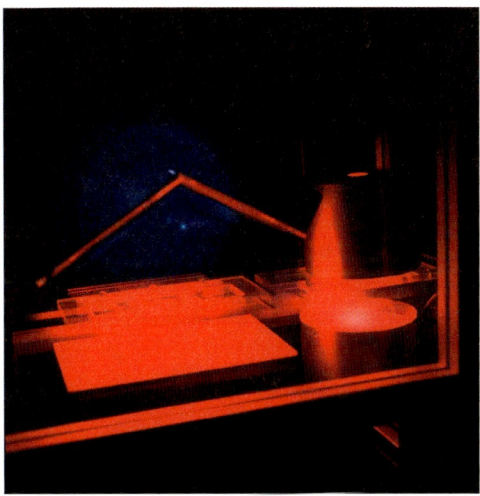

BILD 11.4 Vollautomatische Ausleuchtungs- und Kameraprüfung der IMD-Bauteile

Nach positiver Prüfung werden die IMD-Bauteile automatisch in einen Blister abgelegt, staubdicht mit Folie versiegelt und dem weiteren Prozessschritt Ultraschallschweißen zugeführt. Hierbei wird zunächst das IMD-Bauteil wieder aus der Blisterverpackung entnommen und mit einem spritzgegossenen Rahmen aus PC/ABS mittels Ultraschall verschweißt. Hierbei sind nochmals erhöhte Aufwendungen zur Vermeidung von Kontaminationen notwendig.

Anschließend wird die Baugruppe fertig verschweißt.

BILD 11.5 Baugruppe des Blutzuckergerätes ACCU CHEK® Mobile

Nachteil: Reinraum

Neben den genannten Vorteilen von Reinräumen müssen allerdings ein paar Einschränkungen berücksichtigt werden. So ist die Flexibilität aufgrund der umbauten Maschinen zum Teil eingeschränkt. Besonders der Wechsel der Werkzeuge erfordert dabei große Sorgfalt, da die Spritzgießmaschinen nur noch von einer Seite offen zugänglich sind.

Dies sind aber gemessen an den Vorteilen durchaus akzeptable Einschränkungen.

11.3 Bedeutung der Reinraumtechnik aus Sicht eines Medizintechnikunternehmens
Oliver Grönlund

11.3.1 Einführung/Ziel

Der Pharma- und Medizinprodukte-Sektor stellt hohe Anforderungen an die gesamte Herstellungsprozesskette, angefangen vom Rohstofflieferanten, über die Verarbeiter bis zu den Lieferanten der Maschinen-, Werkzeug und der Automatisierungstechnik.

Ziel ist es stets, ein qualitativ hochwertiges, aseptisches Produkt bereitzustellen, welches frei von jeglichen potenziell gefährlichen Kontaminationen für den Patienten und Anwender ist. Voraussetzung für die Herstellung solcher Produkte ist eine geeignete Reinraumumgebung, welche sich dadurch auszeichnet, dass in dieser eine definierte, maximale Konzentration luftgetragener Partikel und Mikroorganismen nicht überschritten wird. Grundsätzlich wird der Reinraum so betrieben, dass die Anzahl der in den Raum eingeschleppten bzw. im Raum entstehenden und abgelagerten Partikel kleinstmöglich ist. Andere reinheitsrelevante Parameter wie Temperatur, Feuchte und Druck können nach Bedarf innerhalb bestimmter Grenzen geregelt werden [2].

Die technischen Aspekte einer Reinraumfertigung stellen lediglich eine notwendige Bedingung zur Einhaltung der Standards dar. Erst die umfassende und konsequente organisatorische Umsetzung und Implementierung des EU-GMP-Leitfadens in die betriebliche Praxis ermöglicht eine zuverlässige und sichere Produktion von Pharma- und Medizinprodukten. Insbesondere der Faktor Mensch stellt häufig die größte Gefahr gleichermaßen für Kontaminationen wie auch für andere Produktionsfehler dar und steht folglich auch im Mittelpunkt aller erfolgreichen Fehlervermeidungsmaßnahmen.

Ausgangspunkt: Vorverkeimungsrate

Ausgangspunkt für einwandfrei sterile Produkte ist die Einhaltung einer möglichst geringen Vorverkeimungsrate während des gesamten Herstellungs- und Verpackungsprozesses, welche durch anschließende Sterilisation auf ein praktisch aseptisches Niveau gebracht wird. Eine möglichst geringe Vorverkeimungsrate ist zum einen wichtig, weil der spezifisch angewandte Sterilisationsprozess nur bis zu einer bestimmten Vorverkeimungsrate (Bioburden) valide ist. Zum anderen können bei der Sterilisation der Keime sogenannte Endotoxine als Zerfallsprodukte von Bakterien entstehen, welche im Menschen unerwünschte physiologische Reaktionen auslösen können.

Die Erzielung einer entsprechend geringen Vorverkeimungsrate in der Praxis setzt bereits bei der Gebäudeplanung und der Planung des Produktionslayout sowie des Materialfluss an. Neben den augenscheinlichen Anforderungen einer leichten Reinigungs- und Desinfizierbarkeit aller im Reinraum befindlichen Oberflächen und der Installation einer geeigneten Reinraumgebäudetechnik, stellen sich darüber hinaus grundlegende Fragen wie:

- Verfügen die Produktionsgebäude über angemessenen Raum für die ordentliche Platzierung von Ausrüstung und Material, um Verwechslungen zwischen verschiedenen Ausgangsstoffen, Arzneimittel- oder Medizinproduktebehältern, Verschlüssen, Etikettiermaterial, Zwischenprodukten oder Arzneimitteln bzw. Medizinprodukten auszuschließen und Verunreinigungen zu verhindern?

- Ist der Materialfluss von Ausgangsstoffen, Arzneimittel- oder Medizinproduktebehältern, Verschlüssen, Etikettiermaterial, Zwischenprodukten und Arzneimitteln bzw. Medizinprodukten durch das oder die Gebäude so konzipiert, dass Verunreinigungen vermieden werden?

- Kommen Betriebsmitten wie Schmiermittel oder Kühlmittel nicht in Kontakt mit Ausgangsstoffen, Arzneimittel- oder Medizinproduktebehältern, Verschlüssen, Zwischenprodukten oder Arzneimitteln bzw. Medizinprodukten und verändern somit auch nicht die Sicherheit, Identität, Stärke, Qualität oder Reinheit des Arzneimittels bzw. Medizinproduktes über die offiziellen oder anderweitig festgelegten Anforderungen hinaus?

Sind alle Bereiche angemessen beleuchtet, sodass Verwechselungen von Ausgangstoffen Zwischenprodukten und Arzneimitteln bzw. Medizinprodukten vermieden werden können und auch jegliche Verunreinigungen auch in Peripherbereichen sofort augenscheinlich werden?

Wenngleich manche dieser Fragestellungen banal erscheinen, wird dennoch deutlich, dass eine sehr gute Produktsicherheit nur mit konsequenter und kompromissloser Umsetzung aller planerischen, organisatorischen und technischen Anforderungen erreichbar ist.

Als einer der weltweit führenden Medizintechnikhersteller stellt für die B. Braun Melsungen AG die Reinraumtechnik eine Basistechnologie für praktisch alle Produktionsstandorte dar. Dabei muss im Wesentlichen zwischen der Herstellung von Medizinprodukten und Pharmazieprodukten (bzw. Arzneimitteln) unterschieden werden.

11.3.2 Medizinprodukte

Medizinprodukte werden je nach Klasse überwiegend in Reinräumen GMP-Klasse D (entspricht im Ruhezustand ISO 8 bezüglich Partikellast) produziert und verpackt. Für diese Reinraumklasse ist es üblicherweise am praktikabelsten die kompletten Maschinen (sowohl Spritzgieß- als auch Extrusionsanlagen) im Reinraum unterzubringen. Eine GMP-konforme Fertigung lässt sich bereits mit konventioneller Maschinentechnik (hydraulische Maschinen; keine zusätzlichen Kapselungen; Standard-Lackierungen etc.) zuverlässig realisieren. Speziell auf die Reinraumtechnik optimierte Konzepte werden immer dann eingesetzt, wenn sich mit vertretbarem Zusatzaufwand eine deutliche Reduktion der möglichen Partikellast erreichen lässt oder aber ein signifikant verringerter Aufwand zur Reinigung und Desinfizierung die Mehrinvestition rechtfertigt. Bei der Differenzierung zwischen hydraulischen, elektrischen und hybriden Maschineantriebskonzepten lässt sich kein pauschales Urteil zur Reinraumtauglichkeit fällen, da die einzelnen Konzepte sich teilweise erheblich unterscheiden. Oftmals bestehen bei gleichem Antriebskonzept zwischen unterschiedlichen Herstellern größere Unterschiede, als bei den verschiedenen Antriebskonzepten eines Maschinenlieferanten [3]. Insbesondere die Kapselung der Gelenke ist ein kritischer Faktor, bei dem elektrisch angetriebene Maschinen nicht notwendigerweise geeigneter sein müssen als hydraulische Maschinenkonzepte.

Allerdings können sich energieeffiziente elektrische Antriebe in einer Reinraumumgebung oftmals schneller amortisieren, da der reduzierte Energiebedarf für die Antriebe mit einer reduzierten Menge der in dem Reinraum emittierten Energie einhergeht. Somit muss auch eine geringere Wärmemenge über die Klimatisierung abgeführt werden, sodass sich hierbei die Energieeinsparung kumulieren kann.

11.3.3 Pharmazieprodukte: Infusionslösungen

Bei Pharmazieprodukten, wie Infusions- und Injektionslösungen, gelten nochmals erhöhte Anforderungen bezüglich der maximal zulässigen Partikelkonzentrationen und Keimzahlen. Dies ist auch unmittelbar einsichtig, da solche Lösungen Arzneimittel in ihrer wirksamsten Verabreichungsform darstellen, welche direkt in das Blutsystem eingegeben werden und dort sofort wirken. Ein Fehler ist häufig irreversibel und zieht sofortige Folgen, eventuell sogar den Tod eines Patienten nach sich. Aus diesem Grund schreibt der EU-GMP-Leitfaden für die Abfüllung und Versiegelung einen Reinraum der Klasse C (entspricht bzgl. Partikellast im Ruhezustand ISO 7, im Betriebszustand ISO 8) vor, wobei der Bereich, in dem die Lösungen unmittelbaren Kontakt zur Raumluft aufweisen, die Anforderungen an die Reinraumklasse A erfüllen muss. Das heißt in diesem Bereich muss die Konzentration an Mikroorganismen < 1 KBE/m^3 Luft betragen (KBE = Koloniebildende Einheiten) [2].

11.3.4 Herstellung, Befüllung und Versiegelung eines Infusionslösungscontainers

Grundsätzlich stellen Kunststoffverarbeitungsprozesse potenzielle Kontaminations- und Störquellen im Reinraum dar, welche man auf ein Minimum reduzieren möchte. Gleichzeitig bietet eine weitgehende Integration und Verkettung von Verarbeitungsschritten eine hohe Produktsicherheit bei gleichzeitig effizienter Fertigung.

Aus diesem Grund hat die Firma B. Braun unter dem Namen L.I.F.E. (Leading Infusion Factory Europe) bereits vor mehr als 10 Jahren ein integriertes Fertigungskonzept für das Produzieren und die Abfüllung von Infusionslösungen konzipiert und umgesetzt.

Bei diesem Produktionskonzept erfolgt die Herstellung des Infusionscontainer Ecoflac® plus, die Abfüllung der Lösung, das Versiegeln des Containers sowie die Sterilisation und die Etikettierung der Container in einem verketteten Produktionsablauf innerhalb eines Reinraums Klasse GMP-C statt.

Für die Herstellung des Containers wird in einer Mehrstationen-Anlage zunächst der Container im Extrusionsblasformen hergestellt, in einer weiteren Station befüllt und in der letzten Station versiegelt (Blow Fill Seal Prozess). Da der Extruder die größte Kontaminations- und Störquelle darstellt, ist dieser außerhalb des Reinraums

BILD 11.6 Ecoflac® plus Informationscontainer [Bildquelle: B. Braun Melsungen AG]

BILD 11.7 Die Informationscontainer verlassen versiegelt die Befüllungsanlage [Bildquelle: B. Braun Melsungen AG]

verlegt worden. Lediglich die Extruderdüse ragt durch eine Dark/White Side Trennung hindurch in den Reinraum hinein.

Der Maschinenbereich, in dem die Lösungen unmittelbaren Kontakt zur Raumluft aufweisen, muss Anforderungen der Reinraumklasse A (entspricht bezüglich Partikellast ISO 5 oder besser) erfüllen. Daher werden die entsprechenden Bereiche während des Abfüllprozesses durch eine steril-filtrierte turbulenzarme Verdrängungsströmung vor möglichen Kontaminationen geschützt.

Auf die versiegelten Container muss anschließend noch eine spritzgegossene Kappe luft- und flüssigkeitsdicht montiert werden, in welche zwei aus elastomerem Material bestehende wiederabdichtende Portmembrane integriert sind. Diese sogenannte Twinport-Kappe wird mittels eines Overmoulding Prozess mit dem Container luft- und flüssigkeitsdicht gefügt.

Das Spritzgießen bietet im Vergleich zu bei diesem Prozessschritt konkurrierenden Schweißverfahren den Vorteil einer höchstmöglichen Prozesskonstanz und Prozesskontrolle. Durch eine integrierte Werkzeuginnendrucküberwachung kann ein absolut zuverlässiger Nachweis über die Verbindungsqualität realisiert werden, sodass selbst bei mehreren 100 Millionen Containern jegliche Undichtigkeiten an der Fügestelle verhindert werden können.

Um den Umspritzungsprozess für die hohen Ausstoßmengen der Befüllungsanlage wirtschaftlich abbilden zu können, wurde gemeinsam mit dem Maschinenlieferanten Arburg GmbH + Co KG ein spezielles Anlagenkonzept entwickelt. Die Spritzgießmaschine ist bei diesem Konzept aus zwei Etagen mit Schließeinheiten auf beiden Seiten aufgebaut. Zentral ist eine statische Maschinenplatte angeordnet, durch die die Schmelzezuführung von einem Vertikal-Plastifizieraggregat in die beiden Maschinenetagen realisiert wird.

BILD 11.8 Die Spritzeinheit der speziellen Mehretagenmaschine ist vertikal angeordnet
[Bildquelle: B. Braun Melsungen AG]

BILD 11.9 Über ein Transportband werden die jeweils 12 Container in die Trennebene transportiert
[Bildquelle: B. Braun Melsungen AG]

Eine wesentliche Anforderung, die sich aus dem verketteten Prozessablauf im Reinraum ergibt, ist eine höchstmögliche Anlagenverfügbarkeit. Jegliche Stillstandszeit bei der Kappenumspritzungsstation zieht Ausfallzeiten der gesamten Produktionslinie nach sich. Um die Anlagenverfügbarkeit maximieren zu können, sind auf den beiden Maschinenetagen jeweils zwei identische 6-fach Werkzeuge angeordnet, die separat ausgetauscht werden können. So können bei Störungen die entsprechenden

Einheiten schnellstmöglich gewechselt werden. Die Verteilung der Schmelze übernimmt eine Hauptverteilung ähnlich einer Etagenform, bestehend aus Verteiler, Anschlussstück und beheizten Übergabeelementen. Diese speziellen Übergabeelemente ermöglichen den zügigen Austausch der einzelnen 6-fach Werkzeuge.

Die Hydraulikeinheit für die Anlage ist außerhalb des Reinraums untergebracht, um die Wärmelast im Reinraum zu reduzieren und um einen Teil der Anlagen-Wartungsarbeiten außerhalb des Reinraum durchführen zu können.

Das integrierte Fertigungskonzept für das Produzieren und die Abfüllung von Infusionslösungen, hat sich nicht nur für die L.I.F.E. Fabrik in Melsungen, Deutschland bewährt, sondern wurde in ähnlicher Weise für unterschiedliche Fertigungsstätten weltweit im B. Braun Konzern erfolgreich implementiert. Die aus der Reinraumumgebung resultierenden Anforderungen an das Fertigungskonzept, konnten bestmöglich berücksichtigt werden, sodass durch das Fertigungskonzept höchstmögliche Produkt- und Anwendersicherheit bei gleichzeitig konkurrenzfähigen Herstellungskosten realisiert werden können.

11.4 Reinraumtechnik bei Automobilverscheibungen
Kevin Zirnsak

11.4.1 Konzept: Produktionsverfahren für Dachsysteme

Die Firma Webasto (Webasto SE, Stockdorf) hat in Schierling ein Kunststoff-Kompetenzzentrum aufgebaut, in dem exklusiv das Produktionsverfahren für Dachsysteme aus Polycarbonat umgesetzt wird. Die Idee, ein Durchsichtdachsystem aus Kunststoff herzustellen, das im Gewicht deutlich geringer ist, als die im Markt etablierten Systeme VSG (Verbund-Sicherheits)-Glas, ESG (Einscheiben-Sicherheits)-Glas, war der Anspruch, als 2003 der Grundstein gelegt wurde, diese Vision in die Realität umzusetzen. Bei der Recherche, welche Materialien infrage kommen, rückte anhand der technischen Vorteile schnell Polycarbonat in den Vordergrund, das anhand der physikalischen Eigenschaften, wie Schlagzähigkeit, Leichtigkeit und Freiformbarkeit die Anforderungen erfüllte.

Eigenschaften Polycarbonat (PC)

Die Dichte von Polycarbonat (PC) beträgt mit rund 1,2 g/cm^3 etwa die Hälfte von Glas (rund 2,5 g/cm^3). Somit ist der Werkstoff in der Lage, Glaselemente zu ersetzen, und dadurch das Gewicht eines Dachsystems um ca. 50 % zu reduzieren.

BILD 11.10 Spritzgießanlage im Webasto Werk in Schierling

Den vielen Vorteilen, die Polycarbonat bietet, steht jedoch eine erhöhte Kratz- und UV-Empfindlichkeit gegenüber. Um die negativen Eigenschaften des Polymers anzupassen, und die Bewitterungsbeständigkeit sowie Kratzfestigkeit zu erhöhen, mussten Möglichkeiten gefunden werden, um diese Schwäche des Polymers zu beseitigen. Um den Anspruch der Optik zu erhalten, die Hochglanzoberfläche mit einem hohen Reflexionsgrad auszustatten sowie gleichzeitig die Bewitterungsstabilität zu erreichen, musste eine Oberflächenbeschichtung appliziert werden, um das „weiche" Polymer auf die Umwelteinflüsse im Einsatz in der Praxis vorzubereiten. Nach einschlägigen Untersuchungen konnte ein Siloxanlacksystem zur Oberflächenbeschichtung nominiert werden, das die Eigenschaften in Kombination mit PC zu einem marktfähigen Produkt ermöglicht hat.

Beschichtungssystem für Lackauftrag

Um dieses Lacksystem aufzutragen, ist ein einzigartiges Beschichtungssystem notwendig, das – um die optischen Anforderungen der Kunden zu erfüllen – unter Reinraumbedingungen aufgebracht werden muss. Damit der Zweischichtlack seine Schutzfunktion erfüllt, und zusammen mit dem PC auch eine einwandfreie Transparenz, Bewitterungsbeständigkeit und Kratzfestigkeit bietet, müssen in der Produktion eine Vielzahl von Parametern äußerst exakt gesteuert werden. Denn die Schichten von Base- und Topcoat besitzen gemeinsam nur eine Dicke von 5 bis 12 µm. Eine besondere Situation besteht darin, dass das Lacksystem keine Nacharbeit zulässt. Die gleichmäßige Schichtstärke der Beschichtung muss daher zu 100 % durch die Prozessentwicklung und Prozesssteuerung sicher gestellt werden. Und dies auf Flächen von bis zu 1,2 m^2, wie etwa das Panoramadach, das Webasto seit 2007 für den „smart fortwo" herstellt. Bis heute sind rund 400.000 Dächer produziert worden.

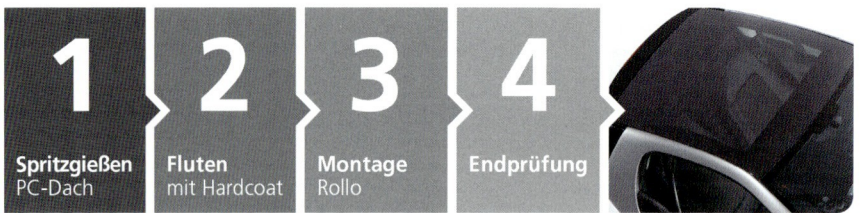

BILD 11.11 Um optisch einwandfreie Produkte zu produzieren, sind hoch entwickelte Fertigungsprozesse erforderlich

Hochglanzblenden in Glasoptik

Mit den kontinuierlich verbesserten Prozessen, die durchgängig im Reinraum ablaufen, entstehen dort heute Hochglanzblenden in Glasoptik, die unter anderem für die Dachsysteme des „VW Polo", „Audi A1", „VW Beetle" und den „VW up" eingesetzt werden. Die Geometrie der Bauteile in L- und O-Form könnten in Glas gar nicht hergestellt werden.

Als Ausgangsmaterial für Glazing-Bauteile und Hochglanzblenden dient eine spezielle Variante des Polycarbonats. Die Schwarzkomponente der Glazing-Bauteile wurde von Bayer Material Science in enger Kooperation mit Webasto für die Produkte und Prozesse entwickelt.

Hergestellt werden die Bauteile per Spritzprägen. Klassisches Spritzgießen lässt sich hier nicht anwenden, weil hierbei zu hohe innere Spannungen entstehen würden. Im nachfolgenden Lackier- und Einbrennprozess führt das zu einem unakzeptablen Verzug des Bauteils. Das Werkzeug wird parallel zum Einspritzvorgang geschlossen, bis sich die gesamte Schmelze im Werkzeug befindet. Die Nachdruckphase wird ausschließlich durch Prägen realisiert. Bei langen Fließwegen erfordert das Standard-Spritzgießen Drücke über 600 bar, beim Niederdruck-Spritzprägen reichen 150 bis 200 bar aus.

11.4.2 Herstellungsprozess unter Reinraumbedingungen

Um die hohen Qualitätsansprüche an die Glasoptik der Bauteile zu gewährleisten, muss der komplette Herstellungsprozess unter Reinraumbedingungen erfolgen. Das beginnt beim Spritzprägen, bei dem sich die komplette Produktionszelle, in der das Werkzeug und die Entnahme integriert sind, bereits in einer Reinraumumgebung der Klasse 7 (DIN EN ISO 14644, entspricht Klasse „10.000" nach US FED STD 209E), befindet. Der Fördertunnel zur Lackieranlage wird ebenfalls in einer Reinraumumgebung Klasse 7 betrieben und endet erst am Schluss des kompletten Prozesses am Ende der Lackierstraße. Damit wird sichergestellt, dass keine Verunreinigungen, wie zum Beispiel Lackagglomerate, Staub, Mikropartikel etc. die Oberfläche belasten können.

Nachdem ein Roboter das Spritzpräge-Bauteil aus dem Werkzeug entnommen hat, wird es auf einen Warenträger aus VA (Edelstahl) abgelegt. Anschließend durchläuft das Bauteil eine Kühlzone und wird in ein Pufferlager transportiert. Hier relaxiert das Bauteil nach der schnellen Abkühlung von 110 °C auf Raumtemperatur. Dabei werden die Restspannungen abgebaut, die nach der Abkühlung und der damit verbundenen Schwindung des Materials noch vorhanden sind.

Ab der Entnahme aus dem Werkzeug, befindet sich das Bauteil in einer spezifizierten Reinraumumgebung der Klasse 7. Unter diesen Bedingungen besteht jedoch das Risiko, dass sich vereinzelte Partikel auf der Oberfläche anlagern. Jede Verunreinigung mit mehr als 5 µm lässt das Dach im Lackierprozess unweigerlich zu Ausschuss werden. Daher strömt schon an dieser Stelle ionisierte Luft über die Bauteile, um deren elektrostatische Aufladung abzubauen, die dazu führen würde, dass Partikel von der Oberfläche angezogen werden. Wichtig ist, die Bauteile von kleinsten Partikeln zu befreien, indem die Bauteile auf den Lackierträger aufgebracht, und mit einem speziellen Lösemittelgemisch abgereinigt werden.

Beschichtung: Coating durch „Fluten"

Das Auftragen der Beschichtung durch das Flutlackieren ist die größte Schwierigkeit im gesamten Produktionsprozess. Sowohl Base- als auch Hardcoat müssen exakt in der richtigen Schichtstärke in einer Reinraumumgebung der Klasse 5 (DIN EN ISO 14644, entspricht Klasse „100" nach US FED STD 209E) aufgebracht werden. Beim Basecoat, der 80 % der UV-Beständigkeit des Polycarbonat-Bauteils sichert, liegt der Toleranzbereich zwischen 1 und 4 µm. Die zweite Schicht, der Hardcoat, sichert die Kratzfestigkeit und darf nur zwischen 3 und 12 µm Dicke schwanken. Wäre beispielsweise die Basecoat-Schicht zu dünn, so wäre der Schutz von UV-Strahlung unzureichend.

Um den Lack mit der erforderlichen Präzision aufzubringen, müssen zahlreiche Einflüsse exakt geplant und gesteuert werden. Webasto führt die Beschichtung mit einem selbst entwickelten Verfahren durch Fluten durch: Mithilfe von Robotern wird der Lack in genau festgelegten Bahnen aufgetragen. Die Präzision hängt dabei von der Krümmung des Bauteils, der Position im Raum sowie dem Ablauf- und Trocknungsverhalten des Lacks ab. Weitere Einflussgrößen, die bei diesem Prozess exakt gesteuert werden müssen, sind die exakte Lackzusammensetzung sowie Luftführung in den Applikationskabinen, die Aufkonzentration, das Strömungsverhalten in der Kabine sowie Temperatur und Luftfeuchtigkeit. Nach dem Fluten muss jener Lackanteil, der nicht auf dem Bauteil verbleiben soll, abgeflossen sein. Anschließend ist die Schicht schon so fest, dass kein Fließen mehr stattfinden kann. Die Trocknung setzt sich mit dem sogenannten „Abdunsten" fort, bei dem in rund 40 Minuten die flüchtigen Bestandteile aus dem Lack entweichen und durch gezielte Luftströmungen abgeführt werden. Bei etwa 130 °C wird der Basecoat schließlich eingebrannt. Der gleiche Prozess wiederholt sich mit dem Hardcoat.

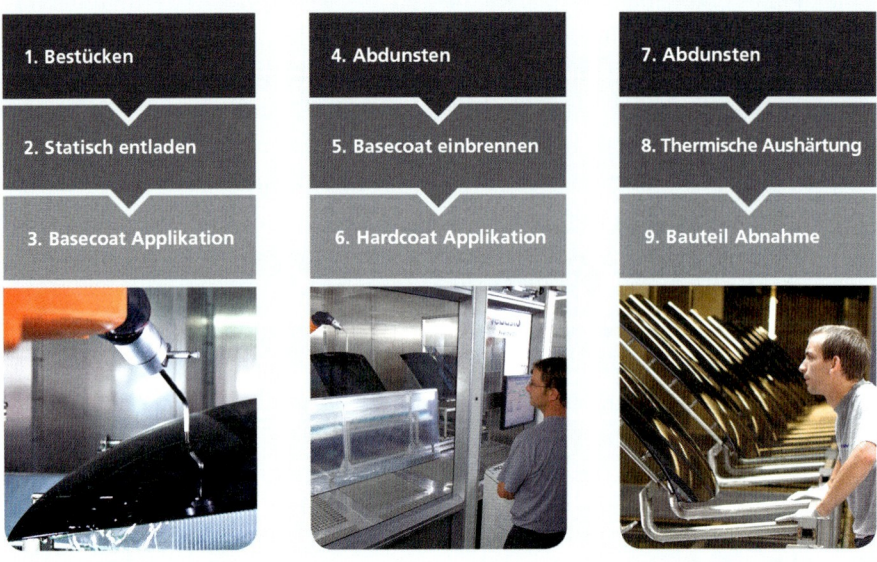

BILD 11.12 Die Zweischichtlackierung erfordert einen exakt gesteuerten Prozess unter Reinraumbedingungen

Insgesamt nimmt der Beschichtungsprozess knapp fünf Stunden in Anspruch. Erst danach zeigt sich bei der Endkontrolle durch einen Mitarbeiter, ob das Bauteil die hohen Qualitätsanforderungen erfüllt. Die Vermessung der Bauteile auf ihre exakte Größe erfolgt automatisch. Die optische Endkontrolle allerdings bleibt dem Menschen vorbehalten, da hierfür noch keine prozesssicheren Verfahren existieren, die in der Lage sind, die Fehler zu detektieren. Sollte vor der Lackierung ein Partikel größer 5 µm auf die Oberfläche gelangt sein, ist der Fehler nach dem Aufbringen der zwei Lackschichten auf 0,6 mm oder mehr angewachsen. Solch ein Einschluss führt dazu, dass das Bauteil nicht verkaufbar ist. Das verwendete Lacksystem lässt keine Nacharbeit, wie zum Beispiel Polieren, zu. Aus diesem Grund ist es äußerst wichtig, die Reinraumbedingungen permanent zu überwachen und dafür Sorge zu tragen, dass diese Bedingungen konstant eingehalten werden.

11.5 Gebäude- und Reinraumkonzepte für die Produktion mit hochautomatisierten Vertikal-Spritzgießmaschinen

Kurt Eggmann, Markus Reichlin

11.5.1 Einführung: Anforderungen

Die Welt der Zulieferer im Life Science Bereich könnte unterschiedlicher nicht sein. Dies zeigt sich nach der intensiven Auseinandersetzung mit einem möglichen Markteintritt. Welches Kunststoff Spritzgießunternehmen hat sich nicht schon mit der Strategie des Eintritts in den Life Science – oder Medical-Markt auseinander gesetzt? Die einen setzen dies erfolgreich um, andere sind an der Komplexität des Geschäfts, wie auch an den hohen Anforderungen an die Infrastruktur gescheitert. Es ist unbestritten, dass die Sonnenseiten dieses Marktes eine große Anziehungskraft auf Zulieferer ausübt. Beim zweiten Blick, und nach ersten strategischen Abklärungen und Überlegungen, sieht das Ganze jedoch noch komplexer und verworrener aus. Wer sich mit dem Aufbau einer Medicalproduktion befasst hat, beschäftigt sich unweigerlich auch mit der Frage nach den notwendigen Reinraumkapazitäten, respektive der Reinraumfertigung und den möglichen -konzepten. Nun ist es entscheidend, welche Marktstrategie man als Zulieferer in diesen Segmenten umsetzen will. Sofern es das Ziel ist, große Life Science Firmen mit spezifisch entwickelten Kunststoffkomponenten als Kunden zu gewinnen, sind folgende Fragen definitiv zu beantworten:

- Wie lautet die Strategie bezüglich potentiellen Kundengruppen und deren Produkte und Anforderungen?
- Welche Reinraumklassen sind dafür aktuell und zukünftig gefordert?
- Wie konstant sind die heute gültigen Anforderungen an Medizin – und Diagnostikprodukte und in welche Richtung könnten sie sich weiter entwickeln?
- Welche Bauteilspektren sind mit welchen Spritzgießmaschinen abzudecken?
- Sollen Systeme (endmontierte Baugruppen) oder lediglich Komponenten produziert werden?

Diese Punkte stellen nur einen Auszug aus einer ganzen Liste von Faktoren dar, und sollen aufzeigen, wie vielfältig die Anforderungen an das zu wählende Reinraumkonzept sind.

Eine abschließende Beantwortung dieser fünf Fragen ist in der Praxis kaum zu erreichen, und daher muss das Reinraumkonzept einen größtmöglichen Freiheitsgrad für die Fertigung zulassen. Sei dies in Bezug auf die Fläche, die Reinraumklassifizierung oder die notwendige Medienversorgung wie Pressluft, Vakuum, Wasser und Strom. Dies erscheint für viele Leser verwunderlich, wenn ein Reinraumkonzept evaluiert werden soll, ohne dass die darin zu fertigenden Produkte oder Produktgruppe im Detail bekannt sind. Dies ist jedoch das Los eines Zulieferers, der neu in dieses Marktsegment einsteigt. Er muss die hohen, teils sogar divergierenden Anforderungen der unterschiedlichsten Kunden und deren Produkte, im zukünftigen Reinraum abdecken können. Dabei muss auch in Richtung Sondermaschinen, in diesem Falle an Spezialverfahren, wie Vertikal – Rundtischmaschinen, gedacht werden.

Mit ein Hauptgrund für diesen doch sehr pragmatischen, aber auch nicht ganz kostengünstigen Ansatz, bildet der Umstand, dass die Kunden heute, vor der Vergabe von lukrativen Projekten, die Reinraummöglichkeiten der Zulieferer und zukünftigen Partner physisch sehen und auch betreten wollen. Damit fällt der attraktivste Ansatz: „Wir bauen – den spezifisch für das Produkt benötigten Reinraum sobald der Auftrag zugesprochen wird" weg.

Daraus ergibt sich für die Evaluation die klare Aufgabenstellung, mit dem Konzept den unterschiedlichen Marktvorgaben zu entsprechen und gleichzeitig dennoch der Wirtschaftlichkeit größte Aufmerksamkeit zu schenken. Sofern parallel zur Evaluation des Reinraums auch ein Neu- oder Umbau des Gebäudes geplant ist, fallen gegebenenfalls weitere Einschränkungen durch ein schon bestehendes Gebäude weg.

11.5.2 Bewertung verschiedener Konzepte

Heute werden verschiedenste Konzepte der Reinraumhersteller angeboten, jedoch nur wenige, die den uneingeschränkten Betrieb von Vertikal-Spritzgießmaschinen mit Drehtellern, in Kombination mit komplexen Automationen, zulassen. Dennoch können folgende Reinraumkonzepte dafür evaluiert werden:

- „Raum-in-Raum"
- „Raum-in-Raum" mit unterschiedlichen Nutzungshöhen
- Gesamte Fertigungszelle in einem modularen Reinraum mit Laminar Flow Überdeckung

Aufgrund des strategischen Ziels, nicht nur Komponenten zu fertigen, sondern endmontierte Baugruppen (Systeme) zu liefern, kommen gewisse – auch wirtschaftlich interessante – Lösungen nicht in Betracht.

11.5.2.1 Reinraumphilosophien und Produktionskonzepte

In Tabelle 11.1 sind die möglichen Grundvarianten der jeweiligen Reinräume aufgeführt.

TABELLE 11.1 Vor -und Nachteile der verschiedenen Reinraum-Grundkonzepte

Reinraumkonzepte	Vorteile	Nachteile
„Raum-in-Raum"-Konzept	<ul><li>Hoher Freiheitsgrad für Produktionskonzepte und Wertschöpfungsstufen</li><li>Optimierter Warenfluss</li><li>Kundenakzeptanz</li><li>Definierte Umgebungsbedingungen (Druck, Temperatur, Feuchte)</li><li>Klassifizierung DIN EN ISO 14644</li><li>Druckkaskaden</li><li>Qualifizierung und Validierung entsprechen Standardprozeduren</li><li>In der Höhe variabel, d. h. Einsatz von Vertikalmaschinen in Kombination mit Automationen in verschiedensten Konstellationen möglich</li></ul>	<ul><li>Investitionen</li><li>Partikelemissionen in Modi „Ausspritzen" und „Produktion"</li><li>Definition Medienleitungen, Medienversorgung,</li><li>Unterhaltskosten</li><li>Nur partiell genutzte Reinraumhöhe (im Bereich der Vertikal-Spritzaggregate)</li><li>In bestehenden Gebäuden nur mit großen Umbauarbeiten realisierbar. Unter Umständen muss ein Stockwerk „geopfert" werden.</li></ul>
„Raum-in-Raum" mit unterschiedlichen Nutzungshöhen	<ul><li>Niedrigere Investitions- und Unterhaltskosten gegenüber der klassischen „Raum-in-Raum"-Lösung</li><li>Klassifizierung nach DIN EN ISO 14644</li></ul>	<ul><li>Reduzierter Freiheitsgrad mit Blick auf Layout und bezüglich Spritzgießmaschinen und Automationen</li><li>Umgebungsbedingungen (Druck, Temperatur, Feuchte)</li><li>Qualifizierung und Validierung anspruchsvoll, bedingt durch Turbulenzen und Druckkaskade</li></ul>
Gesamte Fertigungszelle in einem modularen Reinraum mit Laminar Flow Überdeckung	<ul><li>Investitionen und Unterhalt liegen um einiges niedriger als in den beiden zuvor erwähnten Lösungsansätzen</li><li>Bei vorhandenen und entsprechend hohen Fertigungshallen schnell umsetzbar</li><li>Klassifizierung nach DIN EN ISO 14644</li></ul>	<ul><li>Komplexe und aufwändige Sonderinstallation für die Infrastruktur und aufwändigere Qualifizierung/Validierung der jeweiligen Fertigungszellen</li><li>Wartungskosten liegen hoch, da unter anderem der Anlagenzugang eingeschränkt ist</li><li>Kundenakzeptanz ist tiefer als bei den beiden erstgenannten Lösungen</li><li>Bedingt definierte Umgebungsbedingungen (Druck, Temperatur, Feuchte)</li><li>Geringere Druckkaskade</li></ul>

In den Bildern 11.13 bis 11.15 sind die oben aufgeführten Hauptmerkmale grafisch dargestellt.

Bild 11.13 zeigt das Reinraumgrundkonzept „Raum-in-Raum". Dieser Ansatz ist dann sinnvoll, wenn ein möglichst hoher Freiheitsgrad für die zu installierenden Betriebsmittel gewünscht wird oder zum Zeitpunkt des Baus die Produktionslinien noch nicht definiert sind.

Bild 11.14 zeigt das Reinraumgrundkonzept „Raum-in-Raum" mit unterschiedlichen Nutzungshöhen.

Bild 11.15 zeigt das Reinraumgrundkonzept „Gesamte Fertigungszelle in einem modularen Reinraum mit Laminar Flow Überdeckung".

BILD 11.13 Konzept: „Raum-in-Raum"

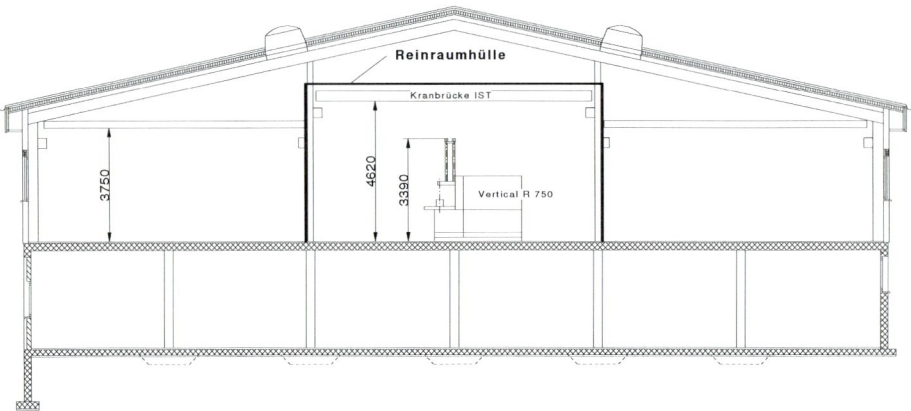

BILD 11.14 Konzept: „Raum-in-Raum" mit unterschiedlichen Nutzungshöhen

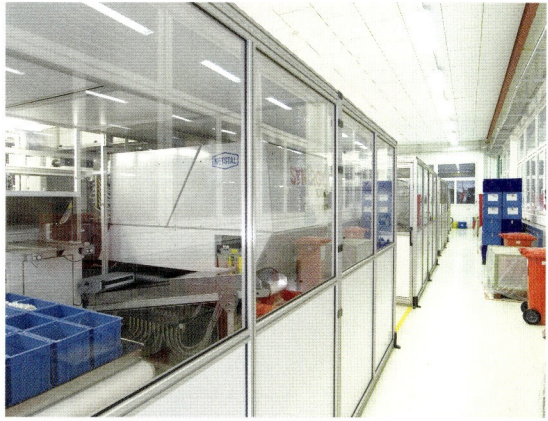

BILD 11.15 Konzept: „Gesamte Fertigungszelle in einem modularen Reinraum mit Laminar Flow Überdeckung"

Die gewählte Produktstrategie des Unternehmens beeinflusst somit auch maßgeblich die zur Auswahl stehenden Reinraumkonzepte.

Ein weiterer nicht zu unterschätzender Aspekt sind die Anforderungen an das Produkt:

a) mikrobiologische Art und/oder DNA-/RNA-ase-, Pyrogen-, Toxinfreiheit und/oder

b) partikelarme Kriterien.

Je nach Kundenerwartungen sind hier noch zusätzliche Schritte innerhalb des Reinraumkonzepts notwendig, um solche Anforderungen „prozessstabil" abbilden zu können.

11.5.3 Wirtschaftliche Aspekte

Die aus Tabelle 11.2 resultierenden Lösungen werden nach der technischen Evaluierung in einem zweiten Schritt einer wirtschaftlichen Bewertung unterzogen. Dabei ist dem Produktlebenszyklus, der weit über sieben Jahre liegen kann, sowie den zu erwartenden Unterhaltskosten, größte Aufmerksamkeit zu schenken.

Basis für die Kostenabschätzungen sind Erfahrungswerte aus ähnlich gelagerten Projekten. Hinsichtlich der zu tätigenden Investitionen, sind die angegebenen Zahlen exklusiv gebäudeseitiger Infrastruktur (Außenhülle) und Medienversorgung (Vakuum, Pressluft, Strom, Wasser) zu verstehen.

TABELLE 11.2 Wirtschaftliche Kosten-/Nutzenanalyse

Reinraumkonzept	Investitionen in €/m² RR-Fläche	Operative Betriebskosten {Aufwandabschätzung}	Jährliche Unterhaltskosten in € oder {Aufwandabschätzung}
„Raum-in-Raum"	2.000	niedrig (+++) (Materialfluss, Hygienefähigkeit)	80.000
„Raum-in-Raum" mit unterschiedlichen Nutzungshöhen	2.000	mittel (++) (Materialfluss, Hygienefähigkeit)	75.000
Gesamte Fertigungszelle in einem modularen Reinraum mit Laminar Flow Überdeckung	800	hoch (−) (Materialfluss, Hygienefähigkeit)	Erheblich geringer als „Raum in Raum", jedoch im Freiheitsgrad äußerst beschränkt

11.5.4 Entscheidung

Die aus der Evaluierung gewonnenen Erkenntnisse, in Kombination mit den in Tabelle 11.2 dargestellten betriebswirtschaftlichen Überlegungen, haben dazu geführt, dass sich vor allem aufgrund des notwendigen Freiheitsgrades, kombiniert mit der gewählten Produktstrategie (vertikale Integration), die „Raum-in-Raum"-Lösung angeboten hat.

Die mit der ausgewählten Lösung verbundenen hohen Reinrauminvestitionen lassen sich, wie die betriebswirtschaftlichen Berechnungen zeigen, mit dem langen Produktlebenszyklus in der Medizinaltechnik kaufmännisch rechtfertigen.

11.5.5 Zusammenfassung

Es hat sich gezeigt, dass für den Aufbau einer Reinraumfertigung für einen Lohnfertiger eine größtmögliche Flexibilität anzustreben ist. Dies insbesondere in jenen Fällen, wo die zu fertigenden Produkte noch nicht klar definiert sind bzw. die Projekte für die Reinraumfertigung noch nicht im vollen Umfang vorliegen.

Dass durch dieses „Raum-in-Raum"-Konzept auch Sondermaschinen, wie Vertikal-Spritzgießmaschinen, bedient werden können, ist zudem auch ein starkes Zeichen für die jeweiligen Märkte, respektive Kunden. Abschließend kann festgehalten werden, dass ein starkes Wachstum im Life Science Markt auch auf solche strategisch wichtigen Entscheidungen zurückgeführt werden können.

11.5 Gebäude- und Reinraumkonzepte für die Produktion

BILD 11.16 Leerer Reinraum

Das Bild 11.16 zeigt einen leeren Reinraum; dieser zeichnet sich durch die bereits fix installierte Infrastruktur wie Kranbahn, Zuführungenn für Energie und Rohmaterial aus.

Das Bild 11.17 zeigt eine 2-Komponenten-Vertikalanlage. Gut sichtbar sind in der Mitte die beiden Spritzgießaggregate sowie links die Automation für das Bestücken der Werkzeuge mit Einlegeteilen. Auf der rechten Bildseite werden die gespritzten Komponenten vollautomatisch geprüft und zur Montage in Magazine abgestapelt.

BILD 11.17 Vertikalanlage zur Herstellung von Kunststoffbauteilen mit Einlegern

Literatur zu Abschnitt 11.1

[1] N. N.: Qualifizierungsplan (QP) GMP-VH32-R1.01.QP, Pöppelmann GmbH & Co. KG

Literatur zu Abschnitt 11.3

[2] N. N.: „EU-Leitfaden der Guten Herstellungspraxis", Editio Cantor Verlag, 9. Auflage, Aulendorf 2010 – ISBN 978-3-87193-399-8

[3] Wobbe, H.; Lhota, C.: Rein muss sie sein, Kunststoffe, 99, 9 (2009), S. 42–46, Carl Hanser Verlag

12 Ausblick

Erwin Bürkle

Bezogen auf die Kunststoffverarbeitung, hier speziell das Spritzgießen, gewinnt der Schutz von Mikrokontaminationen durch luftgetragene Partikel weiter an Bedeutung. Bekannt ist das im Grunde schon lange. Auch, dass dies nicht nur die Medizintechnik betrifft, sondern auf unterschiedliche Weise ebenso die Pharmazie, die Kosmetik- und Lebensmittelindustrie sowie die Optik und sogar den Fahrzeugbau. Reinraumtechnik ermöglicht die Einstellung und Beherrschung vielfältiger Umgebungsparameter. Welche Parameter bzw. Störgrößen zu beherrschen sind, variiert von Produkt zu Produkt. Je mehr und je präziser aber die betreffenden Parameter beherrscht werden müssen, und je größer der zu kontrollierende Arbeitsbereich ist, desto höher sind die Investitions- und Betriebskosten für die dann immer aufwendigere Anlagentechnik.

Selten hat ein übergeordnetes Thema eine Branche derart belebt, wie die Reinraumtechnik, die Kunststoffindustrie. Das Resultat sind unterschiedlichste Anlagenkonfigurationen, von der Laminar Flow Box über dem Werkzeugraum (Bild 12.1) bis zur aseptischen Produktionseinheit nach GMPA (Bild 12.2). Schlussendlich bestimmt immer das herzustellende Produkt die Umgebungsbedingungen.

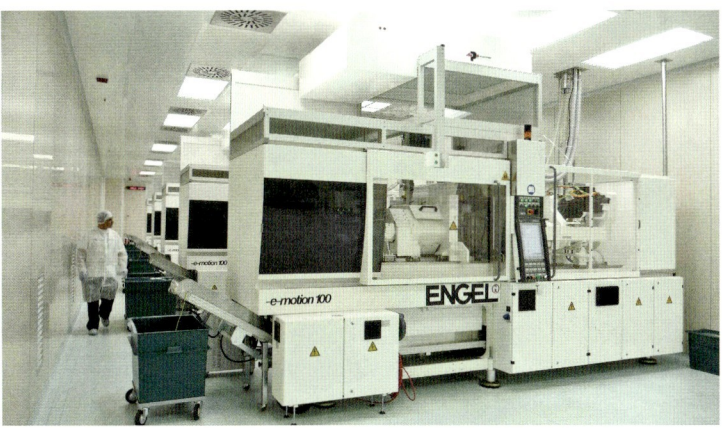

BILD 12.1 Spritzgießmaschine in Reinraumausstattung mit LF-Box über der Schließeinheit. Die Maschine steht in einer Reinraumumgebung ISO 8, während der Werkzeugbereich ISO 7 entspricht. [Bildquelle: ENGEL AUSTRIA GmbH]

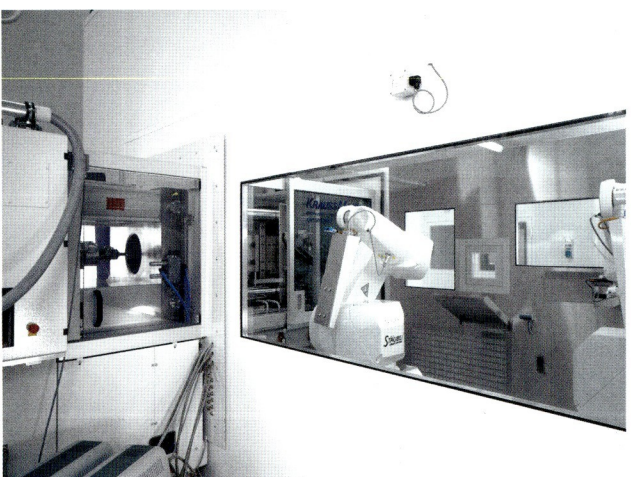

BILD 12.2 Die aseptische Produktion medizintechnischer Formteile erlaubt keine Kompromisse in der Reinraumtechnik. Ein Konzept – unten der Blick in den Isolator, oben die Gesamtansicht mit den Spritzaggregaten davor – sieht vor, den Werkzeugbereich komplett zu isolieren. [Bildquelle: KraussMaffei Technologies GmbH]

Die größten Herausforderungen liegen heute in der Konzeption nach ISO/GMPA. Die sogenannten Isolatorkonzepte, das sind hermetisch abgeschlossene Operationsfelder bzw. Produktentstehungsorte – wie sie in der pharmazeutischen Industrie üblich sind – stellen an den Kunststoff verarbeitenden Prozess die höchsten Anforderungen. Um diesen oder ähnlichen Anforderungen gerecht werden zu können, ist die Systembeherrschung eine zwingende Voraussetzung. Damit ist gemeint, dass die Schnittstellenproblematiken gelöst sein müssen.

Vor diesem Hintergrund werden wir uns künftig für Anwendungen in der Medizintechnik – bzw. verallgemeinert, in der Life Science Industry – mit aseptischen Herstellprozessen und entsprechenden Produktionseinheiten beschäftigen müssen. So sind etwa Wege zu finden, die heute üblichen Sterilisationsverfahren zu vermeiden oder wenigstens deren Intensität zu verringern. Abgesehen von den Kosten, gibt es dafür einen technischen Grund: Je nach Verfahren beeinträchtigt die Sterilisation die Eigenschaften von Kunststoffen nachteilig. Chemische Verfahren (mit Ethylenoxid) hinterlassen Rückstände auf den Produkten; die Strahlensterilisation beeinträchtigt die mechanischen Eigenschaften. Die Frage nach der Endotoxin-/Pyrogenfreiheit soll an dieser Stelle ausgeklammert bleiben.

Das Spritzgießen bietet aufgrund seiner vergleichsweise hohen Verarbeitungstemperaturen (> 200 °C) und Prozessdrücke günstige Voraussetzungen. Entsprechende Ausgangsmaterialien vorausgesetzt, fallen die Teile autosteril aus dem Werkzeug. Es kommt folglich darauf an, diesen Zustand bis in die Verpackung aufrecht zu erhalten. Durch eine direkte Verpackung werden nicht nur die lebenden Mikroorganismen reduziert, sondern auch die Gesamtpartikelbelastung. Erste Konzepte dafür sind bereits in der Praxis erprobt (Bild 12.2).

GMP schreibt vor, dass von den Betriebsmitteln kein Risiko für die Qualität der herzustellenden Produkte ausgehen darf. Insbesondere liegt bei einer aseptischen Produktion das Hauptaugenmerk auf der Prozesssicherheit, um das Eingreifen von Menschen und die damit verbundene partikuläre und mikrobiologische Kontamination zu minimieren. Ein hoher Automationsgrad ist deshalb obligatorisch.

Kompromisse gibt es in einer aseptischen Herstellung keine. Die größte Hürde ist in diesem Zusammenhang der dokumentierte Nachweis der Sterilität der Produkte. Hier muss die Branche selbst aktiv werden, Überzeugungsarbeit leisten sowie normativ geregelt nachweisen, dass Kunststoffverarbeitungsprozesse mit ganz anderen Zustandsgrößen operieren, als jeder andere Herstellungsprozess.

Generell kann man sagen, dass die hohe Schule der Reinraumtechnik schwerpunktmäßig von speziellen Anwendungen aus der Medizintechnik und der pharmazeutischen Industrie abverlangt wird. Neben der Life Science Industry wird es in Zukunft immer mehr technische Anwendungen, z. B. aus der Mikroelektronik, den Optischen Technologien, der Kommunikationsbranche und aus der Fahrzeugtechnik geben, bei denen durch die hohen Qualitätsansprüche eine kontrollierte bzw. reine Produktionsumgebung zwingend erforderlich wird (Bild 12.3 und 12.4).

Alles in allem betrachtet, ist die Technik, unsichtbare Mikroverunreinigungen bei industriellen Prozessen zu beherrschen, zum Schlüssel für eine Dimension nie gekannter Zuverlässigkeit und Wirtschaftlichkeit geworden. Das Denken und Handeln in Systempartnerschaften wird dabei unumgänglich werden. Letztendlich aber rechnet sich die Teamarbeit.

BILD 12.3 In Maschinenverkleidung integrierter technischer Reinraum. Reinraum ISO Klasse 7 [Bildquelle: Sumitomo (SHI) Demag Plastics Machinery GmbH/Max Petek Reinraumtechnik]

BILD 12.4 Technischer Reinraum: Ansicht Rückseite [Bildquelle: Sumitomo (SHI) Demag Plastics Machinery GmbH/Max Petek Reinraumtechnik]

13 Abkürzungsverzeichnis

◼ 13.1 Normen und Regularien

Begriff	Erklärung und Hinweise
ASR	**Arbeitsstättenregeln.** Die Technischen Regeln für Arbeitsstätten konkretisieren die Anforderungen der Arbeitsstättenverordnung. Sie haben sukzessive die Arbeitsstätten-Richtlinien zur alten Arbeitsstättenverordnung von 1975 abgelöst. www.baua.de
BGR	**Berufsgenossenschaftliche Regeln.** Die Berufsgenossenschaftlichen Regeln sind die von den deutschen Berufsgenossenschaften herausgegebenen Regeln und Empfehlungen zur Arbeitssicherheit und Gesundheitsschutz. Das gesamte Vorschriften und Regelwerk abrufbar unter: www.arbeitssicherheit.de
BGV	**Berufsgenossenschaftliche Vorschriften.** Die Berufsgenossenschaftlichen Vorschriften sind die von den deutschen Berufsgenossenschaften erlassen Unfallverhütungsvorschriften. Das gesamte Vorschriften und Regelwerk abrufbar unter: www.arbeitssicherheit.de
CFR CFR 21 CFR 21 Part 11	**Code of Federal Regulation.** CFR 21 ist der Teil der CFR, welcher Lebensmittel und Medikamente innerhalb der USA für die Food and Drug Administration regelt. CFR 21 Part 11 definiert die Kriterien, unter denen elektronische Aufzeichnungen und Unterschriften als vertrauenswürdig und gleichwertig zu Papier-Aufzeichnungen gelten. Diese Regelung ist relevant für jede prozessbegleitende Software im GMP-Umfeld.
c'GMP	**current Good Manufacturing Practice, dt. „Gute Herstellungspraxis".** Ausführliche Informationen unter: www.cgmp.com
EN	**Europäische Norm**
ENV	**Europäische Norm Vorlage**
GAMP	**Good Automated Manufacturing Practice** www.cgmp.com
GMP	**Good Manufacturing Practice** www.cgmp.com

Begriff	Erklärung und Hinweise
ISO	International Organization for Standardization www.iso.org
ISO/DIS	ISO Draft International Standard. Dies ist die 4. Stufe des Normungsprozesses, Prüfung als Standardentwurf. www.iso.org
ISO/TC	ISO Technical Committees
ISO/WG	ISO Working Group
IVD	In-vitro-Diagnostica ist ein Begriff für Medizinprodukte zur medizinischen Laboruntersuchung von aus dem Körper stammenden Proben. Nähere Informationen zur IVD-Richtlinie 98/79/EG unter: www.ce-zeichen.de
LFGB	Lebensmittel- und Futtermittelgesetzbuch. Der komplette Gesetzestext unter: www.gesetze-im-internet.de/lfgb
MDD	Medical Devices Directive. Die Richtlinie 93/42/EWG von 1993 über Medizinprodukte wird im deutschsprachigen Raum kurz als Medizinproduktrichtlinie bezeichnet. Sie ist das wichtigste Regelungsinstrument zum Nachweis der Sicherheit von Medizinprodukten im Europäischen Wirtschaftsraum. www.ec.europa.eu/health/medical-devices/
MPBetreibV	Medizinprodukte-Betreiberverordnung. Der komplette Gesetzestext unter: www.gesetze-im-internet.de/mpbetreibv
MPGebV	Medizinprodukte Gebührenordnung www.gesetze-im-internet.de/bundesrecht/bkostv-mpg/gesamt.pdf
MPJPV	Verordnung über klinische Prüfungen von Medizinprodukten www.gesetze-im-internet.de/bundesrecht/mpkpv/gesamt.pdf
MPSV	Medizinprodukte Sicherheitsplanverordnung www.gesetze-im-internet.de/mpsv
MPVerschrV	Verordnung über die Verschreibungspflicht von Medizinprodukten www.gesetze-im-internet.de/mpverschrv
MPVertrV	Verordnung über Vertriebswege für Medizinprodukte www.gesetze-im-internet.de/mpvertrv

13.2 Anlagenbau und Prozessabläufe

AMC	Airborne molecular contamination (Luftgetragene molekulare Kontamination)
DQ	Design Qualification
EMS	Electro-magnetic Stability
ERES	Electronic records electronic signatures
ESG	Einscheibensicherheitsglas
FAT	Factory Acceptance Test
FFU	Fan Filter Unit
FMEA	Fehlermöglichkeits- und Einflussanalyse
FO Sterilisation	Formaldehyd Sterilisation
GxP	Sammelbezeichnung für Good ... Practice, z. B. Good Clinical Practice, Good Laboratory Practice etc.
HACCP	Hazard Analysis and Critical Control Points
HEPA	High Efficiency Particulate Air Filter
IA	Impact Assessment
IMD	In-Mold-Decoration
IQ	Installation Qualification
KSG	Kantenschub-Verbundglas
LF	Laminar Flow Box
MQP	Master Qualifizierungs Plan
NTDF	Niedertemperatur Dampf und Formaldehyd Sterilisation
NTP	Niedrigtemperatur Plasma Sterilisation
OQ	Operation Qualification
PQ	Performance Qualification
QB	Qualifizierungsbericht
QM	Qualitätsmanagement
QS	Qualitätssicherung
RA	Risikoanalyse
RPZ	Risikoprioritätszahl
RR	Reinraum
SAT	Site Acceptance Test
SD-Module	Separative Devices Module
SGM	Spritzgießmaschine
SOP	Standard Operating Procedures
SPS	Speicher Programmierbare Steuerung
UCL	Upper Confidence Limit

ULPA	Ultra Low Penetration Air Filter
URS	User Requirement Specification (Lastenheft)
VPN	Virtual Private Network
VSG	Verbund Sicherheitsglas

13.3 Kunststoffe und chemische Verbindungen

ABS	Acrylnitril-Butadien-Styrol
C_2H_4O	Ethylenoxid
CN	Cellulose Nitrate
CO_2	Kohlendioxid
COC	Cycloolefin-Copolymer
EO	Ethylenoxid
ETFE	Ethylen / Tetrafluorethylen
FEP	Perfluorethylenpropylen
LCP-MF	Liquid Crystal Polymer – Mineral Fibres
PC	Polycarbonat
PC-HAT	Polycarbonat Hochtemperaturbeständig
PEEK	Polyetheretherketon
PEI	Polyetherimid
PFA	Perfluoralkoxy-Polymere
PLA	Polylactid
PMMA	Polymethylmethacrylat
POM	Polyoxymethylen
PPS – GF	Polyphenylensulfid – Glas Fibres
PSU	Polysulfon
PTFE	Polytetrafluorethylen
PU	Polyurethan
PVC	Polyvinylchlorid
PVDF	Polyvinylidenfluorid
RNA	Ribonucleid acid
SAN	Styrol – Acrylnitril
SB	Styrol-Butadien-Copolymer
TPU	Thermoplastisches Polyurethan

13.4 Verbände und Organisationen

CEN	Comité Européenne de Normalisation www.cen.eu
DGHM	Deutsche Gesellschaft für Hygiene und Mikrobiologie www.dghm.org
DIMDI	Deutsches Institut für Medizinische Dokumentation und Information www.dimdi.de
DIN	Deutsches Institut für Normung www.din.de
EMA	European Medicines Agency www.ema.europa.eu
FDA	Food and Drug Administration Die FDA wurde 1927 gegründet und ist die behördliche Lebensmittelüberwachung, die Arzneimittelzulassungsbehörde der USA und ist dem Gesundheitsministerium unterstellt.
GHTF	Global Harmonization Task Force Ist seit Ende 2012 nicht mehr tätig, die Aufgaben werden weitergeführt vom IMDRF. www.imdrf.org
ICH	International Conference on Harmonisation www.ich.org
IEST	Institute of Environmental Sciences and Technology www.iest.org
IMDRF	International Medical Device Regulators Forum Nachfolgeorganisation der GHTF. www.imdrf.org
NAMed	Normenausschuss Medizin Der Normenausschuss Medizin ist eine Fachgruppe im DIN und ist zuständig für die nationale Normung und vertritt die deutschen Normungsinteressen auf europäischer (CEN) und internatnationaler (ISO) Ebene auf zahlreichen Gebieten der Medizin. www. named.din.de
PIC	Pharmaceuticel Inspection Convention www.picscheme.org
VAH	Verbund für angewandte Hygiene www.vah-online.de
VDA	Verband der Automobilindustrie www.vda.de
VDI	Verein Deutscher Ingenieure www.vdi.de
WHO	World Health Organization www.who.int

13.5 Formelzeichen und Einheiten

KBE	Kolonie bildende Einheit
ppm	parts per million
γ-Strahlen	Gammastrahlen
L/dm² × min	Luftdurchlässigkeit
ηm	Mikrometer
Pa	Pascal
dB	Dezibill
K-Wert	Wärmedurchgangswert

13.6 Sonstiges

ATMP	Advanced Therapy Medicinal Products *www.pei.de*
CT	Computer Tomographie
MRT	Magnet Resonanz Tomographie
NMR	Nuclear Magnetic Resonance
OLED	Organic Light Emitting Diode
SAL	Sterility Assurance Level
TSA	Trypticase Soy Agar
UV	Ultraviolett

14 Übersicht der wichtigsten Informationen

Quellenangaben siehe in den einzelnen Kapiteln.

■ 14.1 Größe verschiedener Partikel

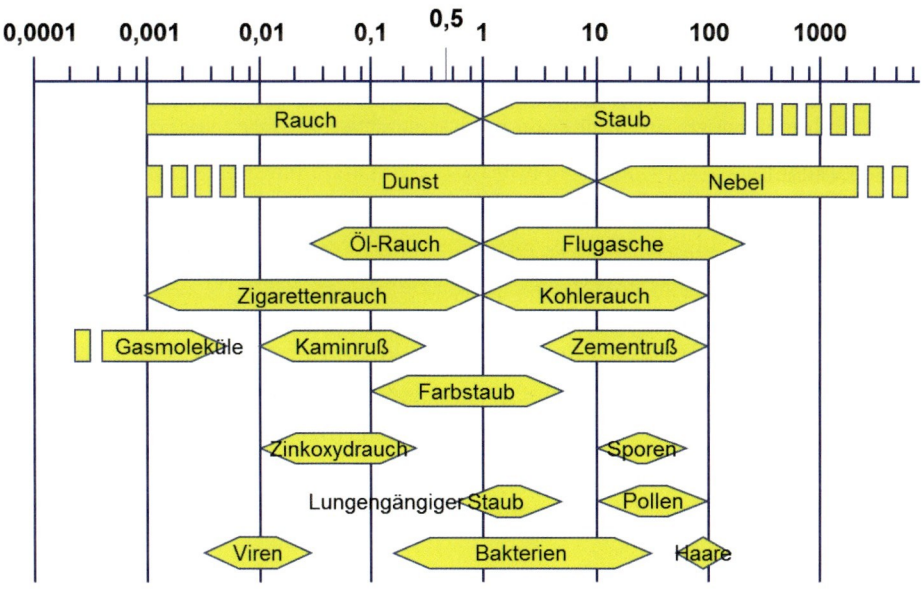

BILD 14.1 Kapitel 2, Bild 2.3

14.2 Einteilung der Reinraumklassen nach ISO 14644-1

TABELLE 14.1 Kapitel 2, Tabelle 2.1

ISO-Klassifizierungszahl (*N*)	Höchstwert der zulässigen Konzentration (Partikel je Kubikmeter Luft) gleich der oder größer als die betrachteten Größen, welche nachfolgend abgebildet sind[a]					
	0,1 µm	0,2 µm	0,3 µm	0,5 µm	1 µm	5 µm
ISO-Klasse 1	10[b]	[d]	[d]	[d]	[d]	[e]
ISO-Klasse 2	100	24[b]	10[b]	[d]	[d]	[e]
ISO-Klasse 3	1 000	237	102	35[b]	[d]	[e]
ISO-Klasse 4	10 000	2 370	1 020	352	83[b]	[e]
ISO-Klasse 5	100 000	23 700	10 200	3520	832	[e]
ISO-Klasse 6	1 000 000	237 000	102 000	35 200	8 320	293
ISO-Klasse 7	[c]	[c]	[c]	352 000	83 200	2 930
ISO-Klasse 8	[c]	[c]	[c]	3 520 000	832 000	29 300
ISO-Klasse 9	[c]	[c]	[c]	35 200 000	8 320 000	293 000

[a] Alle in der Tabelle angeführten Partikelkonzentrationen sind summenhäufigkeitsbezogen. Zum Beispiel schließen die 10 200 Partikel bei 0,3 µm für ISO-Klasse 5 sämtliche Partikel ein, welche gleich der oder größer als diese Partikelgröße sind.

[b] Diese Partikelkonzentrationen ergeben für die Klassifizierung beträchtliche Luftprobenvolumnina. Es darf das Verfahren für aufeinanderfolgende Probenahmen angewandt werden, siehe Anhang D.

[c] Aufgrund einer sehr hohen Partikelkonzentration sind Angaben zu Konzentrationsgrenzen in diesem Bereich der Tabelle ungeeignet.

[d] Probenahme- und statistische Begrenzungen für Partikel in niedrigen Konzentrationen eignen sich nicht für eine Klassifizierung.

[e] Begrenzungen gesammelter Probenahmen sowohl für Partikel in niedriger Konzentration als auch für Partikel, welche größer als 1 µm sind, eignen sich aufgrund möglicher Partikelverluste im Probenahmeverfahren nicht zur Klassifizierung.

14.3 Reinheitsklassen und Anwendungen

TABELLE 14.2 Kapitel 3, Tabelle 3.4

Reinheitsklassen nach ISO 14644-1, VDI 2083, Blatt 1							
1	2	3	4	5	6	7	8
Typische Anwendungen							
Computer Prozessoren, DRAMs			CD, DVD, CD-R, DVD-R					
						Pharmaverpackung	
				Sterilfertigung, Grade A, B, C, D		
					Medizintechnische Produkte	
Technische Lösung							
	Minienvironments, Isolatoren						
		Turbulenzarme Verdrängungsströmung Reinräume				
					Turbulente Mischlüftung Reinräume	
				Barrieresysteme, „LF-Boxen", Werkbänke		
					Reinraumzelte	

14.4 Einteilung der GMP – Klassen (Beispiel)

TABELLE 14.3 Kapitel 2, Tabelle 2.2

Klassen (Beispiele)	Anforderungen	ISO-Klasse
Klasse A Pharma aseptischer Bereich	Partikel Keime	ISO-Klasse 5 oder besser < 1 KBE/m^3 Detaillierte Anforderungen an Ausrüstung, Packmittel, Material und Personal Isolatortechnik oder Barrieretechnik
Klasse B Pharma Direkte Umgebung des aseptischen Bereichs	Partikel Keime	ISO-Klasse 7 oder besser < 10 KBE/m^3 Detaillierte Anforderungen Ausrüstung Personal
Klasse C Medizinische Device	Partikel Keime	ISO-Klasse 7 oder besser < 100 KBE/m^3 Detaillierte Anforderungen an Ausrüstung, Personal und Materialien
Klasse D Medizinische Device, Allgemeine Produkte	Partikel Keime	ISO-Klasse 7 oder besser < 200 KBE/m^3 Anforderungen an Ausrüstung, Personal und Materialien
Klasse E Einwaagebereiche, Verpackung	Keime	< 500 KBE/m^3 Anforderungen an Ausrüstung, Personal und Materialien
Klasse F Umgebung, Lager, Service		optisch sauber Reduzierte Anforderungen an Ausrüstung, Personal und Oberflächen

14.5 Partikelquellen im Reinraum

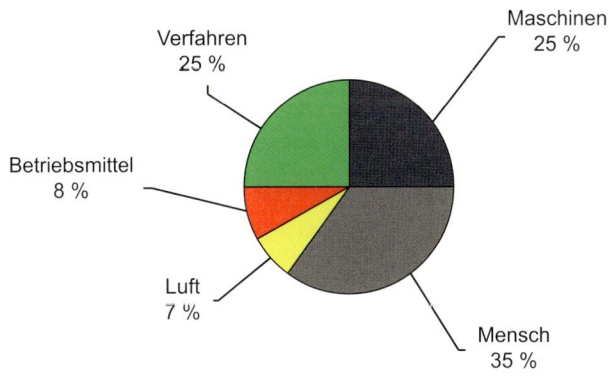

+ Keime, Schadgasmoleküle, Strahlung, Vibration, EMS u.v.a.m.

BILD 14.2 Kapitel 7, Bild 7.1

14.6 Partikelquelle Mensch

Aktivität	Partikel ≥ 0,3 µm/min
Stehen, Sitzen	100.000
Leichte Kopf-, Hand-, Vorderarmbewegung	500.000
Körper und Armbewegung mit Fußbewegung	1.000.000
Positionsänderung von Sitzen zu Stehen	2.500.000
Langsames Gehen	5.000.000
Rennen	30.000.000

BILD 14.3 Kapitel 7, Bild 7.2

14.7 Partikelemission von Menschen bei unterschiedlicher Bekleidung und Bewegung

TABELLE 14.4 Kapitel 9, Tabelle 9.8

Bewegungsart		stehen	gehen	stehen	gehen	stehen	gehen
Partikelgröße		≥ 0,5 µm	≥ 0,5 µm	≥ 1 µm	≥ 1 µm	≥ 5 µm	≥ 5 µm
Bekleidungsart	Baumwoll-Jogging	873.304	34.955.780	657.312	25.114.780	17.077	448.638
	Kittel	331.742	6.304.946	130.901	2.506.495	9.795	101.172
	Overall	28.827	106.328	10.396	32.135	331	851

14.8 Empfehlung für Reinraumbekleidungen in Abhängigkeit von der Reinraum-Klasse für mikrobiologisch überwachte Bereiche

Siehe nächste Seite.

TABELLE 14.5 Kapitel 9, Tabelle 9.9

Mikrobiologisch kontrollierte Reinräume		
GMP Einordnung	A/B	C/D
ISO 14644-1 Einordnung	ISO 5	ISO 7/ISO 8
Bekleidungselemente (Empfehlung)	• Augenschlitzhaube oder Vollschutzhaube • Vlieseinweghaube (darunter) • Einwegmundschutz • Schutzbrille oder Einwegvisier • Overall • Reinraumtechnische Zwischenbekleidung • Überziehstiefel • Reinraumschuhe darunter • Reinraumhandschuhe	• Vlieseinweghaube • Einwegbartschutz • Schutzbrille oder Einwegvisier • Overall oder eine Kombination aus Jacke und Hose • Überziehschuhe • Reinraumhandschuhe
Wechselzyklen (Empfehlung)	• Reinraumoberbekleidung bei jedem Betreten des Reinraums • Die Zwischenbekleidung täglich	Reinraumoberbekleidung täglich
Textilien (Empfehlung)	• Oberbekleidung: Abriebfestes Filamentgewebe aus synthetischen und leitfähigen Fasern • Zwischenbekleidung: Filamentgewebe aus synthetischen Fasern oder aber sogenannte zweiteilige Textilien, Innenseite Baumwolle, Außenseite synthetische Fasern	Abriebfestes Filamentgewebe aus synthetischen und leitfähigen Fasern
Beispiel		

14.8 Empfehlung für Reinraumbekleidungen in Abhängigkeit von der Reinraum-Klasse für mikrobiologisch überwachte Bereiche

TABELLE 14.5 (*Fortsetzung*) Kapitel 9, Tabelle 9.9

Technische Reinräume					
ISO 14644-1 Einordnung	ISO 5	ISO 7	ISO 8	ISO 9	
Bekleidungselemente (Empfehlung)	- Vollschutzhaube - Einwegmundschutz - Overall - Reinraumtechnische Zwischenbekleidung - Überziehstiefel - Reinraumschuhe darunter - Reinraumhandschuhe	- Vlieseinweghaube - Kittel - Überziehschuhe - Reinraumhandschuhe	- Vlieseinweghaube - Kittel - Überziehschuhe - gegebenenfalls Reinraumhandschuhe	- Vlieseinweghaube - Kittel - Reinraumhandschuhe	
Wechselzyklen (Empfehlung)	- Reinraumoberbekleidung jeden 2. Tag - Reinraumzwischenbekleidung bei Bedarf täglich	Reinraumoberbekleidung einmal wöchentlich			
Textilien (Empfehlung)	- Oberbekleidung: Abriebfestes Filamentgewebe aus synthetischen und leitfähigen Fasern - Zwischenbekleidung: Filamentgewebe aus synthetischen Fasern oder aber sogenannte zweiteilige Textilien, Innenseite Baumwolle, Außenseite synthetische Fasern	Abriebfestes Filamentgewebe aus synthetischen und leitfähigen Fasern			
Beispiel					

14.9 VDI 2083 Richtlinienfamilie

Die VDI Richtlinie 2083 Reinraumtechnik regelt alle wesentlichen Aspekte reinraumtechnischer Systeme: Planung und Bau, Klassifizierung, Qualifizierung, Messtechnik, Betrieb und Qualitätssicherung. Ein wichtiges Merkmal gegenüber den internationalen Normen ist dabei der enge Praxisbezug mit Hilfestellungen zur praktischen Anwendung der relevanten Normen.

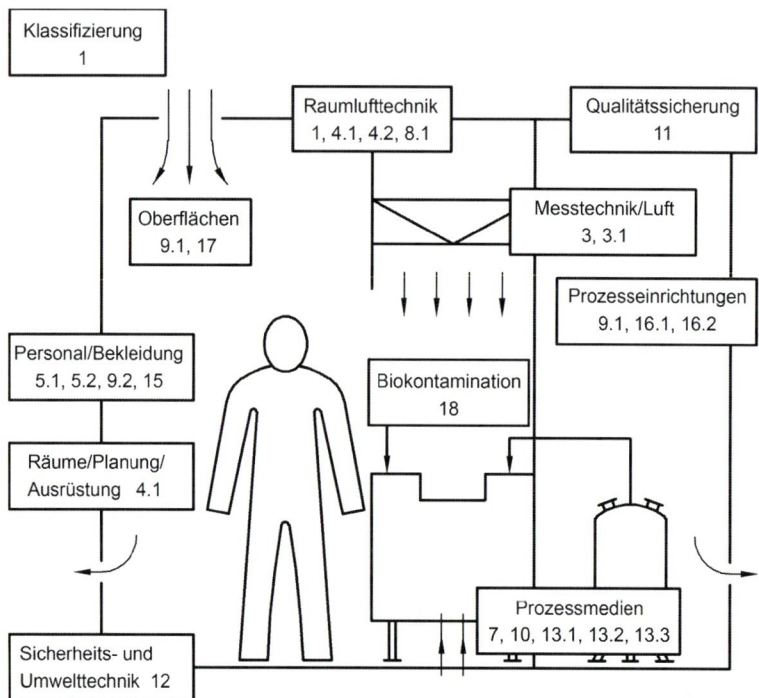

BILD 14.4 Einflussgrößen in der Reinraumtechnik
[Bildquelle: Verein Deutscher Ingenieure e. V., Düsseldorf]

Die Benummerung verweist auf das jeweils zugehörige Blatt der Richtlinienreihe VDI 2083.

14.10 VDI 2083 Reinraumtechnik (Cleanroom Technology)

Siehe nächste Seite.

TABELLE 14.6 Kapitel 3, Tabelle 3.1

Name	Titel	Ausgabedatum	Status
VDI 2083 Blatt 1	Partikelreinheitsklassen der Luft	2013-01	
VDI 2083 Blatt 3	Messtechnik in der Reinraumluft	2005-07	Überprüft vom zuständigen Ausschuss
VDI 2083 Blatt 3.1	Messtechnik in der Reinraumluft – Monitoring	2012-06	
VDI 2083 Blatt 4.1	Planung, Bau und Erst-Inbetriebnahme von Reinräumen	2006-10	Überprüft vom zuständigen Ausschuss
VDI 2083 Blatt 4.2	Energieeffizienz	2011-04	
VDI 2083 Blatt 5.1	Betrieb von Reinräumen	2007-09	Überprüft vom zuständigen Ausschuss
VDI 2083 Blatt 5.2	Betrieb von Reinräumen – Dekontamination von Mehrweg-Reinraumbekleidung	2008-10	
VDI 2083 Blatt 7	Reinheit von Prozessmedien	2006-11	
VDI 2083 Blatt 8.1	Molekulare Verunreinigung der Reinraumluft (AMC)	2009-07	
VDI 2083 Blatt 9.1	Reinheitstauglichkeit und Oberflächenreinheit	2006-12	
VDI 2083 Blatt 10	Reinstmedien-Versorgungssysteme	1998-02	Überprüft vom zuständigen Ausschuss
VDI 2083 Blatt 11	Qualitätssicherung	2008-01	
VDI 2083 Blatt 12	Sicherheits- und Umweltschutzaspekte	2000-01	Überprüft vom zuständigen Ausschuss
VDI 2083 Blatt 13.1	Qualität, Erzeugung und Verteilung von Reinstwasser – Grundlagen	2009-01	
VDI 2083 Blatt 13.2	Qualität, Erzeugung und Verteilung von Reinstwasser – Mikroelektronik und andere technische Anwendungen	2009-01	
VDI 2083 Blatt 13.3	Qualität, Erzeugung und Verteilung von Reinstwasser – Pharmazie und andere Life-Science-Anwendungen	2010-10	
VDI 2083 Blatt 15	Personal am Reinen Arbeitsplatz	2007-04	
VDI 2083 Blatt 16.1	Barrieresysteme (Isolatoren, Mini-Environments, Reinraummodule) – Wirksamkeit und Zertifizierung	2010-08	
VDI 2083 Blatt 17	Reinheitstauglichkeit von Werkstoffen	2011-02	Entwurf
VDI 2083 Blatt 18	Biokontaminationskontrolle	2012-01	

14.11 EN ISO 14644 Richtlinienfamilie

Die EN ISO 14644 ist eine Norm für Reinräume und zugehörige Reinraumbereiche. Die Teile 1 und 2 lösen den alten US Federal Standard 209 E ab.

TABELLE 14.7 Kapitel 3, Tabelle 3.2

Dokument	Titel	Status
ISO 14644	Reinräume und zugehörige Reinraumbereiche	
ISO 14644-1	Klassifizierung der Luftreinheit	ISO
ISO/DIS 14644-1	Klassifizierung der Luftreinheit anhand der Partikelkonzentration	DIS
ISO 14644-2	Festlegungen zur Prüfung und Überwachung der fortlaufenden Übereinstimmung mit Teil 1	ISO
ISO/DIS 14644-2	Festlegungen zur Prüfung und Überwachung der fortlaufenden Übereinstimmung mit Teil 1	DIS
ISO 14644-3	Prüfverfahren	ISO
ISO 14644-4	Planung, Ausführung und Erst-Inbetriebnahme	ISO
ISO 14644-5	Betrieb	ISO
ISO 14644-6	Terminologie	ISO
ISO 14644-7	SD-Module (Reinlufthauben, Handschuhboxen, Isolatoren und Mini- Environments)	ISO
ISO 14644-8	Klassifikation luftgetragener molekularer Kontamination	ISO
ISO 14644-9	Klassifizierung der Oberflächenreinheit mittels Partikelkonzentration	ISO

14.12 ISO 14698 Biokontamination

TABELLE 14.8 Kapitel 3, Tabelle 3.3

Dokument	Titel	Status
ISO 14698	Reinräume und zugehörige Reinraumbereiche – Biokontaminationskontrolle	
ISO 14698-1	Allgemeine Grundlagen	ISO
ISO 14698-2	Auswertung und Interpretation von Biokontaminationsdaten	ISO

14.13 Auswahl von medizinisch eingesetzten Kunststoffen und ihren Anwendungsgebieten

Siehe nächste Seite.

14.13 Auswahl von medizinisch eingesetzten Kunststoffen und ihren Anwendungsgebieten

TABELLE 14.9 Kapitel 10, Tabelle 10.1

Kunststoff	Anwendung Medizin	Anwendung Pharma	Anwendung Lebensmittel	Anwendung Kosmetik
Polyethylen (PE)	- Gelenkpfanne für Hüftgelenkendoprothese - künstliche Knieprothesen - Sehnen- und Bänderersatz - Weichmacherfreie Blutbeutel mit EVA - Infusions- und Drainagebeutel - Handschuhe - Mehrweg OP Abdeckungen (PE Mikrofasergewebe) - OP-Überziehschuhe aus LDPE-Folie - PE-Schaum als Polsterungseinlage für Prothesen - Pfanneneinsatz für Handgelenksprothesen aus UHMW-PE - UHMW-PE Bänder für Bandscheiben	- Einweg-Spritzen (Zylinder) - Katheterschläuche - Verpackungsmaterial - Gleit- und Antriebselemente aus UHMW-PE - Flaschen - Verschlüsse	- Gefrierverpackungen - Lebensmittelfolien - Auskleidungen für Kühltruhen - Gestrichenes Papier mit PE als Backmischbeutel - Schneid- und Hackunterlagen - Gleit- und Antriebselemente aus UHVW-PE - Sektkorken - Tragetaschen - Flaschenverschlüsse - Getränkekisten	- Behälter, z. B. Dosen - Tuben - Flaschen - Deckel
Polypropylen (PP)	- Komponenten für Blutoxygenatoren und Nierendialyse (Hohlfasern) - Fingergelenk-Prothesen - Herzklappen - Nahtmaterial (Herz und Gefäße) - Infusionszuleitungen- und halter - Transparenter PP Kegel und Staubkappe von Einwegnadeln - Chirurgische Gesichtsmasken (Gewebt, 3-lagig) - Kopfbedeckungen aus PP –Spinnvlies - Einweg OP Abdeckungen - Peronaeusorthese	- Einweg-Spritzen (Kolben) - Verpackungsmaterial, z. B. Blister - Verpackungen für Medikamente - Tiegel - Armaturen - Reaktionsgefäße	- Verpackungen aller Art - Folien - Getränkeflaschen (Heißabfüllung) - Getränkebecher - Warmhaltebehälter (EPP) - Trinkhalme	- Behälter - Flaschenabdeckung - Microsprayer (Sprühkopf) - Pumpenköpfe, z. B. für Dosier-Membranpumpen

TABELLE 14.9 *(Fortsetzung)* Kapitel 10, Tabelle 10.1

Kunststoff	Anwendung Medizin	Anwendung Pharma	Anwendung Lebensmittel	Anwendung Kosmetik
Polyethylen-terephthalat (PET)	▪ Künstliche Blutgefäße ▪ Sehnen- und Bänderersatz ▪ Nahtmaterial (Haut) ▪ Hohlfaseroxygenator (Wärmetauscher) ▪ Gefäßprothesen ▪ Polstermaterial für Prothesenschäfte	▪ Flaschen ▪ Behälter ▪ Blister Verpackungen für Medikamente ▪ Gefärbeschalen	▪ Getränkeflaschen (Kaltabfüllung) ▪ Gleitelemente mit Lebensmittelkontakt	▪ Deckel ▪ Flaschen ▪ Tuben
Polyvinyl-chlorid (PVC)	▪ Extrakorporale Blutschläuche, Blutbeutel und Beutel für Lösungen für intravenöse Anwendungen, Einwegartikel ▪ Anästhesiemasken ▪ Handschuhe ▪ PVC-Tubus(Latexfrei) ▪ Brillenfassungen ▪ Blasenkatheter ▪ Dialysebeutel und Schlauchsystem	▪ Blister-Verpackungen aus Hart-PVC	▪ Folien ▪ Schalen ▪ Flaschen	▪ Schläuche ▪ Folien ▪ Beutel ▪ Taschen
Polycarbonat (PC)	▪ Komponenten für Dialysegeräte und Oxygenatoren, z. B. unzerbrechliche Gehäuse, sterile Flaschen, Spritzen, Schläuche, Verpackungsmaterial ▪ Schutzbrillen ▪ Brillengläser ▪ Kunststoffbrackets für Zahnspangen	▪ Glaskolben ▪ Schaugläser ▪ Kernspur-Membrane	▪ Mehrwegflaschen ▪ Mikrowellengeeignetes Geschirr ▪ Küchenmaschinenteile	▪ Behälter ▪ Boxen ▪ Optische Linsen ▪ Folien
Polyamide (PA)	▪ Nahtmaterial (Haut), Katheterschläuche, Komponenten für Dialysegeräte, Spritzen, Herzmitralklappen ▪ OP Socken (Baumwoll-PA Mischung) ▪ Nylon-Netz (Herzschrittmacher) ▪ Brillenfassungen	▪ Druckschläuche	▪ Verbundverpackungsfolien aus PA/PE	▪ Dichtungen ▪ Fixierbänder ▪ Zahnbürstenborsten ▪ Ampullen

14.13 Auswahl von medizinisch eingesetzten Kunststoffen und ihren Anwendungsgebieten

TABELLE 14.9 (Fortsetzung) Kapitel 10, Tabelle 10.1

Kunststoff	Anwendung Medizin	Anwendung Pharma	Anwendung Lebensmittel	Anwendung Kosmetik
Polytetrafluorethylen (PTFE)	- Gefäßimplantate/-prothesen aus ePTFE - Beatmungsschläuche - Teflongewebe (für Herzklappen) - PTFE-Ummantelung bei Stents - Blasenbänder aus ePTFE	- Schläuche, z. B. Bioflexschläuche - Beschichtungen - Abdampfschalen	- Pfannenbeschichtungen - Belüftungselemente für Verpackungen	- Beschichtung für Zahnseide - Faltenunterspritzung - elektrische Zahnbürsten (Batteriefach)
Polymethylmethacrylat (PMMA)	- Knochenzement, Intraokulare Linsen und harte Kontaktlinsen, künstliche Zähne, Zahnfüllmaterial (Komposit)		- Salatlöffel, Salz- und Pfeffermühlen	- Verkapselung von kleinen Pigmenten (für Tätowierungen)
Polyurethan (PUR)	- Künstliche Blutgefäße und Blutgefäßbeschichtungen, Gefäßprothesen, Hautimplantate, künstliche Herzklappen, Dialysemembranen, Einbettmasse für Oxygenator - Infusions- und Katheterschläuche, Blasenkatheter, OP Schuhe, - PU-Liner für Prothesen, - PU –Kerne (Bandscheiben), - Schaumkern und Hülle von Modular(fuß)prothesen, - PU-Schaumkörper für Armprothesen, - Polstermaterial für Prothesenschäfte	- PU-Beschichtungen, z. B. für Fördergeräte, Walzen - Zahnriemen	- PU-Beschichtungen, z. B. für Einlauftrichter, Rutschen, Transportbehälter, Sieb-Gitterbeschichtungen - Zahnriemen	- PU-Dispersionen (Haarpflegeprodukte)

TABELLE 14.9 *(Fortsetzung)* Kapitel 10, Tabelle 10.1

Kunststoff	Anwendung Medizin	Anwendung Pharma	Anwendung Lebensmittel	Anwendung Kosmetik
Polysiloxane (SI)	<ul><li>Brustimplantate, -prothesen, künstliche Sehnen, kosmetische Chirurgie, künstliche Herzen und Herzklappen, Beatmungsbälge, heißsterilisierbare Bluttransfusionsschläuche</li><li>Epithesen, z. B. Ohren-, Nasenepithesen</li><li>Dialyseschläuche, Dichtungen in medizinischen Geräten, Katheter und Schlauchsonden, künstliche Haut, Blasenprothesen</li><li>Endoskop-Bildleiter (Silikonummantelung)</li><li>Magenbänder</li><li>Silikontubus</li><li>Elektrodenumhüllung/-spitzen (Herzschrittmacher)</li><li>Kontaktlinsen (Silikon-Hydrogel)</li><li>Orbita-Implantate („Glasauge") aus Silikonkautschuk und Hydroxylapatit</li><li>Kosmetikprothesen (z. B. Unterarm)</li><li>Silikonliner für Prothesen</li><li>Spacer (Abstandshalter für Bandscheiben)</li><li>Blasenkatheter</li></ul>	<ul><li>Silikonschläuche für das Fluidhandling</li><li>Dichtungen</li></ul>	<ul><li>Dichtungen, z. B. für Verpackungsgeräte</li></ul>	<ul><li>Silikonschläuche</li></ul>
Polyetheretherketon (PEEK)	<ul><li>Matrixwerkstoff für kohlenstofffaserverstärkte Verbundwerkstoffimplantate wie z. B. Osteosyntheseplatten und Hüftgelenkschäfte</li><li>Zielgerätschäfte</li><li>Stäbe (Dynamisch Bandscheibenstabilisierung)</li><li>Spacer (Abstandshalter für Bandscheiben)</li><li>Bandscheibenkerne</li><li>Cages (aus CFK verstärktem PEEK zur Wirbelkörperverblockung)</li></ul>	<ul><li>Gleitführungen</li><li>Membrane</li></ul>	<ul><li>Abstreifer in Kochern und Hochtemperatur-Mixern</li><li>Füllkolben</li></ul>	<ul><li>Ventilsitze (Dosier-Membranpumpen für hygienische Anwendungen)</li></ul>

TABELLE 14.9 *(Fortsetzung)* Kapitel 10, Tabelle 10.1

Kunststoff	Anwendung Medizin	Anwendung Pharma	Anwendung Lebensmittel	Anwendung Kosmetik
Polysulfon (PSU)	- Matrixwerkstoff für kohlenstofffaserverstärkte Verbundwerkstoffimplantate wie z. B. Osteosyntheseplatten und Hüftgelenkschäfte, Membranen für Dialyse - Gehäuse für Portkatheter - Dialysemembran	- Spulenkörper - Membranen	- Babyflaschen aus Polyethersulfon (PESU)	- Haartrocknerteile - Verpackungen - Brustimplantate
Polyhydroxy-ethyl-methacrylat (PHEMA)	- Kontaktlinsen, Harnblasenkatheter, Nahtmaterialbeschichtung	- Wundabdeckungsmaterialien - Träger für Zellkulturen - Träger für Allergietests	- photobiologisch aktive Beschichtungsmasse	- Weiche Kontaktlinsen - Implantate
Polystyrol (PS)		- Petrischalen - Einmal-Impfösen und Nadeln	- Verpackungen, z. B. Deckel, Getränkebecher, CD-Hüllen - Einwegbestecke	- Kosmetikdosen
Polybutylen-terephthalat (PBT)	- Nahtmaterial - Biofine Mehrschichtfolien für Dialysebeutel (PP/PE/PBT)	- Schraubkappen	- Spritzgegossene Verpackungen	- Verpackungen, z. B. Hüllen für Kosmetikstifte
Resorbierbare Kunststoffe	- Poly- (D-, L- Lactid-) Interferenzschrauben - Nahtmaterial aus Polydioxanon und Polyglykolsäure (Magen- Darm und Muskeln) - Stents z:B. aus Poly-L-Milchsäure (PLLA), Polyglykolsäure (PGA) - Septum-Verschluss	- Kapselhüllen für Medikamente - Resorbierbare Schrauben, Nägel, Implantate und Platten	- Verpackungen - Einwickelfolien - Tragetaschen - Abfallbeutel	- Verpackungen - Haartrockner - Sonnenschutz
Kohlenstoff-faserverstärkte Kunststoffe (CFK)	- Zielgeräteschaft - CFK Orthesenschaft mit Thermoplasteinlage (EVA) - Prothesen aus Prepregmaterial für Leistungssport - CFK-Federn (Fußprothesen)	- Wärmeschränke - Vakuum-Trockner - Einrichtung von normgerechten Reinräumen - Reinraumwerkbänke	- Gleitlager, Pumpenkomponenten und Dichtungsringe aus Graphit- und Kohlenstoffwerkstoffen für den sicheren und hygienischen Transport von Lebensmitteln	

14.14 Einsatz von Kunststoffen in der Lebensmitteltechnik

TABELLE 14.10 Kapitel 3, Tabelle 3.5

Dokument	Titel	Ausgabedatum
DIN EN 1186	Werkstoffe und Gegenstände in Kontakt mit Lebensmitteln – Kunststoffe	
Blatt 01	Leitfaden für die Auswahl der Prüfbedingungen und Prüfverfahren für die Gesamtmigration	07/2002
Blatt 02	Prüfverfahren für die Gesamtmigration in Olivenöl durch völliges Eintauchen	07/2002
Blatt 03	Prüfverfahren für die Gesamtmigration in wässrige Prüflebensmittel durch völliges Eintauchen	07/2002
Blatt 04	Prüfverfahren für die Gesamtmigration in Olivenöl mittels Zelle	07/2002
Blatt 05	Prüfverfahren für die Gesamtmigration in wässrige Prüflebensmittel mittels Zelle	07/2002
Blatt 06	Prüfverfahren für die Gesamtmigration in Olivenöl unter Verwendung eines Beutels	07/2002
Blatt 07	Prüfverfahren für die Gesamtmigration in wässrige Prüflebensmittel unter Verwendung eines Beutels	07/2002
Blatt 08	Prüfverfahren für die Gesamtmigration in Olivenöl unter Füllen des Gegenstandes	07/2002
Blatt 09	Prüfverfahren für die Gesamtmigration in wässrige Prüflebensmittel durch Füllen des Gegenstandes	07/2002
Blatt 10	Prüfverfahren für die Gesamtmigration in Olivenöl (Modifiziertes Verfahren für die Anwendung bei unvollständiger Extraktion von Olivenöl)	12/2002
Blatt 11	Prüfverfahren für die Gesamtmigration in Mischungen aus 14C-markierten synthetischen Triglyceriden	12/2002
Blatt 12	Prüfverfahren für die Gesamtmigration bei tiefen Temperaturen	07/2002
Blatt 13	Prüfverfahren für die Gesamtmigration bei hohen Temperaturen	12/2002
Blatt 14	Prüfverfahren für „Ersatzprüfungen" für die Gesamtmigration aus Kunststoffen, die für den Kontakt mit fettigen Lebensmitteln bestimmt sind, unter Verwendung der Prüfmedien Iso-Octan und 95%igem Ethanol	12/2002
Blatt 15	Alternative Prüfverfahren zur Bestimmung der Migration in fettige Prüflebensmittel durch Schnellextraktion in Iso-Octan und/oder 95%igem Ethanol	12/2002

14.15 Anforderungen an Vorgabe- und Nachweisdokumenten

TABELLE 14.11 Kapitel 9, Tabelle 9.1

Vorgabedokumente	Nachweisdokumente
Schriftlich fixiert	Zeitnah erstellt
Lesbar (über die definierte Archivierungsfrist)	Wahrheitsgemäß
Konform zu geltenden externen Vorgaben	Im Einklang mit Vorgabedokumenten
Gelenkt (Änderungskontrolle, Freigabeprocedere)	Vollständig
Vollständig	Übersichtlich
Eindeutig (kein Interpretationsspielraum)	Keine Möglichkeit der Löschung
Verständlich für den Anwender	Eindeutig
Geschult	Wiederauffindbar
Aktuell	Lesbar über die Aufbewahrungsfrist
Zugänglich	Glaubwürdig (nachvollziehbare Korrekturen)
Strukturiert	Kontrolliert (4-Augen-Prinzip)
Konsistent	Vorgaben für elektronische Aufzeichnungen

14.16 Vorgabedokument

TABELLE 14.12 Kapitel 9, Tabelle 9.2

Hygiene	Raumkonzept (Hygieneplan)
	Vorgaben zur Betriebshygiene (Reinigung/Desinfektion)
	Vorgaben zur Personalhygiene
Betrieb	Verhaltenshaltensregeln im Reinraum
	Umkleideprocedere und Schleusen
	Qualifizierung/Requalifizierung
	Validierung/Revalidierung
	Verhalten/Aktivitäten im Falle von „Out-of-specification"-Ereignissen
	Vorgaben zum Change-Control-Prozess
	Notfallpläne
	Schulungsvorgaben
	Zugangsregelung
	Nachweis der Reinraumklasse (regelmäßiges mikrobiologisches Monitoring, Partikelmonitoring)
Technik	Störmeldesysteme
	Kontinuierliches Monitoring (z. B. Temperatur, Druck, Feuchtigkeit)
	Instandhaltung (Instandsetzung, Wartung, Inspektion)
	Kalibrierungsvorgaben für relevante Messstellen (Temperatur, Druck, Feuchte, Partikel)

14.17 Inhalte eines Hygieneplans

Siehe nächste Seite.

TABELLE 14.13 Kapitel 9, Tabelle 9.3

Allgemeine Festlegungen	
Zielsetzung Geltungsbereich Verantwortlichkeiten Normative und gesetzliche Grundlagen	
Hygienezonen	
Zuordnung der Räume	Zuordnung der einzelnen Räume zu einer Hygienezone einschließlich einer Rationale
Definition von Akzeptanzkriterien	In Bezug auf Partikel, mikrobiologische Anforderungen oder interne Forderungen z. B. bezüglich Temperatur, Feuchte, Druck
Anforderung an Räume	
Anforderungen an Partikel und Mikrobiologische Anforderungen	Externe oder interne Vorgaben, Grenzwerte, Warnlimits
Schleusenkonzept	Materialschleuse, Personalschleuse, Abläufe,
Qualifizierung	Vorgaben zur Erst- und Requalifizierung (Umfang, Intervalle etc.)
Zugangsregelungen	Voraussetzungen an Ausbildung, Schulung oder Überwachung des Personals, Umgang mit betriebsfremden Personen oder Besuchern
Personalhygiene	
Arbeitskleidung	Definition der Kleidung in Bezug zu einer Hygienezone, Vorgaben zu Reinigung und Wechselfrequenz, Anforderungen bezüglich Material, Farbe, Beschaffenheit
Gesundheitsanforderungen	Ärztliche Überwachung, Meldepflicht bei bestimmten Erkrankungen, gegebenenfalls Definition von Gesundheitsanforderungen
Hygieneanforderungen der Mitarbeiter in den einzelnen Hygienezonen	Körperhygiene, Reinigung und Desinfektion der Hände
Verhaltensregeln	Bezüglich Essen/Trinken/Rauchen, Tragen von Schmuck, Kosmetik, Betreten/Verlassen einer Zone, Bewegen innerhalb einer Zone
Schulung	Schulungsmatrix (welche Funktion erfordert welche Fähigkeiten/Kenntnisse), externes und Reinigungspersonal ist ebenfalls einzubeziehen
Überprüfung des Hygienestatus des Personals (wenn gefordert)	Abklatschtests, Handschuh-Monitoring
Produktionshygiene (Räume, Oberflächen, Betriebsmittel, Ausrüstung)	
Reinigungspläne Desinfektionspläne	Detaillierte Beschreibung der Aktivitäten, Intervalle, Methoden, Definition von Reinigungs- und Desinfektionsmitteln, gegebenenfalls Statuskennzeichnung
Monitoring, Routineüberwachung Umgebungskontrollen	Monitoring in Bezug auf Partikel und mikrobiologische Kontamination, gegebenenfalls mikrobiologische Kontrolle der Reinigungs- und Desinfektionsmittel (geöffnete Gebinde, gebrauchsfertige Lösungen)
Lagerung	Reinigungshilfsmittel, Reinigungsmittel
Abfallbeseitigung	Regelung der Sammlung und Entsorgung
Schädlingsbekämpfung	Detaillierte Beschreibung der Aktivitäten, Intervalle, Methoden, Definition der einzusetzenden Präparate
Hygienestatus	Abklatschtests

14.18 Inhalte einer Risikoanalyse

TABELLE 14.14 Kapitel 9, Tabelle 9.4

Zu betrachtende Einheit	Mögliche Inhalte
Reinraumhülle	Boden, Wände, Türen, Fenster, Decke, Schleusen für Personal und Material etc.
Raumlufttechnische Anlage	Klimageräte, Lüftungsleitungen mit Einbauteilen, Umluftkühlgeräte, Filter-Fan-Units, Reinraumabluftgitter etc.
Monitoring	Hardware, Software, Auswahl der Probenahmestellen
Medien	Sterildruckluft, Stromversorgung, Wasserzugang etc.
Gesamtsystem	Personal, Material, Maschinen und Anlagen, Betriebsmittel, Ersatzteile, Beschädigung, Reinigung, Verschmutzung etc.

14.19 Nachweis der Reinheitsklasse

- Überprüfung der technischen Parameter (Differenzdruck, Temperatur, rel. Luftfeuchtigkeit, Luftwechsel).
- Überprüfung der durchgeführten Reinigungs- und Desinfektionsaktivitäten, gegebenenfalls erneute Reinigung, Desinfektion.
- Überprüfung der Filtersysteme.
- Überprüfung der Anzahl der anwesenden Personen zum Zeitpunkt der Messung.
- Prüfung des Raumbuchs auf Ereignisse (Wartungsarbeiten, sonstige Arbeiten).
- Überprüfung Vorgaben bzw. den Grad der Umsetzung durch die Mitarbeiter, gegebenenfalls Schulung.
- Überprüfung der Effektivität der Reinigungs- und Desinfektionsverfahren, bzw. -mittel (Mikrobiologische Untersuchungen gegebenenfalls Wechsel des Desinfektionsmittels).
- Erhöhung der Anzahl der Messstellen, gegebenenfalls befristet.
- Verkürzung der Messintervalle, gegebenenfalls befristet.
- Beurteilung der Auswirkung auf die Qualität der Produkte und Einleitung von Korrektur- und Vorbeugemaßnahmen.

Aus: Abschnitt 9.2, Seite 159

14.20 Schulungen für Mitarbeiter im Reinraum

Es wird empfohlen, für Mitarbeiter im Reinraum mindestens folgende Schulungen durchzuführen:

- Mikrobiologische Grundschulung (z. B. typische Erreger, Übertragungswege von Krankheiten, Prinzip von Abklatschtests etc.)
- Regeln zur Personalhygiene
- Regeln zur Produktionshygiene
- Spezielles Verhalten im Reinraum
- Reinigungs- und Desinfektionstechniken
- Praktische Fertigkeiten: Umkleideprocedere, Schleusen, Reinigen, Händedesinfektion, Dokumentation etc.

Aus: Abschnitt 9.2, Seite 160

14.21 Logbuchdokumentation wichtiger Vorgänge

Folgende Vorgänge sollten in einem Logbuch dokumentiert werden:

- Inbetriebnahme
- Austausch von Ersatzteilen
- Änderung technischer Parameter
- Reinigung und Desinfektion
- Instandhaltung (Reparatur, Wartung, Inspektion)
- Qualifizierung/Requalifizierung
- Kalibrierung, Justierung, Eichung
- Nutzung (bei Herstellungsausrüstung)

Aus dem Logbuch sollten Informationen wie Datum/Uhrzeit, Beschreibung und Ergebnis der Aktivität, Identifikation der durchführenden Person sowie gegebenenfalls Ursachen oder weitere Maßnahmen hervorgehen.

Aus: Abschnitt 9.2, Seite 160

14.22 Dokumentation von Änderungen

Die Dokumentation von Änderungen sollte folgende Inhalte erfassen:
- Informationen zur Änderung (Beschreibung, Begründung)
- Prüfung der Auswirkungen der Änderung (Risikobewertung)
- Prüfung, ob eine Informations- oder Genehmigungspflicht gegenüber Dritten besteht (z. B. Behörden, Kunden, Lieferanten)
- Gegebenenfalls Klassifizierung der Änderung (z. B. minor/major/critical)
- Definition von Folgemaßnahmen, (z. B. Requalifizierung von Ausrüstung, Änderung von Vorgabedokumenten, Schulung etc.)
- Genehmigung des Änderungsantrages, möglichst durch ein interdisziplinäres Gremium
- Dokumentation der Einführung der Änderung im Produktionsablauf

Aus: Abschnitt 9.2, Seite 163

14.23 FMEA-Tabelle

Siehe nächste Seite.

14.23 FMEA-Tabelle

Fehler-Möglichkeits- und Einfluss-Analyse FMEA				Untersuchungs-Objekt:				Datum:	xxx
Projektname				Bemerkung:				Verantwortlich:	xxx
1 Derzeitiger (bzw. geplanter Zustand) Objekt: ● Produkt ○ Prozess ○ System	2 mögliche Fehler	3 mögliche Fehlerfolgen	4 mögliche Fehlerursachen	5 Fehlerbewertung (zukünftige) Zustandsbewertung A | B | E | RPZ	6 Verbesserter, zukünftiger Zustand Fehlerabstellmaßnahmen	7 Verantwort.	8 Termin	9 Fehlerbewertung (zukünftige) Zustandsbewertung A | B | E | RPZ	10 Umgesetzt OK Datum
1									
2									
3									
4									
5									
6									

Fehlerbewertung:

Auftrittswahrscheinlichkeit (A)		Bedeutung (B)		Entdeckungswahrscheinlichkeit (E)		Risikoprioritätszahl (RPZ) RPZ = A * B * E	
unwahrscheinlich	1	von Kunden nicht wahrnehmbar	1	hoch	1		
sehr selten	2 - 3	geringfügige Einschränkung	2 - 3	mäßig	2 - 5		
wenige bis mittlere Zahl wahrschein	4 - 6	Einschränkung bis einzelner Ausfall	4 - 6	gering	6 - 8	hoch	1000
mäßig bis grosse Zahl wahrscheinli	7 - 8	Teil- bis Totalausfall	7 - 8	sehr gering	9	mittel	125
sehr grosse Zahl sicher	9 - 10	Gefärdung bis Verstoss gegen Ges	9 - 10	unwahrscheinlich	10	keine	1

BILD 14.5 Abschnitt 9.3, Bild 9.1

14.24 Qualifizierungsphasen

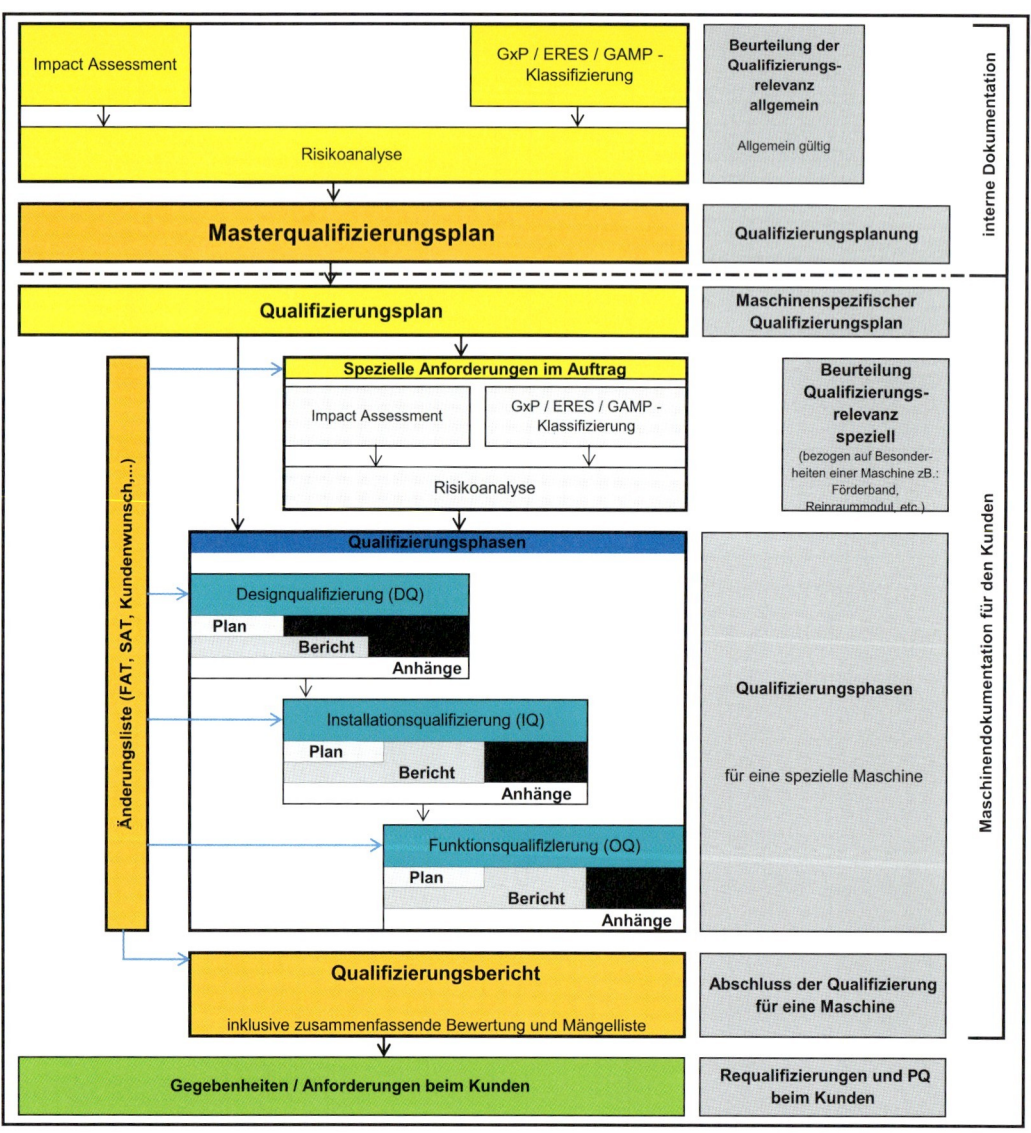

BILD 14.6 Abschnitt 9.3, Bild 9.2

Qualifizierungsplan am Beispiel der Fa. ENGEL, Österreich

14.25 Sterilisationsverfahren

- **Hitzesterilisationsverfahren (physikalisch thermisch)**
  - Dampfsterilisation bzw. Sterilisation mit feuchter Hitze
  - Heißluftsterilisation bzw. Sterilisation mit trockener Hitze
- **Niedertemperatur-Gas-Verfahren (chemisch-physikalisch)**
  - Ethylenoxid (EO)-Sterilisation
  - Formaldehyd (FO)-Sterilisation (Verfahren: NTDF (Niedertemperatur Dampf und Formaldehyd)-Sterilisation)
  - Plasma-Sterilisation (mit Wasserstoffperoxid) – (Verfahren: NTP (Niedrigtemperatur-Plasma)-Sterilisation)
  - Ozon-Sterilisation
- **Sterilisation mit ionisierender Strahlung (physikalisch nichtthermisch)**
  - Alphastrahlen-Sterilisation
  - Betastrahlen-Sterilisation (durch beschleunigte Elektronen)
  - Gammastrahlen-Sterilisation
  - Röntgenstrahlen (X-Ray)-Sterilisation
  - UV-Sterilisation

Aus: Abschnitt 8.3, Seite 139

14.26 Sterilisationsbeständigkeit verschiedener Kunststoffe

TABELLE 14.15 Kapitel 10, Tabelle 10.2

	POM*	PC	PTFE	PVDF	PSU	PPSU	PPS	PEEK	PEI
Sterilisationsbeständigkeit									
Dampfsterilisation bei 121 °C	+/+	±	++	+	+	++	++	++	++
Dampfsterilisation bei 134 °C	±/±	–	++	+	+	++	+	++	+
Heißluftsterilisation bei 160 °C	–/–	–	++	–	±	+	++	++	+
Gamma-Strahlensterilisation	–/–	+	+	+	+	+	++	++	+
Plasmasterilisation	+/+	+	+	+	+	++	+	++	+
Gassterilisation (Ethylenoxid)	+/+	+	+	+	+	++	++	++	+
Chemikalienbeständigkeit									
Verdünnte Säuren	±/±	+	+	+	+	+	+	+	+
Starke Säuren	–/–	–	+	±	–	–	±	±	–
Verdünnte Laugen	+/±	±	+	+	+	+	+	+	+
Starke Laugen	+/–	–	+	–	±	+	+	+	–
Wasser	+/+	+	+	+	+	+	+	+	+
Heißwasser (80–90 °C)	+/±	±	+	+	+	+	+	+	+
Ester	+/+	–	+	+	–	±	+	+	±
Ketone	+/+	–	+	–	–	–	+	+	–
Aromatische Kohlenwasserstoffe	+/+	–	+	+	–	±	+	+	–
Aliphatische Kohlenwasserstoffe	+/+	+	+	+	+	+	+	+	+
Öle und Fette	+/+	±	+	+	–	–	+	+	–

++: besonders geeignet; +: beständig; ±: bedingt beständig; –: unbeständig; *: POM-C/POM-H

14.27 Abtötungstemperaturen und Wirkdauer von Mikroorganismen

TABELLE 14.16 Kapitel 8, Tabelle 8.1

Resistenz-stufe	Organismus	Temperatur in °C	Zeit in min
I	Pathogene Streptokokken, Listerien, Polioviren	61,5	30
II	die meisten vegetativen Bakterien, Hefen, Schimmelpilze, alle Viren außer Hepatitis-B	80	30
III	Hepatitis-B-Viren, die meisten Pilzsporen	100	5 bis 30
IV	Bacillus anthracis-Sporen	105	5
V	Bacillus stearothermophilus-Sporen, Tod aller Mikroorganismen und Sporen (außer Bakterium „Stamm 121")	121	15
VI	Prionen	132	60

15 Autorenverzeichnis

■ 15.1 Herausgeber

Dr.-Ing. Erwin Bürkle
 1 Einführung
10 Werkstoffe für Produkte unter
   Reinraumbedingungen
12 Ausblick

Herr Dr.-Ing. Erwin Bürkle absolvierte zunächst eine Ausbildung zum Werkzeugmacher und Industriemeister. Anschließend studierte er Allgemeinen Maschinenbau an der FH und TU München. Neben seiner Berufstätigkeit promovierte er 1988 auf dem Gebiet der Modelltheorie für Spritzgießschnecken bei Prof. Menges am IKV an der RWTH Aachen.
Nach mehrjähriger Konstruktionstätigkeit in verschiedenen Unternehmen arbeitete er zwischen 1978 bis 2010 bei der KraussMaffei Technologies GmbH, München. Er leitete dort die Abteilung für Grundsatzentwicklung und neue Technologien. Bis Juli 2009 war er Leiter der Vorentwicklung. Danach unterstützte er KraussMaffei in Fragen wie „Neue Technologien und Zukunftsentwicklungen". Ab September 2010 gründete er zusammen mit Dr.-Ing. Hans Wobbe die Partnerschaft Wobbe-Bürkle-Partner, „Kunststofftechnologie aus Leidenschaft" und ist in diesem Rahmen auch für die Georg Kaufmann Formenbau AG/Schweiz beratend tätig.
Dr. Bürkle ist im VDI-K Beirat und im IKV der RWTH Aachen im Kuratorium tätig.
Für seine Arbeit wurde Dr. Bürkle unter anderem mit dem Dr.-Richard-Escales-Medienpreis (1998) und dem Georg-Menges-Preis (2008) ausgezeichnet.

KUNSTSTOFFTECHNOLOGIE AUS LEIDENSCHAFT
WOBBE - BÜRKLE - PARTNER

Wobbe Bürkle Partner
Brucknerweg 10 A
D-82538 Geretsried

Prof. Dipl.-Ing. Peter Karlinger

2 Grundlagen zur Reinraumtechnik

Herr Prof. Dipl.-Ing. Peter Karlinger studierte Kunststofftechnik an der RWTH Aachen. Anschließend arbeitete er bei der KraussMaffei Kunststofftechnik in der Entwicklung und Anwendungstechnik für das Spritzgießen. Seit 1996 ist er Professor an der Hochschule Rosenheim im Studiengang Kunststofftechnik und leitet dort die Bereiche Spritzgießen, Werkzeugbau und Reinraumtechnik.

Hochschule für angewandte Wissenschaften
Fachhochschule Rosenheim
Hochschulstr. 1
83024 Rosenheim

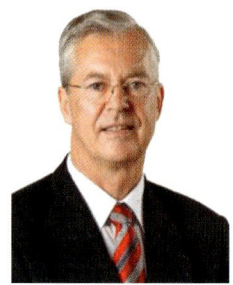

Dr.-Ing. Hans Wobbe

5   Reinraumspezifische Modifikation von Kunststoffanlagen – Besonderheiten bei Kunststoffmaschinen
9.1   Einführung zu Kapitel 9 Qualifizierung und Validierung

Herr Dr.-Ing. Hans Wobbe studierte Maschinenbau an der TU Braunschweig und promovierte zum Thema „Dehnströmungen polymerer Fluide". Nach mehreren Managementpositionen im Kunststoffmaschinenbau, u. a. bei der Werner & Pfleiderer GmbH, der KraussMaffei Kunststofftechnik GmbH und der ENGEL Holding Ges.mbH in Österreich, gründete er zusammen mit Dr. Erwin Bürkle die Innovationsberatung Wobbe-Bürkle-Partner.
Er ist wissenschaftlicher Beirat am Institut für Polymere Materialien und Prozesse (PMP) der Universität Paderborn, sowie Vorstand im Verein zur Förderung des IKV an der RWTH in Aachen. Er hat ein weiteres Mandat als Gründungsbeirat des Instituts für Leichtbau mit Hybridsystemen (ILH) an der Universität Paderborn.

Wobbe Bürkle Partner
Brucknerweg 10 A
D-82538 Geretsried

15.2 Mitverfasser

Dipl.-Ing. Christian Boos

7 Automatisierung im Reinraum

Herr Christian Boos machte eine Ausbildung zum Maschinenbautechniker und Technischen Betriebswirt. Er ist seit 30 Jahren in der Branche Kunststoffverarbeitung tätig, zunächst im Bereich Konstruktion und Entwicklung von Entnahmesystemen und Montageanlagen. Nach einer Tätigkeit bei Ferromatik Milacron mit dem Verantwortungsbereich Automation innerhalb der Anwendungstechnik seit 1992 bei der Firma Waldorf-Technik in Engen. 2003 übernahm er die Leitung des Bereiches Engineering und ist heute Technischer Leiter des Unternehmens.

Richard-Stocker-Straße 12
78234 Engen

Kurt Eggmann

11.5 Gebäude- und Reinraumkonzepte für die Produktion mit hochautomatisierten Vertikal-Spritzgießmaschinen
(zusammen mit Herr Markus Reichlin)

Herr Kurt Eggmann ist als Kunststoff-Techniker mit einer Zusatzausbildungen in Betriebs Wirtschaft maßgeblich am Aufbau der Medical Division von Weidmann beteiligt. Seit 2002 leitet er neben dem Projektmanagement auch Vertrieb und Marketing. Schwerpunkt bildet u. a. der nachhaltige Aufbau von In Vitro Diagnostic und Medical Device Produktlinien.

WEIDMANN

Weidmann Plastics Technology AG
Neue Jonastrasse 60
CH- 8640 Rapperswil

Dr.-Ing. Oliver Grönlund

11.3 Bedeutung der Reinraumtechnik aus Sicht eines Medizintechnikunternehmens

Herr Oliver Grönlund studierte Maschinenbau mit der Vertiefungsrichtung Kunststofftechnik an der RWTH Aachen. Von 2003 bis 2007 war er wissenschaftlicher Mitarbeiter am Institut für Kunststoffverarbeitung an der RWTH Aachen. Dort beschäftigte er sich zunächst mit unterschiedlichen Spritzgießsonderverfahren. Von 2007 bis 2010 war er für die Abteilung Spritzgießen/Polyurethantechnik verantwortlich. Seit 2011 ist er bei der B. Braun Melsungen AG tätig. Hier leitet er die globale F&E im Bereich CoE IV-Systems.

B. Braun Melsungen AG
Schwarzenberger Weg 21
34212 Melsungen

Dr. rer. nat. Rudolf Hüster

9.4 Personal und Personalhygiene

Herr Dr. Rudolf Hüster studierte Biologie, Chemie und Mikrobiologie an der Universität Marburg und an der ETH Zürich. In seinen Lehr- und Studienjahren war er als Laborleiter bei den Woellner Werken Ludwigshafen, Labor Dr. Herrero, Institut Fresenius AG und UIS Umweltinstitut Stuttgart tätig. Er ist Gründer und Inhaber der wissenschaftlichen Beratung SCIENTICON, diese ist spezialisiert auf Reinraum- und Industriehygiene sowie biologische Materialzerstörung. Herr Hüster ist öffentlich bestellter und vereidigter Sachverständiger (IHK) und Lehrbeauftragter an der HTWG Konstanz (FH).

SCIENTICON.DE

SCIENTICON
Am Bleichebach 14
D-78224 Singen

Dipl.-Ing. Martin Jungbluth

4 Die Reinraumzelle
   (zusammen mit Herrn Maximilian Petek)

Herr Martin Jungbluth studierte Maschinenbau an der Fachhochschule Konstanz. Nach seiner Tätigkeit im Anlagenbau ist Herr Jungbluth seit 1999 bei der Firma Max Petek Reinraumtechnik als Projektingenieur tätig und Mitglied der Geschäftsleitung.

Max Petek Reinraumtechnik
Wilhelm-Moriell Straße 1
78315 Radolfzell

Dipl.-Ing. (FH) Bernhard Korn

9.4 Qualifizierung von Spritzgießmaschinen und
     Automationssystemen

Herr Bernhard Korn studierte bis 2008 Medizintechnik und ist seit 2008 Projektleiter und GMP-Manager bei der ENGEL Austria GmbH.

ENGEL AUSTRIA GmbH
Ludwig-Engel-Str. 1
A-4311 Schwertberg

Dipl.-Ing. Christoph Lhota

6 Anlagentechnik: Förderung, Trocknung und Dosierung von Rohmaterial in Reinraumumgebung

Herr Christoph Lhota studierte von 1987–1994 an der Montanuniversität Leoben Kunststofftechnik. Von 1994–2000 war er Leiter der Automatisierungstechnik Battenfeld Austria, von 2000–2003 technischer Leiter der Maplan GmbH. Seit 2004 ist Herr Lhota Leiter des Geschäftsbereich Medical bei der ENGEL Austria GmbH.

ENGEL AUSTRIA GmbH
Ludwig-Engel-Str. 1
A-4311 Schwertberg

Dipl.-Ing. Torsten Mairose

11.1 Projektierung und Ausführung einer reinraumtechnischen Spritzgießlösung

Herr Torsten Mairose studierte Maschinenbau mit Schwerpunkt Fertigungstechnik an der FH Osnabrück und arbeitete danach zwei Jahre als wissenschaftlicher Mitarbeiter im Fachbereich Kunststofftechnik. Seit 2002 ist er für die Firma Pöppelmann GmbH & Co. KG in Lohne tätig. Dort war er ab 2004 in dessen Geschäftsbereich FAMAC wesentlich am Aufbau der Reinraumtechnik beteiligt. Seit 2007 trägt er die Verantwortung für den Bereich Produktion.

Pöppelmann GmbH & Co. KG
Kunststoffwerk-Werkzeugbau
Pöppelmannstraße 5
D-49393 Lohne

Maximilian Petek

4 Die Reinraumzelle
  (zusammen mit Herrn Martin Jungbluth)

Herr Maximilian Petek gründete die Firma Max Petek Reinraumtechnik im Jahr 1982 und wechselte damit in die Selbständigkeit im Bereich der Reinraumtechnik. Seither beschäftigt sich die Firma intensiv mit Lösungen für die Kunststoffverarbeitende Industrie. Herr Petek ist Inhaber und Geschäftsführer.

Max Petek Reinraumtechnik
Wilhelm-Moriell Straße 1
78315 Radolfzell

Dipl.-Ing. (FH) Markus Reichlin

11.5 Gebäude- und Reinraumkonzepte für die Produktion mit hochautomatisierten Vertikal
  – Spritzgießmaschinen
  (zusammen mit Herrn Kurt Eggmann)

Herr Markus Reichling machte eine Lehre als Pharma-Biologielaborant bei der Firma Hoffmann-La Roche in Basel. Danach erfolgte ein Studium der Lebensmitteltechnologie und Verfahrenstechnik an der Züricher Hochschule für angewandte Wissenschaften. Anschließend ein Studium der Betriebs- und Produktionswissenschaften an der ETH Zürich. Zuletzt studierte Herr Reichlin Kunststofftechnik im Nachdiplomstudium an der Fachhochschule Nordwestschweiz Brugg/Windisch.

WEIDMANN

Weidmann Plastics Technology AG
Industriestrasse 96
CH – 7310 Bad Ragaz

Dr. Gertraud Rieger
9.2 Dokumentation und Qualitätssicherung im Reinraum

Frau Dr. Gertraud Rieger studierte Biologie an der Universität Regensburg und promovierte dort am Lehrstuhl für Mikrobiologie unter der Leitung von Professor K. O. Stetter. Ihre berufliche Entwicklung führte Frau Dr. Rieger bereits früh in das regulierte Umfeld der Medizintechnik und der pharmazeutischen Industrie. Dort hatte sie Positionen in der Qualitätssicherung und im Bereich Regulatory Affairs inne. Derzeit leitet Frau Dr. Rieger eine Abteilung innerhalb der Qualitätssicherung bei einem führenden Hersteller von In-Vitro-Diagnostika. Zudem ist Fr. Dr. Rieger als Auditorin und Gutachterin für eine benannte Stelle für Medizinprodukte tätig.

Dipl.-Ing. (FH) Michael Späth
8 Sterilisation

Herr Michael Späth studierte Kunststofftechnik an der Hochschule in Rosenheim. Im Oktober 2010 begann er mit dem Masterstudium Wirtschaftsingenieurwesen (MBA & Eng.). Im Jahr 2011 arbeitete er als wissenschaftlicher Mitarbeiter am Lehrstuhl für Kunststofftechnik. Aktuell schreibt er seine Master-Thesis in der Industrie, Sommer Semester 2013.

Dr.-Ing. Marco Wacker
11.2 In-Mold-Decoration am Beispiel eines Blutzuckermessgeräts

Herr Dr.-Ing. Marco Wacker studierte Fertigungstechnik an der Friedrich-Alexander-Universität in Erlangen. Von 1997 bis 1999 war er wissenschaftlicher Mitarbeiter am Lehrstuhl für Kunststofftechnik an der Universität Erlangen-Nürnberg. Anschließend übernahm er dort die Leitung der Abteilung Faserverbundwerkstoffe und ab 2001 die Abteilung Konstruktion/Verbindungstechnik. Im Jahr 2006 promovierte er zum Thema „Vibrationsschmelzkleben duroplastischer Faserverbundwerkstoffe – Prozess, Struktur, Eigenschaften". Von 2004 bis 2010 war Dr. Wacker Leiter der Forschungs- und Entwicklungsabteilung bei der Jacob Plastics GmbH in Wilhelmsdorf mit Themenschwerpunkt Foliendekoration und Leichtbau. Seit Juli 2010 ist er Vorstand für Technologie- und Innovation (CTO) bei der Oechsler AG in Ansbach und verantwortet die Bereiche Vorentwicklung, Bauteilentwicklung, Konstruktion, Technikum sowie das Materialprüflabor.

Oechsler AG
Matthias-Oechsler-Str. 9
91522 Ansbach

Prof. Dr. Horst Weißsieker

3 Stand der Normungstechnik in der Kunststoffreinraumtechnik

Herr Prof. Horst Weißsieker studierte Physik mit Schwerpunkt Astrophysik, technische Optik und Informatik und promovierte in angewandter Chemie. Er hält eine Professur im Fachgebiet „Projektmanagement". Er ist Vorsitzender des Fachausschusses VDI 2083 „Reinraumtechnik" und arbeitet seit drei Jahrzehnten im Bereich Design & Built von Reinräumen fast immer auch im Kunststoffbereich. Als vereidigter Sachverständiger für Reinraumtechnik wird er häufig auch zu Themen befragt, wie Sie im Buch geklärt werden. Aktuell hat er seinen Arbeitsmittelpunkt wieder in den Bereich der Planung von Reinräumen verlegt.

SCHMIDT REUTER
Integrale Planung und Beratung

Schmidt Reuter
Integrale Planung und Beratung GmbH
Graeffstraße 5
50823 Köln

Kevin Zirnsak
Leiter Produktion Polycarbonat

11.4 Reinraumtechnik bei Automobilverscheibungen

Herr Kevin Zirnsak arbeitet seit 2011 bei Webasto und leitet das Polycarbonat Kunststoff-Kompetenzzentrum im Werk Schierling. Diese Aufgabe umfasst die Entwicklung, Produktion und das Projektmanagement der gefertigten Dachsysteme und Glazing-Bauteile. Kevin Zirnsak hat an der Hochschule Weingarten ein Studium der Produktionstechnik absolviert.

Webasto SE
Kraillinger Straße 5
82131 Stockdorf

Stichwortverzeichnis

A

Abriebfestigkeit 56
Abriebpartikel 85
Abtötungstemperaturen 138
Additive 224
Aktionsgrenze 215
Akzeptanzkriterien 164, 166
Anforderungen
- lufttechnische 13
- regulatorische 22
Anlagenqualifikation 179
Anlagentechnik 99
- 6-Achs-Roboter 129
Arbeitsstättenrichtlinien 47
Arzneimittelherstellung 27
aseptische Herstellprozesse 269
aseptische Herstellung 269
Aufladung, elektrostatische 23
Ausgasungsverhalten 23
Autoklav 140, 142
Automationsgrad 126
Automationslösungen 135
Automatisierung 96, 117
Automatisierungslösungen 118
Automatisierungsprozess 130

B

Bakterienfreiheit 196
Bandrastersysteme 59
Bedienungs- und Wartungsfähigkeit 96
Belastung, bakteriell 12
Berufsgenossenschaften 197
Betriebshygiene 154
Betriebskosten 48
Bioburden 201
Bioburden-Test 139
biodegradable Polymere 224, 229
Biokompatibilität 224

Biokontamination 23, 25
biologische Beurteilung 33, 35, 36, 37, 38
biologische Risiken 32
Bioverträglichkeit 237
Brandschutz 53
Brandschutzgesetze 53

C

Chargendokumentation 104
Chargentrennung 104
Checklisten 66

D

Dampfsterilisation 140
Debugging 125
Deckenkonstruktion 47
Designphase 164
Designqualifizierung 168, 180, 187, 241
Desinfektion 137
Deutsche Reinraum-Normung 23
Diskretionsschalter 72
Dokumentation 150
Dokumentationsanforderungen 82
Dosierung 99
Drehschleuse 75
Druckabstufung 15
Druckkaskade 51, 70
Druckkaskadenprinzip 15
Druckplenum 69
Drucksensoren 242

E

Einwegbekleidung 72
Entnahmegerät 130
EO-Verfahren 142

F

Fabrik-Akzeptanz-Test 181

Factory Acceptance Test 191
Faktor Mensch 96, 194, 248
Fan-Filter-Units 68, 70, 88
Fertigungskonzept, integriertes 254
Fluchtwege 54
Flüssigsilikonverarbeitung 114
FMEA 46, 183, 241
– Leertabelle 184
Food and Drug Administration 3, 195, 236
Förderbandmaterialschleuse 74
Fördergeräte 106, 109
Förderung 99, 109
Funktionsqualifizierung 171, 180, 189

G

Gammastrahlensterilisation 143
Gassterilisation 142
Gebäudeanforderungen 49
Gebindearten 101
GMP-Anforderungen 29
GMP-Klassen 12
GMP-Leitfäden 28
GMP-Richtlinien 12, 22
GMP-Risikoanalyse 241
Good-Manufacturing-Practice 22, 27
Granulat 100
Grenzwerte 41

H

HACCP 158
Hallenboden 19, 50
Hallendecke 50, 84
Händedesinfektion 203
Handhabungsgeräte 127
Handhabungstechnik 117
Heißprägen 244
HEPA Feinstaubfilter 101
HEPA Filter 201
Hochleistungskunststoffe 33
Human Dust 198, 201
Hygiene 197
Hygieneplan 154

I

Impact Assessment 180, 182
Inkubationsbedingungen 216
In Mold Decoration 243
Installationsqualifizierung 180, 188
Instandhaltung 161
Ionisierung 93

ISO 14644 25
ISO-Klassifizierung 12
Isolatorkonzepte 268

K

Kabelschleppeinheiten 85
Kalibrierbericht 162
Kalibrierung 161
keimfrei 137
Keimfreiheit 137
Klimabedingungen 15
Kondratieff-Zyklen 2
Konstruktionswerkstoffe 88
Kontamination 76, 195, 245
Kontaminationsfaktoren 83
Kontaminationskontrolle 21, 29
Kontaminationsquelle 96
Kontaminationsrisiko 21
Kreuzkontamination 100, 101, 104, 108
Kunststoffe
– Eigenschaften 222
– Einsatzgebiete 221
– Medizintechnik 223
– Sterilisationsbeständigkeit 235
– Zusammensetzung 226
Kunststoffgranulat 101
Kunststoffreinraumtechnik 22

L

Laminar-Flow 67
Laminar-Flow-Box 17
Laminarströmung, vertikal 19
Lastenheft 187, 240
Lebensmittel 29
Lebensmittelgesetze 224
Lebensmittelindustrie 29
Lebensmitteltechnik 29
Lebensmittel- und Futtermittelgesetzbuch 29
Leistungsqualifzierung 173
Leitkeime 195
Life Science Bereich 259
Logbücher 160
Logistiksystem 104
Luftfeuchtigkeit 242
Luftkeimzahlen 216
lufttechnische Eignung 88
Lüftungskanäle 69
Lüftungstechnik 67
Luftwechselrate 15
Luftwechselzahl 67

M

Machine-in-Room-Lösung 92
Machine-Inside-Room 109
Machine-Outside-Room 106
Maschinenqualifikation 179
Massezylinderabsaugung 84, 91
Masterplan 166
Masterqualifizierungsplan 180, 181
Materialabscheider 108
Materialeigenschaften 144
Materiallagerung 101
Materialleitsystem 105
Materialschleuse 55, 73
Materialzuführung 107
medical-grades 227
Medienleitungen 78
Medientrassen 50, 79
Medienzuleitungen 110
medizinische Zulassung 237
Medizinprodukte 33, 250
Medizinprodukte-Gesetz 31
Medizintechnik 31, 229
mikrobiologische Kontrollen 214
Mikroorganismen 139, 201
Monitoring 158
- mikrobiologisches 158
Monitoringplan 215
Montageautomaten 131
Mundschutz 203, 206

N

Nachweisdokumente 153
Nährmedien 216
Normungstechnik 21

O

Oberflächen 10, 123, 246
Oberflächenbeschichtung 255
Oberflächenfunktionen 43
Oberflächenkeimzahlen 216
operational qualification 239
Operationsqualifizierung 172
Outside-Drop Lösung 89

P

Packmittel, pharmazeutische 29
Paneldecken 59
Partikelemission 84, 87, 88, 190
Partikelgröße 9
Partikelquelle Mensch 119

Performancequalifizierung 181, 192
Personalschleuse 55, 71, 72
Personalschulung 213
Personenschutz 197
Pflichtenheft 187
Pharma-Terrazo-Beschichtungen 66
Pharmazie 27
Pharmazieprodukte 250
Planungslayout 48, 51
Pneumatikventile 88
Polycarbonat 254
Polymere 236
- Zugfestigkeit 146
Polymerwerkstoffe 221
Primärpackmittel 28
Primärverpackungen 28
Probennahme 190
Produktionslayout 249
Produktionszelle 45
Prozessleitsysteme 113
Prozessvalidierung 173

Q

Qualifizierung 16, 149
Qualifizierungsliste 60, 61, 62, 63, 64, 65
Qualifizierungsphasen 186
Qualifizierungsplan 166
Qualifizierungsreport 191
Qualitätsmanagementsysteme 151
Qualitätssicherung 150, 151
- betriebliche 195

R

Rasterdecken 59
Raum-in-Raum Lösung 19, 262
Regelwerke 21
Reinheitsanforderungen 25, 46, 81
Reinheitsklassen 10, 27, 154, 279
- Nachweis 158
Reinigung 110, 157
Reinigungsvalidierung 175
Reinraum
- Energie- und Medienversorgung 76
- Luftqualität 197
- medizinischer 224
- Mitarbeiter 209
- Neubau 52
- Personalauswahl 208
- Reinigung 125
- Störquellen 251

- Temperatur 68
- unkontrolliert 17
- Verhalten im 212
- wirtschaftliche Aspekte 263
Reinraumanlagen 13
Reinraumbelüftung 240
Reinraumböden 66
Reinraumfertigung 248
Reinraumhülle 56
Reinraumklassen 45
- Einteilung 11
Reinraumkleidung 72, 198, 199, 203, 206
Reinraumkonzepte 17, 18, 261
Reinraumnormung 21
Reinraumplanungen 47
Reinraumproduktion 4
Reinraumtechnik 1, 5, 7, 21, 196, 245, 250, 269
- Marktentwicklung 1
- Richtlinien 23
Reinraumumgebung 248
Reinraumwand 51
Reinraumzelle 45
Reinstwasser 76
Revalidierung 82, 165
Risikoanalyse 157, 164, 180, 182
Risikoprioritätszahl 183
Rohmaterial 101
Rohmateriallogistik 99
Room-in-Room Lösung 89
Rückstände 142
Rückverfolgbarkeit 113, 152
Rutschen 75
Rutschfestigkeit 66

S

Schaltschrank 77, 93
Schleusen 45, 70
Schließeinheit, fettfrei 87
Schulung 159
Schwebstofffilter 13, 68
Seitenkanalverdichter 122
Servo-Direktantrieb 86
Side-Entry-Entnahme 127
Site Acceptance Test 192
Sitover 71, 211
Software 113
Sondermaschinen 264
Sprinkleranlagen 54
Spritzgießen 256, 269

Spritzgießmaschine 48, 81, 83, 104, 130, 190, 248
- elektrische 98
- Kniehebelkonstruktion 87
- Oberflächen 84
- Qualifizierung 178
- Reinigungsfähigkeit 94
- vertikale 259
- vollelektrische 94
Spritzgießprozess 97
standard operating procedures 193
Standortwahl 49
statische Aufladung 113
steril 137
Sterilfertigung 27, 279
Sterilisation 137
Sterilisationsmethode 139
Sterilisationsprozess 249
Sterilisationsverfahren 147
Sterilisierbarkeit 224
Stillstandszeit 253
Strahlungsdosis 146
Strömungsgeschwindigkeit 19
Strömung, zweiseitig 19

T

Top-Entry 130
Toxinbildung 15
Trockner 111

U

Überschwingbank 71
Überwachungssysteme 113
Umfeld, regulatorisches 150, 163
Umgebungsbedingungen 5
Umkleidebereich 211
Umspritzungsprozess 252
US Federal Standard 21 27

V

Vakuumgebläse 109
Validierung 16, 149
Validierungsplan 166
VDI 2083 24
Verglasungsflächen 51
Verpackungen 228
Verpackungsmaschinen 134
vertikale Integration 264
Verunreinigungen
- koloniebildende 8

– molekulare 23
– nicht koloniebildende 8
Vorgabedokumente 150, 153
Vorverkeimungsrate 249

W
Wandsysteme 58
Wand- und Deckensysteme 57
Wärmebildanalysen 92
Wärmelast 84
Warngrenze 215
Weichen, automatisierte 97

Werkstoffe 29, 221
Werkstoffeinsatz 221
Werkzeug
– Kühlung 112
– Temperierung 112
Werkzeugeinbauraum 90
Wirkdauer 138

Z
Zentralförderanlagen 104
Zuluftfilterung 13
Zwischenbekleidung 199